高等职业教育酿酒技术专业系列教材

黄酒装备技术

胡普信　谢　鹏　王水江　编著

中国轻工业出版社

图书在版编目（CIP）数据

黄酒装备技术/胡普信，谢鹏，王水江编著. —北京：中国轻工业出版社，2019. 6

高等职业教育酿酒技术专业系列教材

ISBN 978-7-5184-0303-5

Ⅰ. ①黄… Ⅱ. ①胡… ②谢… ③王… Ⅲ. ①黄酒—食品加工机械—高等职业教育—教材 Ⅳ. ①TS262. 4

中国版本图书馆 CIP 数据核字（2016）第 039463 号

策划编辑：江 娟

责任编辑：江 娟 靳雅帅　　责任终审：劳国强　　封面设计：锋尚设计

版式设计：锋尚设计　　责任校对：吴大鹏　　责任监印：张 可

出版发行：中国轻工业出版社（北京东长安街 6 号，邮编：100740）

印　　刷：三河市国英印务有限公司

经　　销：各地新华书店

版　　次：2019 年 6 月第 1 版第 1 次印刷

开　　本：720 × 1000　　1/16　　印张：16

字　　数：315 千字

书　　号：ISBN 978-7-5184-0303-5　　定价：48. 00 元

邮购电话：010 - 65241695

发行电话：010 - 85119835　传真：85113293

网　　址：http：//www. chlip. com. cn

Email：club@ chlip. com. cn

如发现图书残缺请与我社邮购联系调换

120427J2X101ZBW

前言

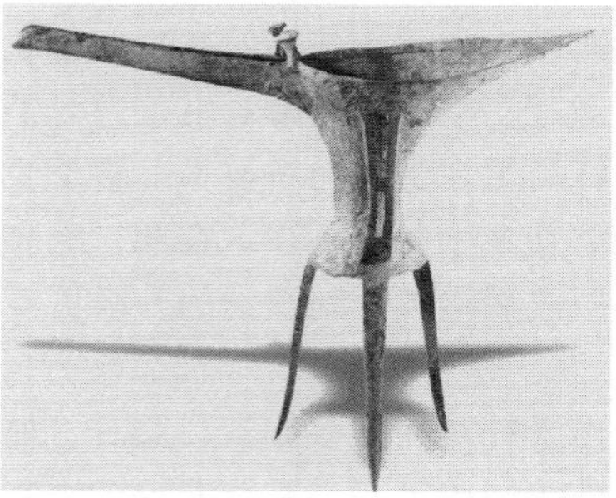

黄酒酿造机械装备历来是黄酒酿造界的一大难题，虽然机械化酿酒技术已近半个世纪，但由于机械化酿酒要求产量高，设备投入较大，除黄酒生产的大中型企业采用外，占黄酒生产绝大多数的中小型企业往往很少采用机械化连续生产技术。由此，也导致黄酒酿造中机械化、自动化、信息化、智能化的装备技术发展比较缓慢。而直接用于黄酒生产技术的专业机械装备的参考资料几乎是空白。本书旨在针对黄酒生产中装备上的相关知识与机械常识，进行循序渐进的认识与理解，并注重对机械原理与操作要领上的讲解。

本书主要参考了历年高等院校的发酵设备、机械装备、食品机械方面的专业教材与专著，从最基础的机械原理入手，通过对黄酒酿造过程中原料处理设备，酿造装备及瓶装酒生产相关设备的介绍，以期能让黄酒酿造专业的高校学生对机械装备有一个完整的认识。同时，也可作为酒类生产技术人员和技术工人的参考读物。

本书在编写过程中得到了黄酒企业和机械装备企业的大力支持，尤其是浙江古越龙山绍兴酒股份有限公司、会稽山绍兴酒股份有限公司、上海金枫酒业股份有限公司的大力支持与帮助；得到了山东青州齐鲁包装机械有限公司、重庆中轻装备有限公司（原重庆轻工机械厂）、上海微滤净化技术有限公司、江苏扬州润邦机械有限公司从文字表述、设备制图、操作注意事项上的全力帮助；浙江工业职业技术学院孙英达教授、王荣华老师对书稿进行了认真的修改，王水江高工在黄酒的新技术上给予了专业上的大力支持，使本书生色不少。在此，深表谢意，并期望在出版之后继续得到知识的升级更新指导。

编写过程中，由于针对性的参考资料匮乏，加之作者水平有限，作为国内第一本系统介绍黄酒装备技术的书籍，书中一定是挂一漏万，难免存在许多不足之处，恳请读者批评指正。

主编 胡普信

2018 年 8 月于浙江工业职业技术学院

目录

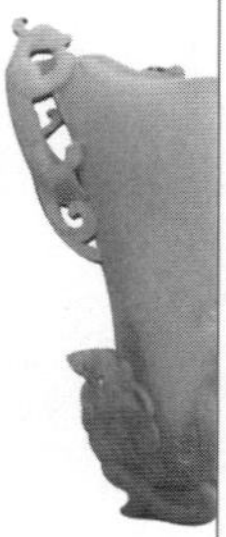

第一章

机械基础知识

现代生产企业拥有优良、先进的技术装备，是推动企业强盛和飞速发展的一个重要的前提。作为传统的黄酒生产行业，随着现代生产技术的不断发展，装备技术也在不断地进步与提升。为更好地学习和掌握黄酒装备技术，有必要了解一些有关机械设备的基础知识。

第一节　概述

为满足生产和生活的需要，人们设计和制造了类型繁多、功能各异的机器或机构，一台完整的机器通常包括以下 3 个基本部分。

（1）原动力部分　将其他形式的能量变换成机械能，是驱动整部机器完成预定功能的动力源（如电动机，将电能变换为机械能）。

（2）执行部分　利用机械能去变换或传递能量（如冲床冲压加工变换成制件的形状）。

（3）传动部分　把原动机的运动形式、运动和动力参数变换为执行部分所需的运动形式、运动和动力参数。

在上述 3 个基本部分外，必须增加控制部分和辅助部分，才能完整、有效地工作。

一、零件、构件、部件

1. 零件

零件是指机器中的每一个不可拆卸的基本单元，如图 1－1 中的齿轮、推杆等。

2. 构件

运动的单元体称为构件。如图 1－2 中连杆就是由连杆体、连杆头、螺栓和螺母等零件刚性连接在一起。

3. 部件

指机器中由若干个零件所组成的装配单元体，但部件之间不一定有刚性联系。把一台机器划分为若干个部件，其目的是有利于设计、制造、运输、安装和维修。

二、机器、机构、机械

从单缸内燃机的例子可以看出，机器具有以下特征：

（1）它是由许多构件经人工组合而成的；

（2）构件之间具有确定的相对运动；

（3）用来代替人的劳动，进行机械能的转换或完成有用的机械功。

具有机器前两个特征的多构件组合体，称为机构。

机器和机构一般总称为机械。

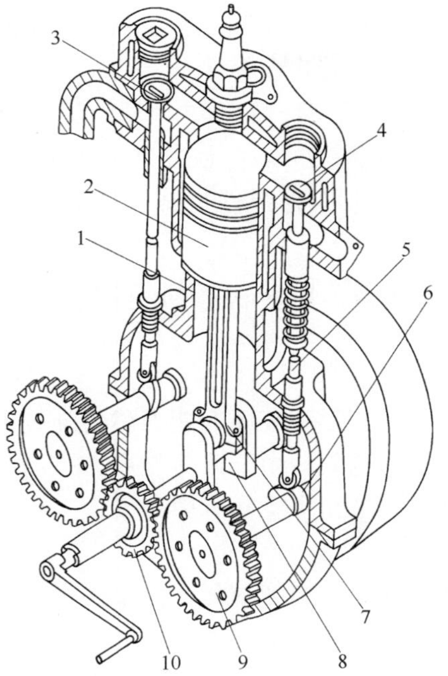

图1-1 单缸内燃机

1—气缸体 2—活塞 3—进气阀 4—排气阀 5—推杆 6—凸轮 7—连杆 8—曲轴 9—大齿轮 10—小齿轮

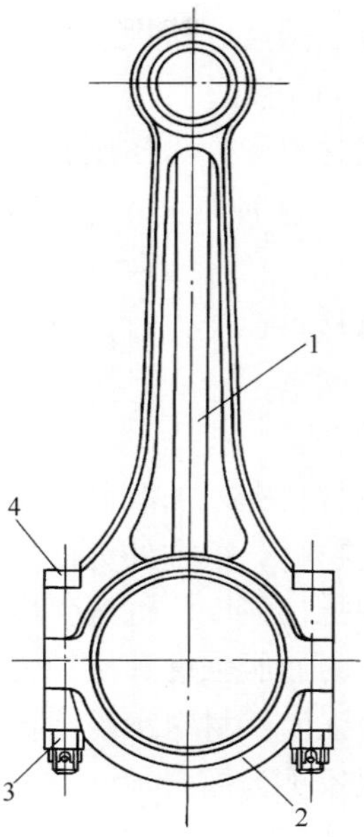

图1-2 连杆

1—连杆体 2—连杆头 3—螺母 4—螺栓

第二节 机械设备材料的基本知识

机械设备一般都采用各种材料通过加工制作，又经机械连接、动力传动达到减轻劳动强度，提高生产效率的目的。在社会化大生产的前提下，机械与机械的电气化、自动化、数字化已显示出越来越重要的作用。

一、金属材料的主要性能

由纯金属元素组成或以金属元素为主而组成的具有金属特性的物质统称为金属材料。由两种或两种以上金属元素或金属元素和非金属元素组成的具有金属特性的物质称为合金。比如纯铜是由铜元素组成的金属材料；钢是由铁（Fe）和碳（C）两种元素组成的合金；黄铜是由铜（Cu）和锌（Zn）两种元素组成的合金。因为合金的力学性能和工艺性能比纯金属好，成本比纯金属低，所以，工业上使用的金属材料主要为合金，极少用纯金属。

在外加载荷（外力）作用下，金属材料所表现出来的抵抗变形和破坏的能力称为金属（合金）的力学性能。由于外加载荷（含静载荷、动载荷和交变载荷）的作用形式不同，金属材料抵抗外力的能力也不同。金属材料常用的力学性能有弹性、强度、塑性、硬度、冲击韧度及疲劳强度等。

1. 弹性

金属材料受外力作用时产生变形，当外力去掉后能恢复其原来形状的性能，称为弹性。这种随外力消失而消失的变形，称为弹性变形，其大小与外力成正比。

金属材料在受力时抵抗弹性变形的能力称为刚度。一般的机械零件都要求有较好的刚度。

2. 强度

金属材料在外加载荷作用下，抵抗永久变形和破坏的能力称为强度。金属材料的强度越高，抵抗外力变形和破坏的能力越大。由于载荷作用方式的不同，强度可分为抗拉强度、抗压强度、抗弯强度、抗扭强度和抗剪强度。工程上常用的强度指标为屈服强度和抗拉强度。

屈服强度：材料承受载荷到一定数值后不再增加载荷，而塑性变形仍然继续发生的现象称为屈服，该值即为屈服点，通常称为屈服强度，用符号 σ_s 表示。

抗拉强度：试样在被拉断前所能承受的最大应力值称为抗拉强度，用符号 σ_b 表示。

金属材料的强度指标以应力表示，即

$$\sigma = F/A \tag{1-1}$$

式中 σ——应力（N/mm^2或 MPa）；

F——载荷（N）；

A——试棒的横截面积（mm^2）。

拉伸曲线对应于 F_s、F_b 的应力分别称为材料的屈服强度和抗拉强度，它们是金属材料的主要强度指标。

单位换算：$1\ MPa = 10^6\ Pa$ 或 $1\ MPa = 1\ N/mm^2$，$1 Pa = 1\ N/m^2$。

3. 塑性

金属材料在载荷作用下产生塑性变形而不会断裂的能力称为塑性。常用的塑性指标有伸长率（δ）和断面收缩率（ψ），这两项指标一般通过拉伸实验测定。δ 或 ψ 愈大，表示材料的塑性越好，良好的塑性是金属材料进行压力加工的必要条件，机器零件通常都具备一定的塑性。

4. 硬度

材料抵抗更硬物体压入的能力称为硬度。硬度是衡量材料软硬程度的力学性能指标，硬度越高，其耐磨性越好。测定硬度的方法，有布氏硬度、洛氏硬度和维氏硬度，工业生产中常用的是布氏硬度和洛氏硬度。

（1）布氏硬度 HB 在布氏硬度计上压头规定的载荷的作用下，压入被测金属表面，保持一定时间后卸除载荷，计算压痕单位表面积上所承受的平均压力，该值为布氏硬度值。当用淬火钢球为压头时，写成 HBS；当用硬质合金球为压头时，写成 HBW。

（2）洛氏硬度 HR 洛氏硬度通过测量压痕深度大小来衡量材料硬度高低，压痕越深，硬度越低。可采用不同的压头和施加不同的载荷，分别得到三种硬度，即 HRA、HRB、HRC。HRA 用于特硬材料（如硬质合金、渗碳钢件等）；HRB 用于较软材料（如供应状态的钢材、铜合金、铝合金等）；HRC 用于较硬材料（如一般淬火钢件）。

与布氏硬度相比，洛氏硬度测定范围较宽，测试操作简单，且由于压痕较小，几乎不损伤工件表面，故应用普遍，但测定的准确性较差。

5. 冲击韧度

金属材料抵抗冲击载荷作用而不被破坏的能力称为冲击韧度，用符号 α_k 表示。机器上的某些零件（如飞机起落架、冷冲模上的冲头、汽车启动和刹车装置等）在工作时经常要承受短时冲击载荷。对这类需要承受冲击载荷的零件和结构，除了要有高的强度和一定的塑性外，还要有足够的冲击韧度。

6. 疲劳强度

机器中的许多零件（比如齿轮、连杆、轴、弹簧等）在工作时经常要承受交变载荷的循环作用。这种交变载荷虽然小于材料的强度极限，但经多次循环后，容易在没有明显塑性变形的情况下突然断裂。疲劳破坏经常发生且极具危险性，会造成严重事故。所以，工程实际中规定，钢在经受 10^7 次、有色金属在经受 10^8 次交变应力作用下不发生破坏时的应力作为材料的疲劳强度，用符号 σ_{-1} 表示。

二、常用材料

机械及仪器中常用的工程材料有黑色金属、有色金属、非金属材料和新型材料等。

（一）黑色金属

根据金属的颜色和性质等特征，将金属分为黑色金属和有色金属。通常将钢铁材料称为黑色金属。黑色金属以外的金属称为有色金属。

1. 铸铁

铸铁是含碳量大于 2.11% 的铁碳合金，工业上常用的铸铁一般含碳量为 2.11% ~4.05%，此外，铸铁还含有硅（Si）、锰（Mn）、磷（P）、硫（S）等杂质。

铸铁具有许多优良的性能，如良好的铸造性（溶化状态的铸铁具有良好的流动性，能充满复杂的铸模），良好的耐磨性及切削加工性能，而且价格低廉，生产设备简单，有良好的吸振抗振性等。因此，从生产的角度来看，它是应用最多的一种铁碳合金。常用的铸铁有灰口铸铁、可锻铸铁、球墨铸铁和合金铸铁4种，其中应用最多的是灰口铸铁。

灰口铸铁：碳在铸铁组织中以片状石墨的形态存在，断口呈灰色，故称灰口铸铁（简称灰口铁）。它的性能是软而脆，但具有良好的铸造性能、耐磨性、减振性和切削加工性。灰口铸铁常用于受力不大、冲击载荷小、需要减振或耐磨的各种零件，如机床床身、机座、箱壳、阀体等。灰口铸铁的牌号用“HT”及最低抗拉强度的一组数字表示，如HT150，这表明它是最低抗拉强度为150MPa的灰口铸铁。

2. 钢

通常把含碳量在2.11%以下的铁碳合金称为钢。钢的分类一般可按含碳量分，有低碳钢（C＜0.25%）、中碳钢（C＝0.25%～0.6%）、高碳钢（C＞0.6%）；按质量分，有普通钢、优质钢和高级优质钢；按化学成分分，有碳素钢和合金钢；按用途分，有结构钢、工具钢和特种钢。

结构钢主要用于制造一般机械零件和工程结构件。

①普通碳素结构钢：碳素结构钢中的碳含量为0.06%～0.38%，硫、磷含量较高，一般在供应状态下使用，不需进行热处理。这类钢的塑性、韧性好，适于制作钢筋、钢板等建筑用材和一般机械构件。

②优质碳素结构钢：优质碳素结构钢是按力学性能和化学成分供应的。常用于制造比较重要的机械零件，一般要进行热处理。

C＜0.25%的优质碳素结构钢，其塑性、韧性很好，焊接性能优良，易于冲压加工，但强度较低，主要用于制造冲压件、焊接件等。

C＝0.3%～0.55%的优质碳素结构钢，其强度较高，塑性、韧性稍差。经过热处理后，可获得良好的综合力学性能，主要用于制造齿轮、轧辊、轴类零件、重要销子、螺栓等。

C＞0.55%的优质碳素结构钢，经过热处理后，可获得较高的弹性和硬度，主要用于制造弹簧和耐磨的结构零件。

按钢的质量，主要根据钢中所含有害杂质硫、磷的多少可分为：

普通碳素钢——含硫＜0.055%，含磷＜0.045%；

优质碳素钢——含硫＜0.045%，含磷＜0.040%；

高级优质碳素钢——含硫＜0.03%，含磷＜0.035%。

③合金钢：为了改善钢的性能，专门在碳素结构钢中加入一种或数种合金元素的钢称为合金钢。常用的合金元素有铬（Cr）、锰（Mn）、镍（Ni）、硅（Si）、铝（Al）、硼（B）、钨（W）、钼（Mo）、钒（V）、钛（Ti）、铌（Nb）、锆（Zr）和稀土元素（Re）等。加入这些适量元素的目的，在于使钢获得一般碳素钢达不到的性能，改善了热处理性能，提高了强度和韧性；提高了耐磨、防

腐、防酸性能；获得高弹性、高抗磁或导磁性等。合金结构钢常用于制造各种重要的机械零件或工程构件。

④工具钢：工具钢用来制造各种刃具、模具和量具。它须满足硬度、强度、耐磨性和韧性等方面的要求。作为刃具还应满足在高温下保持切削所需要的硬度，即热硬性。工具钢可分为碳素工具钢（如T8、T10、T12A等）和合金工具钢（在碳素工具钢中加入少量合金元素Si、Mn、Cr、W、V）。前种材料用于不大精密、形状简单的模具及低速手用刃具；合金工具钢用于制造各种量具、模具和切削刃具等。

（二）有色金属

有色金属及其合金具有许多优良特性，如减摩性、耐蚀性、耐热性、导电性等。在精密仪器仪表中多作为耐磨、减摩、耐蚀或装饰材料来使用。

1. 铜及铜合金

纯铜：又称紫铜（T1、T2、T3），编号越大，纯度越低。它具有良好的导电、导热性能，有极好的塑性及较好的耐腐性。但机械性能很低，不宜用来制造结构零件，常用来制作电元件和耐腐件。

黄铜：铜与锌（Zn）的合金（H62、H66、H68）。它的色泽美观，有良好的防腐性能与机械加工性能，强度比起单独的铜和锌都要高。黄铜中锌的含量在20%～40%，随着锌含量的增加、黄酮的强度增加而塑性下降。黄铜可铸造也可锻造，主要用于制造散热器、衬套和耐蚀零件等。酒行业中原来的棉饼过滤器，大多用黄铜制造，以保证没有铁锈及铁的成分进入酒液中。因酒液中有铁分子，容易引起酒体的浑浊。

青铜：铜合金中加入的主要元素锡，称为锡青铜。此外还有铅青铜、硅青铜、锰青铜等。青铜（代号为Q）主要用于制造轴瓦、蜗轮及耐蚀、耐磨零件。

2. 铝及铝合金

纯铝是一种轻金属，其密度只有铜的1/3，是一种导电性好、塑性好的金属。由于铝表面能生成一层极致密的氧化铝薄膜，能阻止铝的进一步氧化，所以铝的抗大气腐蚀能力很高。纯铝主要用作导电材料或制造耐蚀零件，一般不作结构材料用。纯铝代号用Z表示。

工业上使用的铝合金，在铝中加入适量的硅、铜、镁、锰等合金元素，可以提高其力学性能。若再经过冷加工及热处理，还可进一步提高和改善其力学性能，广泛用于机械、航空船舶、交通等行业。

3. 钛及钛合金

钛及钛合金具有密度小、比强度高、耐高温、耐腐蚀以及良好低温韧性等优点，同时资源丰富，有着广泛应用前景。但加工条件复杂，成本较昂贵。

（三）非金属材料

在机械和仪器中，除了大量应用各种金属材料外，还经常使用各种非金属材料，如工程塑料、橡胶、人工合成矿物等。

1. 工程塑料

工程塑料是以天然树脂或人造树脂为基础，加入填充剂、增塑剂、润滑剂等制成的高分子有机物。具有重量轻、摩擦因数小、耐磨、吸振、耐腐蚀、绝缘、可以着色、容易加工等优点，因此得到广泛应用。工程塑料可用注塑、挤压成型的方法制成各种形状复杂、尺寸精确的零件。酒行业中多应用于各种需要搬运的机械中，用作低噪音的车轮，有时也用于传动机构中。

为了提高塑料零件的机械强度和耐磨、耐油性能，防止老化和静电聚集，还可在塑料表面电镀或涂覆。

2. 橡胶

橡胶也是一种高分子材料，有很高的弹性、优良的伸缩性能和可贵的积贮能量能力，故成为常用的密封、抗震、减震和传动材料。橡胶还有耐磨损、耐化学腐蚀、耐放射性等性能。未硫化橡胶还能与某些树脂掺和改性，与其他材料如金属、纤维、石棉和塑料等结合而成为兼有两者特点的复合材料和制品。

橡胶有天然橡胶和人工合成橡胶之分。综合性能较好的天然橡胶，主要用于制造轮胎；气密性好的丁基合成橡胶，主要用于制造车轮内胎；耐油性好的丁腈合成橡胶，主要用于制造输油管及耐油密封圈等。

3. 人工合成矿物

使用较多的人工合成矿物有刚玉和石英。刚玉俗称宝石，它的成分是三氧化二铝，硬度仅次于钻石。纯宝石是无色的，但由于杂质的渗入，会具有红、蓝、黑、褐等不同颜色。天然宝石十分珍贵，大多用作装饰品。工业用宝石则多采用人工合成制品而且已能大量生产。

石英是一种透明晶体，有天然与人工合成的两种，现多用人工合成的石英晶体，成分为二氧化硅，是一种六棱柱形多面体，两端呈角锥形。石英晶体是一个各向异性体，具有压电效应。如果将石英晶体按要求制成一定规格的石英晶片，则它具有固定的振动频率，当晶片的固有频率与外加电场的交电频率相同时，晶片会产生谐振，利用这个特性，可制成石英振荡器。目前，石英是电子钟、电子表以及各种频率计中的优良材料。

4. 陶瓷材料

陶瓷是无机非金属材料，是用天然的或人工合成的粉状化合物通过成型和高温烧结而制成的多晶固体材料。陶瓷材料具有许多优良特性，在现代工业中得到日益广泛的应用。目前，陶瓷材料已同金属材料、高分子材料合称为三大固体材料。

陶瓷材料具有硬度高、耐高温、抗氧化、耐磨、耐腐蚀以及其他优良的物理、化学性能。酒行业中除应用于阀门的阀芯外多应用于酒液的过滤，即微孔陶瓷过滤装置。

5. 复合材料

复合材料是由两种或两种以上性质不同的金属材料或非金属材料，按设计要求进行定向处理或复合而得的一种新型材料。复合材料分纤维复合材料、层叠复合材料、颗粒复合材料、骨架复合材料等。与金属材料相比较，复合材料的主要优点是密度小，强度高，抗疲劳性、耐蚀性和绝缘性好，减振耐磨，易于加工。工业中用的较多的是纤维复合材料，这种材料主要用于制造薄壁压力容器。再如，在碳素结构钢板表面贴覆塑料或不锈钢，可以得到强度高且耐蚀性能好的塑料复合钢板或金属复合钢板。目前，复合材料除已普遍用于各种容器外。在汽车、航空航天工业中也广泛使用，随着科学技术的发展，复合材料的应用将日趋广泛。

目前，黄酒企业的污水处理装置中的生物反应罐，大多采用碳钢内覆不锈钢的复合材料制成，以降低制作成本。

（四）新型材料

新型材料有形状记忆合金、超导材料、光导纤维、纳米材料、智能材料等。尤其是形状记忆合金。

1951 年美国科学家最早发现某些金属合金具有形状记忆效应。这类合金在低于某一温度时，在外力作用下发生塑性变形，除掉外力后仍保持形变状态，但当温度升到某一温度以上时，合金就会自动恢复变形前的形状，即使经过千万次重复也能十分准确地恢复形状。这类合金称为形状记忆合金。最早被发现的是钛镍合金，目前人们已研制出十多种记忆合金产品，如钛镍、银镉、镍锆、铜锑等合金。正式作为商品生产的是 Ti－Ni 合金、Cu－Zn－Al 合金和Cu－Al－Ni 合金。

记忆合金具有非凡的形状记忆能力，其在宇航、电子、医疗、机械等方面获得广泛的实际应用。

第三节　机械传动

机械传动是采用机械连接的方式来传递动力和运动。在生产实际中，机械传动是最基本的传动方式。

对于一般的机器，其机械传动是通过各种机构和零部件的运动来实现的。因此，本篇介绍常用的机械传动装置，主要指带传动、链传动、齿轮传动和蜗杆传动等。

一、带传动

（一）带传动的工作原理

带传动是用挠性传动带做中间体而依靠带与带轮的摩擦力传递运动和动力的

一种传动。如图 1-3 所示，带传动一般由主动轮 1、从动轮 2 和传动带 3 组成。工作时，带 3 紧套在 1、2 两轮上，使带与两轮的接触面上产生正压力，当主动轮 1（通常是小轮）转动时，依靠带与带轮的摩擦力，驱动传动带运动，而传动带又使从动轮 2 转动。

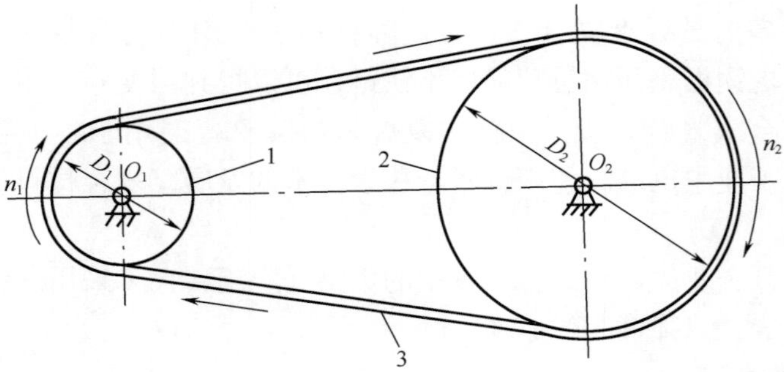

图 1-3　带传动的工作原理图

1—主动轮　2—从动轮　3—传动带

（二）带传动的特点、类型及失效形式

1. 带传动的优点

（1）用于两轴距离较远的传动（最大中心距可达 40m）。

（2）带本身具有弹性，因而可以缓冲和吸振的能力，使传动平稳，且无噪声。

（3）机器过载时，带会在轮上打滑，能起到过载保护作用。

（4）结构简单，成本低，安装维护方便，带损坏后容易更换。

2. 带传动的缺点

（1）结构不够紧凑。

（2）不能保证准确的传动速比。

（3）因为需要施加张紧力，所以轴及轴承受到的不平衡径向力较大。

（4）工作效率较低，带的寿命较短。

（5）不宜用在高温、易燃、易爆及有油、水等场合。

3. 带传动的类型

在带传动中，根据带的截面形状，可分为平带、V 带、多楔带、圆形带和同步齿形带。平带和 V 带应用比较广泛。平带的结构简单，效率高，制造方便，多用于高速、中心距较远的传动场合。

与平带相比，在同样张紧的情况下，V 带在槽面上能产生较大的摩擦力，因此它的传动能力比平带高，这是 V 带在工作性能上的最大优点。所以，V 带可用于中心距较小和传动比较大的场合，结构紧凑。

黄酒企业 V 带传动的应用主要是在粉碎机械、如轧麦机、轧曲机及拌麦机上。一些移动式活塞型空压机上也多采用带传动。

4. 带传动的失效形式

（1）打滑　带传动是依靠摩擦力驱动，当传递的圆周阻力大于带与带轮接触面上所产生的最大摩擦力时，带与带轮就发生打滑而使传动失效。打滑会加剧带的磨损，使转速下降，影响带的正常工作。

（2）传动带的疲劳破坏　传动带工作时，带的各个截面所受的应力在不断变化，转速越高，带的长度越短，单位时间内带绕过带轮的次数越多，带的应力变化也就越频繁。长时间工作，带会由于“疲劳”而产生撕裂和脱层，使传动带疲劳失效。

（三）V 带及带轮

1. V 带的结构和型号

目前，V 带在机器中使用最广泛，是一种无接头的环形带。V 带已经标准化，其截面结构如图 1－4 所示，常由包布层 1、伸张层 2、强力层 3 和压缩层 4 组成。

普通 V 带按截面的基本尺寸从小到大分成 Y、Z、A、B、C、D、E 七种型号。生产现场中使用最多的是 Z、A、B 三种型号。新的国家标准还规定，V 带的节线长度（即横截面形心连线的长度）为基准长度，以 Ld 表示。普通 V 带的基准长度 Ld 已经制订了标准系列。可查阅相关标准。

2. 带轮的结构

带轮骰由轮缘、轮辐和轮毂组成（图 1－5）。带轮的轮辐部分有实心、辐板（或孔板）和椭圆轮辐三种结构。

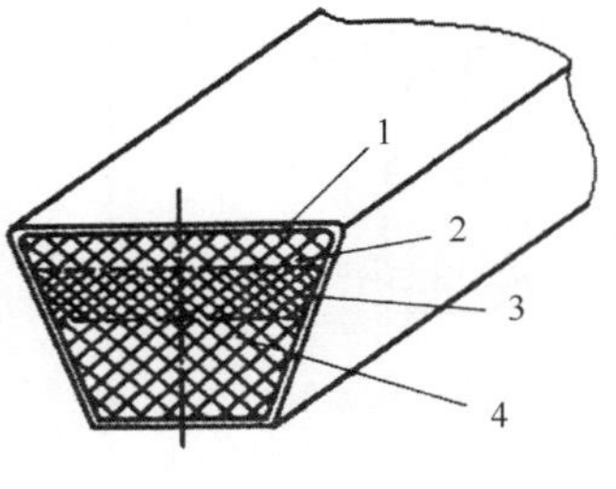

图 1－4　V 带的截面形状

1—包布层　2—伸张层　3—强力层　4—压缩层

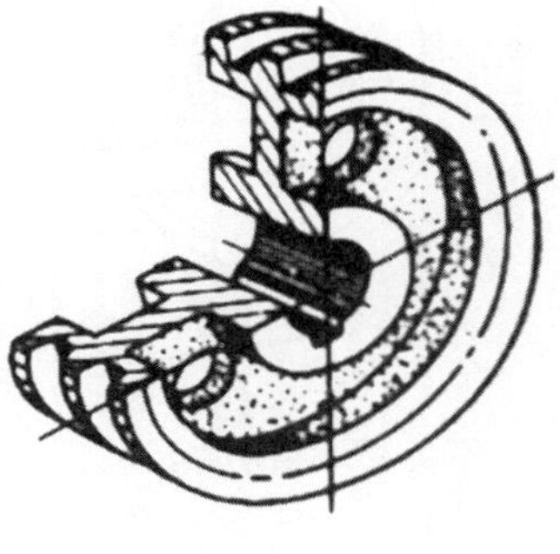

图 1－5　V 带轮的结构图

3. 带传动的张紧装置

传动带与带轮之间具有一定的张紧力，能使带传动正常工作。但工作一段时间后，传动带通常变得松弛，初拉力减小，传动能力下降。为了改变这种情况，带传动应采用合理的张紧装置，V 带传动常用的张紧装置有调距张紧和张紧轮张紧两种结构。

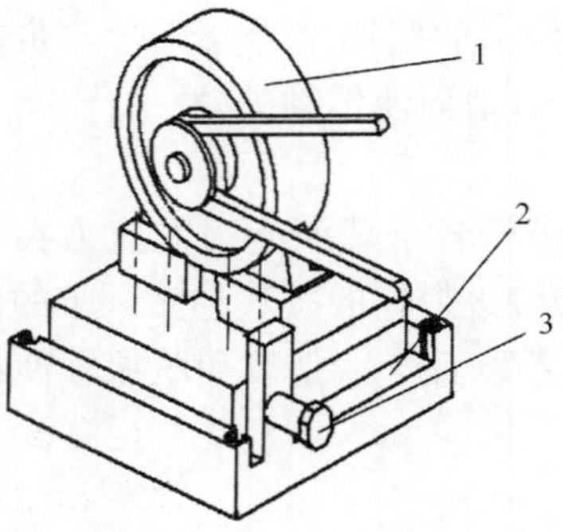

图1-6 调距张紧装置

1—电动机 2—滑道 3—螺钉

调距张紧装置：也称定期张紧装置。如图1-6所示，调距张紧装置将安装带轮的电动机1装在滑道2上，调节螺钉3可以移动电动机，使传动带张紧。这里的主要的技术要求是，固定架中安装调节螺钉的固定材料，要有一定的强度，不能因受到调节力的作用而变形。

在中小功率的带传动中，可采用图1-7中的自动张紧装置，将装有带轮的电动机1固定在浮动的摆架2上，利用电动机的自重调距张紧。要注意，大功率电机，不能用此法。因大功率电机本身质量大，一下子就在最大张紧力的位置，不能起到调节张紧的作用。

张紧轮张紧装置：当中心距不能调节时，可采用图1-8所示的张紧轮张紧装置，一般应放在松边的内侧，使传动带只受单向弯曲，并尽可能靠近大带轮，以免小带轮的包角太小。

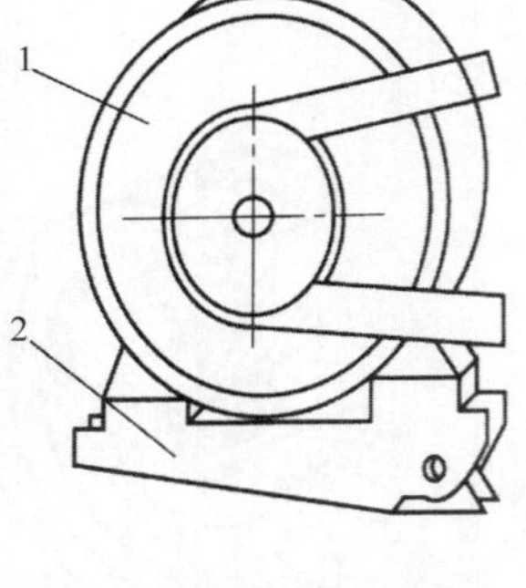

图1-7 自动张紧装置

1—电动机 2—摆架

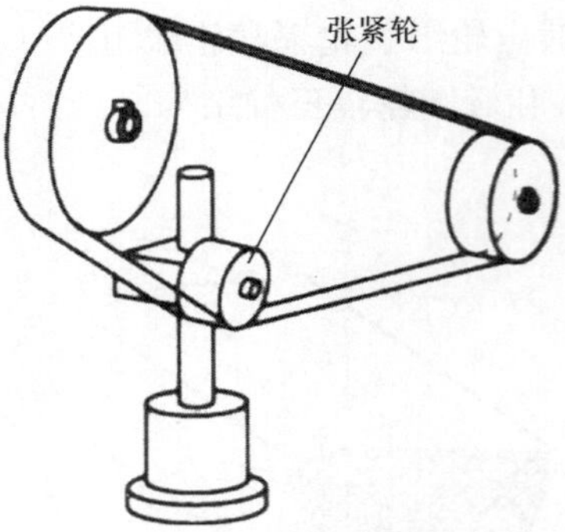

图1-8 张紧轮张紧装置

二、链传动

（一）链传动的工作原理

链传动是通过链条把主动轮和从动轮连接的一种挠性传动，如图1-9所示。它依靠链节和链轮轮齿的啮合传递运动和动力。

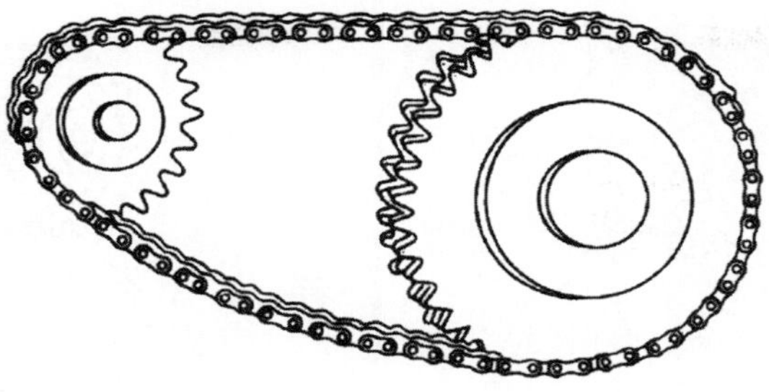

图1-9 链传动结构图

（二）链传动的特点和应用

1. 链传动的优点

（1）无滑动现象，能保持准确的平均传动比。

（2）能在两轴相距较远时传递运动和动力。

（3）效率高，为0.95~0.98。

2. 链传动的缺点

（1）链传动链条铰链易磨损从而出现跳齿。

（2）链传动的瞬时转速不相等。

（3）高速传动时不平稳，有噪声。

链传动广泛应用于中心距大、要求平均传动比准确、环境恶劣的场合，目前广泛地应用于农业机械、轻工机械、交通运输机械、国防工业等行业。黄酒行业多用于原料的输送，如湿米输送机械及某些蒸饭机的钢带传动装置。现在多用在瓶装酒的生产流水线上，主要用作瓶的输送，且多采用链传动与带传动的融合技术，将平带改造成为链片的装置，有效提高设备的灵活性与远距离传动。

三、齿轮传动

渐开线齿轮传动是一种依靠轮齿相互啮合而传递运动的传动形式。如图1-10所示，当一对齿轮相互啮合而工作时，主动轮01的轮齿（1，2，3…）通过力 F 的作用逐个地推压从动轮02的轮齿（1′，2′，3′…），使从动轮转动，因而将主动轴的动力和运动传递给从动轴。

（一）齿轮材料

常用的齿轮材料有碳素钢和合金结构钢、铸钢和铸铁、非铁金属和非金属材料等。大多数齿轮用锻钢做主要毛坯，一般由含碳量为0.1%~0.6%的碳素钢或合金钢组成，根据齿面硬度和承载能力分为软齿面齿轮传动（≤350HBS）和硬齿面齿轮传动（>350HBS）；铸钢一般用于齿轮较大，轮坯不易锻造时；非金属材料齿轮，主要是为了消除齿轮传动的噪声，常用的有工程塑料、皮革。

黄酒企业中，齿轮传动主要应用于各种变速箱，如蒸饭机的调速器、轧麦机

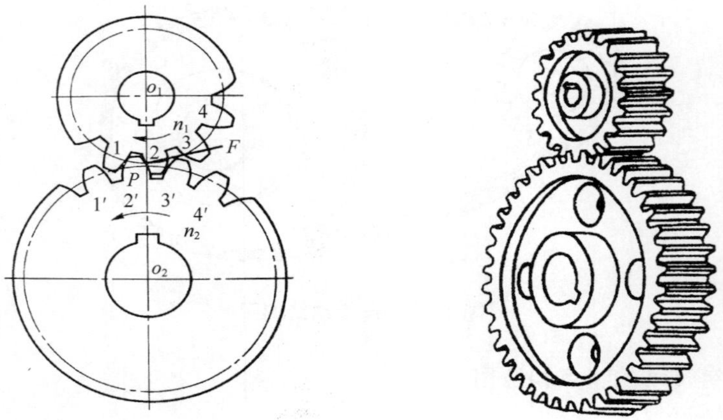

图 1－10 齿轮传动结构示意图

的变速装置等。

（二）齿轮传动的特点及应用

1. 齿轮传动的主要优点

（1）适用的载荷和速度范围大。

（2）瞬时传动速比稳定。

（3）传动效率高（一般效率为 0.95～0.98，最高可达 0.99）。

（4）工作可靠，寿命长。

（5）可用于平行轴、相交轴、交叉轴间的运动传递，结构紧凑，在同样的情况下，齿轮传动需要的空间尺寸较小。

2. 齿轮传动的主要缺点

（1）要求较高的制造和安装精度，价格贵且精度较低时在高速运转易产生较大的振动和噪声。

（2）不宜用于远距离的两轴之间传动。

齿轮传动是机械中应用最广泛的一种传动机构。通常既用于传递动力，又用于传递运动，在仪表中则主要用来传递运动。大部分齿轮传动用于传递回转运动，（如车、铣床的主轴箱，各种减速机等）。齿轮齿条传动则可将回转运动变换成直线运动或者将直线运动变换成回转运动。

四、蜗杆传动

1. 工作原理

蜗杆传动主要由蜗杆 1 和蜗轮 2 组成，传动原理如图 1－11 所示。

2. 蜗杆传动的特点

（1）优点

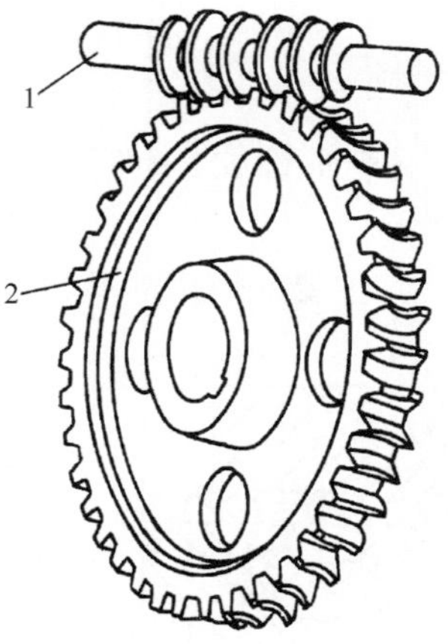

a.组成

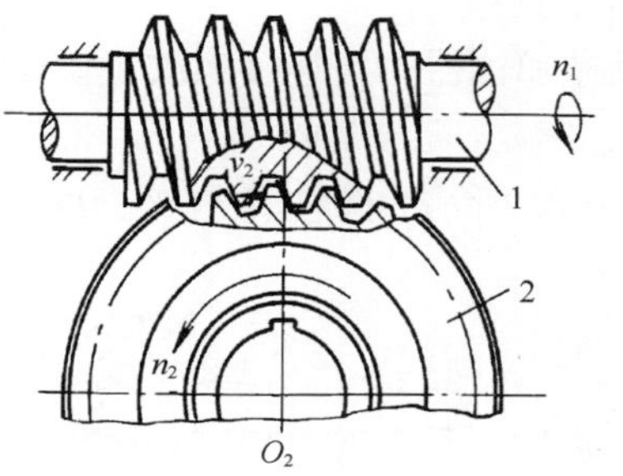

b.蜗轮转向的确定

图 1－11　蜗杆传动

1—蜗杆　2—蜗轮

①传动比大。

②传动平稳，无噪声。

③在一定的条件下可以有自锁。

（2）缺点

①效率低。

②蜗轮需要使用贵重金属制造。

第四节　机械连接

在机械和仪器中，许多零部件需要采用一定的连接方式合成一体，以保证机械或仪器的各组成部分具有确定的相对位置。采用合理的连接方法和结构，可使精密机械和仪器工作可靠，拆装和维修方便，且制造工艺简单、成本低廉。

依据连接方法和结构的特点，可将连接分为两类：可拆连接和不可拆连接（即永久连接）。

（1）可拆连接　这种连接的零件可以拆卸并重新连接。精密机械和仪器中常用的可拆连接有螺纹连接、销钉连接、键连接及速拆连接等。

（2）不可拆连接　如果拆开这种连接的零件，则连接零件或被连接零件之一必被损坏。精密机械及仪器中常用的不可拆连接有焊接、胶接、铸合连接、铆接等。

一、可拆连接

1. 螺纹连接

在机械和仪器中，连接螺纹主要是粗牙和细牙普通螺纹，有时采用特种细牙螺纹。

图 1－12 所示为圆柱普通（三角形）螺纹，其主要几何尺寸参数如下。

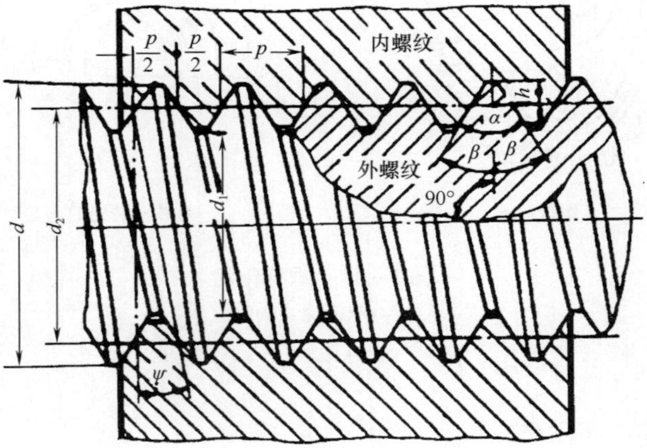

图 1－12　螺纹连接的主要参数示意图

大径 d 表示外、内螺纹的最大直径，为螺纹的公称直径。

小径 d_1 表示外、内螺纹的最小直径，简称小径。

中径 d_2 表示螺纹牙宽度与牙槽宽度相等处的圆柱直径，简称中径。

螺距 p 表示相邻两螺纹牙同侧齿廓之间的轴向距离。

导程 s 同一条螺旋线上的相邻两螺纹牙之间的轴向距离。设螺旋线数为 n，则 $s=np$。

牙形角 α 为轴向截面内螺纹牙形相邻两侧边的夹角。牙形侧边与螺纹轴线的垂线间的夹角称为牙形斜角 β。对于对称牙形，$\beta=\alpha/2$

2. 螺纹的类型和应用

根据牙形可将螺纹分为三角形、梯形、矩形、锯齿形螺纹等。连接常用三角形螺纹，称为普通螺纹。一般的静连接常用粗牙螺纹，细牙螺纹自锁性能好，但不耐磨，常用于薄壁件或受冲击、振动和变载荷的连接中。传动常用梯形螺纹，它具有牙根强度高、工艺性好，对中性好的特点，但传动效率低于矩形螺纹。为适应各行业的特殊工作要求，还制定有特殊用途的螺纹，如光学仪器螺纹、管螺纹等，选用时可查阅有关专用标准和手册。

3. 螺纹连接的基本类型

（1）螺栓连接　普通螺栓连接（图 1－13）当被连接件不太厚时，用普通螺栓贯穿两个或多个被连接件的孔，拧紧螺母形成连接。这种连接，孔壁上不制作螺纹，所以结构较简单，拆装方便，成本较低，而且不受被连接件材料限制，因而应用最广。

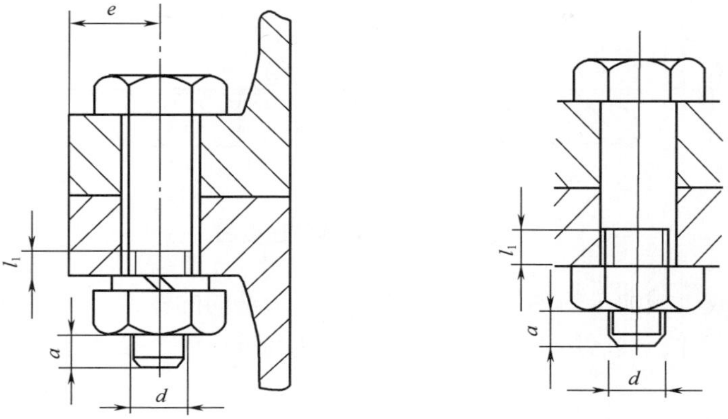

图 1－13　螺栓连接中全螺纹与半螺纹的连接示意图

（2）螺钉连接（图 1－14）如果被连接件之一较厚，不宜采用螺栓连接时，可以采用螺钉连接。这种连接不用螺母，螺杆不外露，外观整齐。由于其中一个较厚的被连接件要做出螺纹孔，这种连接形式比普通螺栓连接构造复杂。螺钉拧入被连接件的深度与螺钉及被连接件的材料有关。按等强度条件决定的最小拧入深度已在手册中给出。螺钉连接不适用于经常拆装的连接，常拆装会使螺纹孔磨损而导致被连接件报废或修理困难。

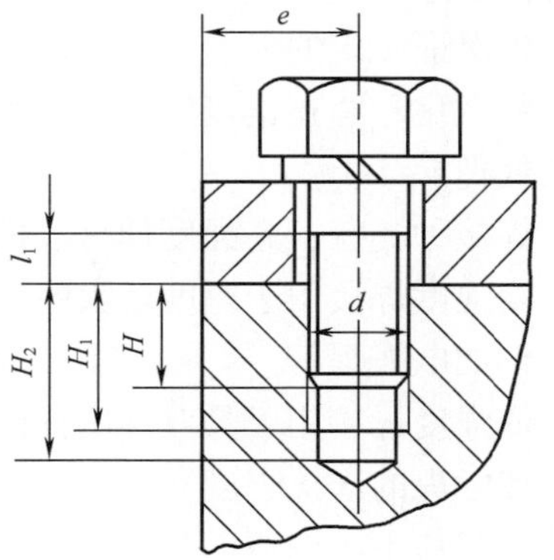

图 1－14　螺钉连接图

（3）紧定螺钉连接，如图 1－15 所示。将螺钉拧入一个零件的螺纹孔，使螺钉的末端顶住另一个零件表面或顶入相应的坑穴。紧定螺钉连接主要用于固定两个零件的相互位置，不宜传递很大的力或力矩。

二、不可拆连接

不可拆连接也称永久连接。在这类连接中，多数是利用被连接零件的局部直接相连，一般不再加连接零件。如果结构设计合理，可以获得较高的连接强度。连接时，合理地使用夹具也可以获得较高的相对位置精度。因此，形状复杂而又

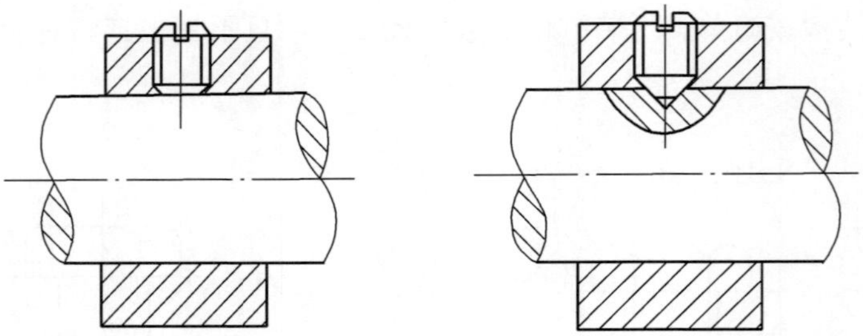

a. b.

图 1-15 紧定螺钉连接图

不适于铸造或机械加工的零件或各部分性能要求不同的零件，都可以预制成若干形状简单的零件，然后用不可拆连接方式，使其组成一个整体。

1. 焊接

在仪器制造中，焊接是常用的一种不可拆连接。它利用被连接零件间形成的金属焊缝或者局部熔接，将两个或两个以上的金属零件连接在一起。被连接后的零件面上除焊缝、焊点外，仍比较平整，不需另加其他连接件，操作也比较简单，可保证一定的强度和气密性。但是，由于被连接件局部加热，会引起局部材料性能变化，并在连接处留下较大残余应力及残余变形。对重要的连接需要考虑退火处理。

焊接种类有：高强度焊接、低强度焊接、接触焊（也称电阻焊）、超声波焊。

高强度焊接用于厚度较大的板料连接，大中型仪器底座的连接就属于这种连接，例如电弧焊。

低强度焊接用于具有导电性的连接中，例如锡焊。

接触焊的连接强度介于以上两者之间，常用有点焊、滚焊、对焊等，适用于仪器中载荷不大的薄壁和小尺寸零件的焊接。

2. 胶接

胶黏剂是一类能够依靠化学或物理作用，把同类或不同类固体物质牢固地胶接在一起并且在结合处有一定物理机械强度的物质。胶黏剂又称为黏接剂、黏合剂或胶。用胶黏剂连接两个物体或构件的技术称为胶接技术。胶黏剂和胶接技术在国民经济的各个领域中得到了广泛的应用，尤其是在航空、宇航、汽车、电子、电气、建筑、包装、医疗、机械维修等方面的应用备受人们重视。

三、轴

机器中作旋转运动的零件，如齿轮、带轮等，都装在轴上，依靠轴和轴承的支承作用来传递运动和动力。轴起到连接与传动的基体，是机械中普遍使用的重要零件之一。

根据轴的受载情况不同，轴可分为转轴、心轴和传动轴三类。转轴既传递转矩又承受弯矩，如带轮轴、齿轮减速器中的轴；传动轴只传递转矩而不承受弯矩或承受弯矩很小，如汽车变速箱与后桥间的轴；心轴则承受弯矩而不传递转矩，如火车车轮的轴、支承滑轮的心轴等。

第五节　机械的使用与维护

时代发展到今天，人们的生活和工作都离不开机械。因此，不论是机器的操作者或是维修者，还是营销与技术服务人员，都应该对机器的使用与维护知识有不同程度的了解和掌握。

设备维护要从技术方面、经济方面和经营方面综合考虑，在此主要介绍技术方面的操作及管理要领。

由于机械的种类繁多、结构各异，性能要求也不尽相同，每一种机械都有其一定的要求，但从整体上看，机械设备的使用、维护与修理都有许多共同之处，故在此只分析共性问题。对于某种机械的特殊问题，可参阅产品使用说明书或在专门的课程中学习。

为了保证机械长期正常运转、减少维修次数、保持良好的性能，就要合理地使用机械。对于操作者还要求具备排除一般故障的能力。

操作者要做到“四会”“三好”。

一、四会

1. 会使用

（1）熟悉设备各组成部分、设备性能、传动原理和规格，不超范围使用。

（2）工具、工件、附件放置整齐、合理。

（3）熟练操作，能恰当选用转速。

（4）不使用带“病”的设备工作。

（5）严格遵守操作规程，安装、更换传动带、交换齿轮等传动零件时必须停机。

（6）设备使用后要使各部件恢复到使用前的位置。

（7）对于新设备要按照规定进行磨合，磨合结束后要更换润滑油。

2. 会保养

（1）经常保持设备内外清洁，做到班前润滑，班中、班后及时清扫。

（2）按设备润滑图表规定加油，做到四定（定质、定量、定时、定点）。

（3）保证润滑装置齐全好用、油标清晰、油路畅通。

（4）保持设备的各滑动面和各传动零件之间无油垢，无碰伤，无锈蚀。

（5）保持设备不漏油、不漏水、不漏气、不漏电。

3. 会检查

（1）严格执行交接班制度，做好记录。

（2）接班时，应询问、检查上一班是否造成了设备事故和部件故障，如果发现要立即报告设备员和班组长做出鉴定，修好后才能开动。

（3）设备开动前，应检查设备各操纵机构、挡铁、限位器等是否灵敏可靠，各转动、滑动部位润滑是否良好，确认一切正常后再开动。

（4）开动设备时，应随时观察各部位的运转情况，注意检查设备是否有声响变化和振动加剧的现象发生。如有异常现象发生，应立即停机，待查明原因排除故障后，才能继续使用。

（5）各种安全防护装置齐全可靠，控制系统正常，电器接地良好，无事故隐患。

（6）配套装置齐全，各种线路、管道完整；设备零部件无损缺。

（7）对于有自检装置的设备，能够根据提示检查出故障所在。

4. 会排除一般故障

（1）发现故障，立即停机检查。

（2）发现电器断路时（如熔断器熔体烧断、线路接触不良等），应配合电工维修。

（3）发现油路、气路系统出现故障时，应会维修。

（4）发现易松动部位（如销钉、斜镶条、离合器、传动带和各部位的紧固螺钉等）有松动时，应能解决。

（5）发现其他一般故障（如异物缠绕、卡别，加工件非设备原因超差等），应会排除故障。

（6）对于有自检装置的设备，能够根据自检装置的提示排除故障。

（7）对于自己不能处理或职责以外的问题要及时上报。

二、三好

1. 管好

（1）操作者应对设备负保管责任，不经领导同意，不准别人乱动。

（2）设备及附件、仪器、仪表、冷却、安全防护装置等应保持完整无损。

（3）设备开动后，不准擅离工作岗位，有事必须停车并切断电源。

（4）设备发生事故后，要立即停车，切断电源，保持现场，不隐瞒事故情节，及时报告设备员和班组长。

2. 用好

（1）严格执行操作规程，禁止超压、超负荷使用设备。特殊情况时，必须经主管领导和主管部门同意，方可使用。

（2）不准脚踏床面、操纵把手和电器开关。

（3）设备的导轨面上不准放工具、工件等物品。

（4）应使设备的外观和操作手柄及传动部分经常保持新安装时或大修后的良好状态。

3. 修好

（1）应经常保持设备性能良好，使其处于正常工作状态。发现故障隐患时，及时予以排除或者报告机修人员。

（2）应保持设备没有较大缺陷，仪器、仪表和润滑、冷却系统灵敏、可靠。

（3）按计划、保养内容和具体要求完成一级保养任务。

（4）按计划和要求参加二级保养并完成规定内容。

三、管理者

（一）对操作者和设备都要加强管理

建立必要的规章制度（如交接班班制度、岗位责任制度、设备管理制度等）和设备操作规程；为设备的正常使用提供条件；坚持定人定机、持证上岗，经常培训员工，达不到要求者不能勉强上岗。建立设备档案，完善考核，使设备完好率保证在98%及以上。

（二）机械的维护保养

按机械的各个部分分类，维护保养可分为润滑系统保养、导轨保养、丝杆保养等。

按时间分类，维护保养可分为日常维护、一级保养和二级保养。

1. 日常维护

日常维护由操作者进行，主要包括以下内容。

（1）开动设备前，对设备进行清洁、润滑。

（2）使用设备时，要严格按照操作规程进行。要经常检查设备的运行情况，发现故障及时排除。

（3）使用设备后，要将各滑动导轨面擦净、注油，定期清洗各润滑系统及设备表面。

2. 一级保养

一级保养主要由操作者在维修人员指导下完成。

一级保养的周期：机修车间中的金属切削设备运转1200～1500h进行1次；锻压、起重设备运转900～1200h进行1次。黄酒生产车间中的振动筛、蒸饭机、制曲机、压滤机、空压机、泥浆泵、往复泵、真空泵、冷冻机、冷酒机、煎酒器等大中型设备，每月进行一次。瓶酒车间设备较多，需要注重日常保养，但一些主要设备要进行一级保养，如洗瓶机、灌酒机、贴标机、杀菌机及自动包装设备。

一级保养包括如下内容。

（1）清扫、检查、调节电器部分。

（2）全面清洗设备外表，检查、调节各传动、操作机构。

（3）清洗、疏通润滑系统，检查冷却系统。

（4）检查并且排除一般故障及故障隐患。

（5）检查并且调节安全防护措施、限位块及有关仪器、仪表等。

3. 二级保养

二级保养应以维修人员为主，在操作者参与下进行。

二级保养的周期：企业机修车间中的金属切削设备运转 3600～4500h 进行 1 次；锻压、起重设备运转 2700～3600h 进行 1 次。黄酒生产车间中的振动筛、蒸饭机、制曲机、压滤机、空压机、泥浆泵、煎酒器、冷冻机、冷酒机等大型设备，每年需要进行二级大保养。瓶酒车间中的卸垛机、洗瓶机、灌酒机、贴标机、杀菌机、输送带及传动装置、自动包装设备等。

二级保养主要包括如下内容：

（1）清扫、检查、调节电器部分。

（2）全面清洗润滑系统并且更换润滑油。

（3）全面清洗冷却系统。

（4）检查设备的技术状况及安全设施，全面调整各处间隙，排除故障，清除隐患。

（5）修复和更换必要的磨损零件或者刮研必要的磨损部位。

（6）全面清除设备的漏油、漏气、漏水现象。

（7）使设备达到安全可靠、运行正常的要求，符合设备完好标准。

许多机械设备都有自己的保养手册或规程，用户要根据具体内容和要求进行维护保养。

复习题

一、填空

1. 零件是__________单元，构件是__________单元。

2. 有________________、________________、________________三个特征的构件组合体称为机器。

3. 设备一般都采用各种材料通过加工制作，又经__________、__________达到减轻劳动强度，提高生产效率的目的。

4. 纯金属元素组成或以金属元素为主而组成的具有金属特性的物质统称为__________。

5. 材料在外加载荷作用下，抵抗永久变形和破坏的能力称为__________。

6. 对于一般的机器，其__________是通过各种机构和零部件的运动来实现的。

7. 金属材料或金属构件在交变载荷的循环作用下产生疲劳裂纹并使其扩展而导致的断裂称为＿＿＿＿＿＿＿＿＿。

8. 设备的维护保养按时间分类，可分为＿＿＿＿、＿＿＿＿和＿＿＿＿。

二、判断

1. 由两种或两种以上金属元素或金属元素和非金属元素组成的具有金属特性的物质称为合金。（　　）

2. 金属材料常用的力学性能有强度、塑性、硬度、冲击韧度及疲劳强度等。（　　）

3. 铸铁是含碳量大于5%的铁碳合金。（　　）

4. 结构不够紧凑，外廓尺寸大。这是带传动的缺点之一。（　　）

5. 链传动的平均传动比是不变的。（　　）

6. 瞬时传动速比稳定不是齿轮传动的优点。（　　）

三、选择

1. 钢是由以下两种物质组成的合金（　　）

A. 铁（Fe）和碳（C）　B. 铁（Fe）和锌（Zn）

C. 铜（Cu）和（Fe）　D. 铜（Cu）和锌（Zn）

2. 金属材料常用的力学性能有（　　）

A. 强度、塑性　B. 冲击韧度、疲劳强度

C. 强度　D. ABC 均是

3. 常用的机械传动，其传动装置主要指（　　）

A. 带传动、链传动、轮传动、轴传动

B. 链传动、轮传动、轴传动、轴承传动

C. 带传动、链传动、齿轮传动、蜗杆传动

D. 带传动、链传动、齿轮传动、轴承传动

4. 带传动的优点是（　　）

A. 可适用于两轴距离较远的传动、运动平稳，噪声小，有吸振缓冲作用

B. 过载时，带与带轮之间就会打滑，能起到对机器的保护作用

C. 传动速比稳定

D. 结构简单，成本低，安装维护方便

5. 设备维护与保养操作人员需要做到的“四会”是指（　　）

A. 会使用、会保养、会检查、会操作

B. 会使用、会保养、会检查、会排除一般故障

C. 会保养、会检查、会排除一般故障、会维护

D. 会排除一般故障、会维护、会保养、会操作

四、简答

1. 说明下列金属材料的含义及用途：Q235B；45；HT200；65Mn；T10A；

GCr15。

2. 简要阐述带传动的失效形式。
3. 简述蜗杆传动的优缺点。
4. 机械设备使用过程中的“四会”“三好”指什么?
5. 机械设备和日常维护主要指哪些方面?

第二章

黄酒原料控制设备

黄酒原料的控制，在黄酒设备上主要体现在精白与浸渍两大环节。精白，目前国内主要采用振动筛、旋风分离器为主进行加工或者结合二者进行生产工序纵向串联使用的加工工序。本书还简要介绍了大米的精白机，以便作为参考。

第一节　原料的精白

黄酒生产中的原料要经过精白工序，这是一个最为普通的常识。但在实际操作中大家往往很少去注意这个问题，从而导致许多企业在生产用原料时忽略了精白这一基本工序，只认为将大米倒入浸米容器内放水至高于米面几厘米即可。其实，要制作优质的黄酒，对原料的要求是比较高的，尤其是待大米的品种决定以后，大米的精白则更是生产好酒的第一要素。

原料的精白工序，现在有两种方法是大家在采用的：①通过振动筛，将米糠与碎米筛掉，剩下较为干净的大粒或整粒米用来浸渍；②将米浸入容器后，用干净的水反复冲洗，从而达到洗米的目的。随着国家对环境保护政策的完善和企业对保护环境的重视，第②种洗米的方法已基本不用了。部分企业一直采用第①种方法，但大多数企业只是将采购的大米直接浸入浸米的容器中就完事了，忽略了浸前的筛选工序。从以前我们所学的知识中可知，大米的米糠中含有多种有害于酒体爽净的物质，如灰分、粗纤维、杂质、蛋白质等；而小碎米随着浸米时间的延长，会因吸水膨胀而粘糊于其他整粒的大米上或溶解于水中，造成不必要的浪费，同时降低了浸米后沥米排水的速度，严重的会造成蒸饭的困难。因此，筛选清除米中的米糠与小碎米的过程便显得尤为重要了。

筛选，是利用被筛理物料之间粒度（宽度、厚度、长度）的差别，借助筛孔分离杂质或将物料进行分级的方法。

物料经筛选后，凡是留在筛面上的、未穿过筛孔的物料称为筛上物，穿过筛孔的物料称为筛下物，如图 2－1 所示。通过一层筛面，可以得到两种物料。

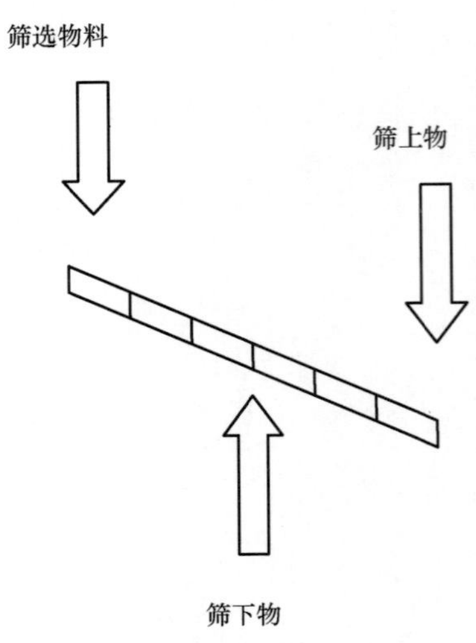

图 2－1　筛选示意图

一、筛选的基本原理

（一）筛选的基本条件

在筛选过程中，如要达到除杂或分级的目的，必须具备以下三个基本条件。

（1）筛下物必须与筛面接触。

（2）选择合理的筛孔形状和大小。

（3）保证筛选物料与筛面之间具有适宜的相对运动速度。

（二）筛选工作面

1. 筛面的种类

筛面是筛选设备的主要工作部件。谷物清理工艺对筛面的要求是具有足够的强度、刚度和耐磨性；筛孔面积百分率（筛孔总面积占整个筛面面积的百分率）最大，筛孔不易堵塞；物料在筛面上运动时与筛孔接触机会较多。前一种要求关系到筛面工作的可靠性和使用寿命，后两种要求直接影响筛选的工艺效果。

常用的筛面有以下三种。

（1）栅筛　栅筛是由具有一定截面形状的金属棒或圆钢，按一定间隙平行排列组合而成的，筛孔呈长条形。栅条的宽度或直径一般为5mm左右，栅条的间距在15mm以上。栅筛具有筛理能力强、处理量大、制造简单、耐用等特点。栅筛主要适用于下粮部位，用于去除原粮中较粗大的杂质，避免设备堵塞。

（2）冲孔筛面　冲孔筛面有平板冲孔筛面和波纹形冲孔筛面两种。

平板冲孔筛面多用厚度为0.5～2.5mm的薄钢板制造，通常在平整的薄钢板上冲压成圆形、矩形、三角形（等边三角形）或方形筛孔。筛孔规格按实际尺寸表示，单位为mm。平板冲孔筛面比较耐磨，筛孔形状尺寸准确，筛分精度高，但筛孔面积百分率较低，筛孔易堵塞。

波纹形冲孔筛面（沉孔筛面）有圆形与矩形两种。整个筛面呈波浪形，圆形筛孔冲压成上大下小的圆锥形，宛如漏斗，对需要直立穿过筛孔的物料可起辅助作用，使其容易穿过筛孔而且其筛孔间距逐渐缩小，使各筛孔之间没有使物料直接滑过去的“通道”，从而可避免物料失去穿过筛孔的机会。矩形筛孔冲压成上宽下窄的斜槽形，可对物料沿长轴运动起导向作用，使其容易穿过筛孔。波纹形冲孔筛面的刚性好，筛孔尺寸可比平板冲孔筛面小些，因而筛分精度更高，筛孔不易堵塞，单位流量较大。

平板冲孔筛面多用于振动筛、平面回转筛上，波纹形冲孔筛面则多用于高速振动筛和圆筒回转筛上。

（3）编织筛面　编织筛面，一般是由镀锌钢丝或其他金属线编织而成。筛孔有矩形、方形和菱形三种（图2－2）。方形筛孔规格按两钢丝之间的最小距离，可用mm表示或用网目方法表示，而习惯上则用每25.4mm长度上的筛孔数表示。

编织筛面制作容易，造价低廉，筛孔面积百分率较高，圆形钢丝比较光滑，物料容易穿过筛孔，能减少筛孔堵塞现象。同时，由于钢丝相互交织、筛面凹凸不平，从而对物料的摩擦系数较大，容易使物料产生自动分级，有利于筛理。另外，编织筛面的钢丝容易移动，易引起筛孔变形，影响筛分的准确度。

编织筛面多用于高速振动筛、溜筛或回转筛上。编织菱形筛孔只用于网带式初清筛上。

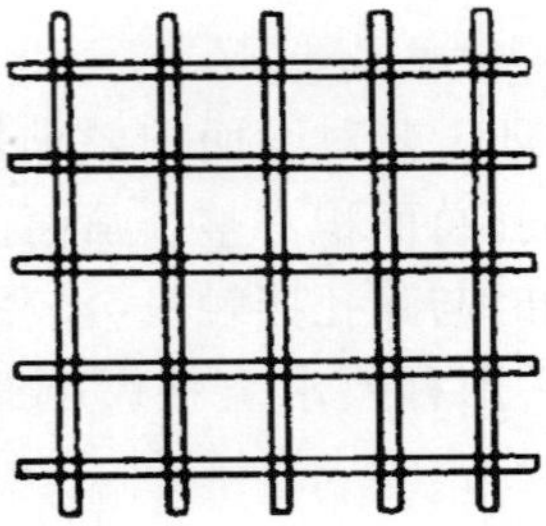

a.平纹方孔

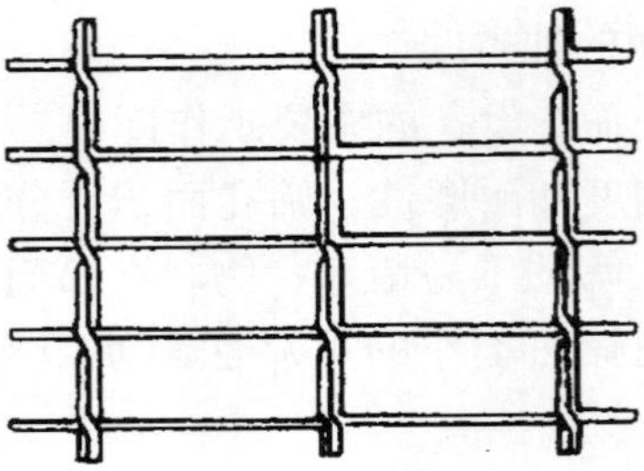

c.纺织长孔

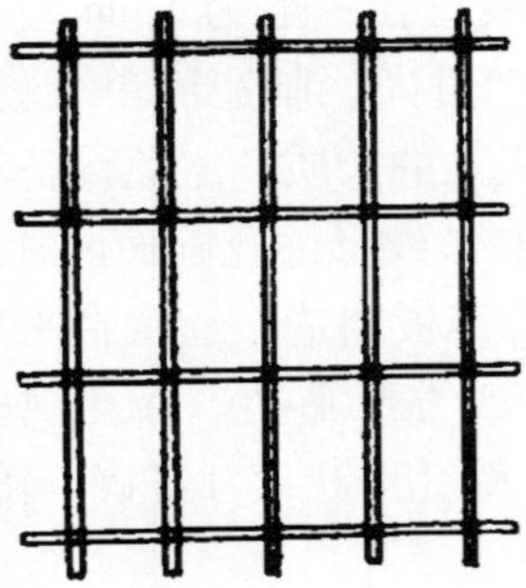

b.平纹长孔

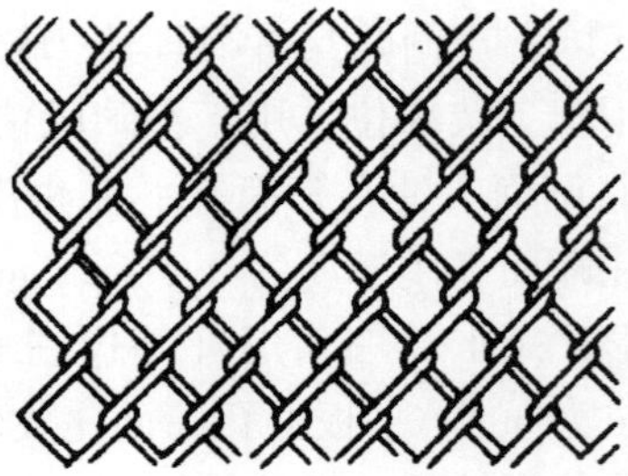

d.编织菱形筛孔

图2－2　编织筛面

2. 筛孔形状与大小

筛孔形状与大小的选择，取决于筛分物料的粒度及其截面形状，取决于物料的穿筛方式。谷物清理工艺中，最常用的筛孔形状有圆形孔、长形孔、方形孔、三角形孔等。

（1）圆形孔　圆形孔主要是按物料宽度的不同进行筛选的，孔的直径是限制物料穿孔的重要尺寸。只有当物料的宽度小于筛孔直径且在筛选过程中能在筛面上直立或物料是小于筛孔的球形时，才能穿过筛孔［图2－3（a）］。

（2）长形孔　长形孔主要是按物料的厚度不同进行筛选的，筛孔宽度是限制物料穿孔的重要尺寸。只有当物料的厚度小于筛孔的宽度，且能侧立时，才能穿过筛孔［图2－3（b）］。

（3）方形孔　方形孔既可以按物料的宽度进行分级，也可以按物料的长度进行分级，这主要取决于物料在筛面上的运动状态和穿孔方式。如果物料在筛面上能直立过筛，方形孔则主要按其宽度不同进行筛选。如果物料不能在筛面上直立，而是平卧过筛，则方形孔主要是按物料厚度的不同进行筛选。但是，由于方形孔的对角线比其边长要长40%，从而物料既可能沿孔的边长方向穿孔，也可能沿孔的对角线方向穿孔。因此，筛分不精确。

（4）三角形孔　三角形孔适用于清理谷物中形状或截面近似于三角形的杂质，如稗子、砂石等。只有当物料形状或截面呈三角形且每条边边长小于三角形筛孔边长时，才能穿过筛孔［图 2-3（c）］。

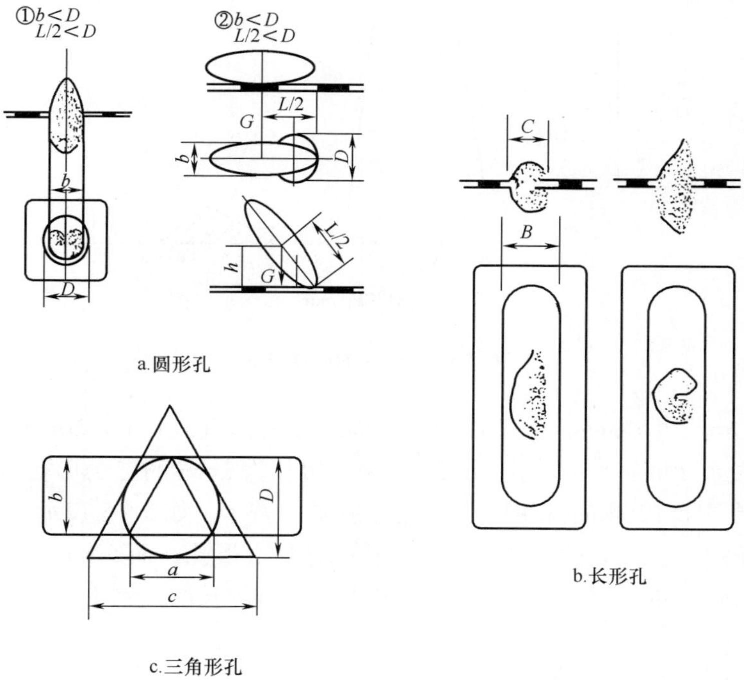

图 2-3　物料穿孔示意图

选择筛孔的形状与大小，除依靠实际生产经验、参照常用的筛孔选定外，合理的方法是按照谷物和杂质的粒度曲线来确定。例如，用成套的标准检验筛对谷物（如小麦）试样（包括其中的杂质）进行筛选分析，以各层筛面筛孔尺寸为横坐标，以该层筛面上留存的重量占试样总重量的百分率为纵坐标，这种按筛孔尺寸绘出的粒度分布曲线如图 2-4 所示。从图中可以看出，采用直径为 2.5mm 的筛孔能筛出大部分的小杂质，而用直径为 4.2mm 的筛孔则能筛出大部分的大杂质。

实际生产中，因为生产量大，所以影响筛选的因素较多。按上述曲线确定筛孔尺寸时，应比曲线图中尺寸放大 0.1（长孔）～0.2（圆孔）mm。

应用粒度曲线或筛理曲线除了能帮助正确选择筛孔的形状与大小外，还能近似地计算出筛上物与筛下物所占的比例。因此，也可应用上述曲线对谷物按粒度大小进行分级比例表示。从上述曲线图中还可看出，谷物与杂质中它们的粒度有一部分发生了重叠现象，而这重叠部分杂质利用筛选办法是很难完全分离的，应考虑采用其他措施加以分离。

筛孔大小的表示方法因筛面种类的不同而异。冲孔筛面的筛孔直接用筛孔实

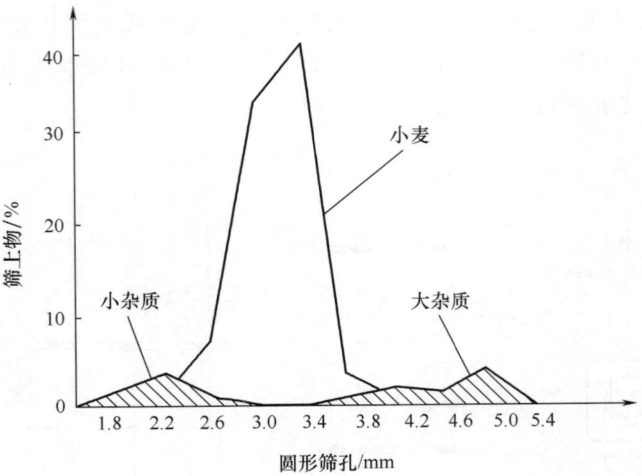

图 2-4　小麦的筛理曲线

际尺寸表示，如 Φ6mm 表示直径为 6mm 的圆形孔，1.5 × 20mm 表示宽为 1.5mm、长为 20mm 的长形孔，△3mm 表示边长为 3mm 的三角形孔。编织筛网的筛孔则常用每 25.4mm 长的筛网上的筛孔数目表示。如 5 ×5 表示筛网的径向、纬向都是每 25.4mm 长的筛网上有 5 个孔而且是方形孔；而 5 ×7 表示筛网的径向每 25.4mm 长的筛网上有 5 个孔，纬向每 25.4mm 长的筛网上有 7 个孔而且是矩形孔。

3. 筛孔的排列

筛孔的排列是指筛孔在筛面上的分布规律。就圆形（或方形）冲孔筛面而言，筛孔的排列有正列排列和错列排列两种，如图 2-5 所示。

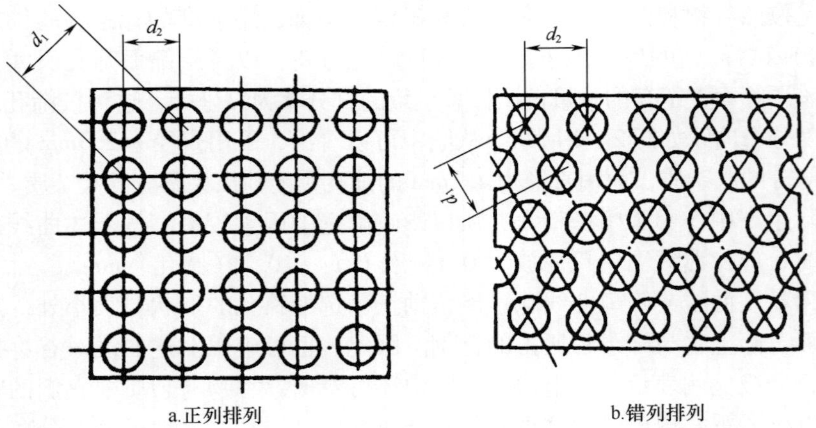

图 2-5　筛孔排列

d_1、d_2 皆表示筛孔中心距正列排列是纵、横两个方向都相互对齐的筛孔排列形式。各孔之间的孔距不尽相同（$d_1 > d_2$），因此筛面各处强度不一。另外，正列排列中两列筛孔之间无筛孔，物料易走空道，减少了被筛物料的穿孔机会，其筛选效率较低。

错列排列是只有一个方向（横向）相互对齐的筛孔排列形式。各孔之间的孔距相等（$d_1 = d_2$），从而使筛面各处强度一致且被筛物料无空道可走、穿孔机会多，利于筛选效率的提高。因此，生产中大都采用错列排列。

矩形筛孔的排列有直行、直行纵向交错、直行横向交错、顺序旋转等几种，如图2－6所示。

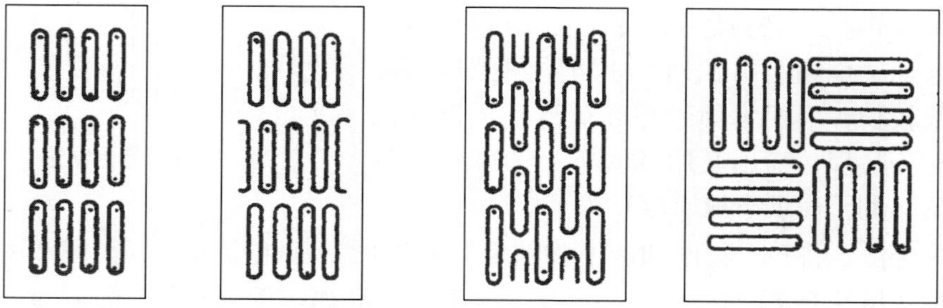

a.直行排列　b.直行纵向交错　c.直行横向交错　d.顺序旋转排列

图2－6　矩形筛孔的排列

矩形筛孔纵向间距一般为4～5mm。横向间距 $L = 1.25 + 0.45b$（mm）（b 为筛孔宽度）

三角形筛孔的排列有同向交错和异向交错两种（图2－7）。

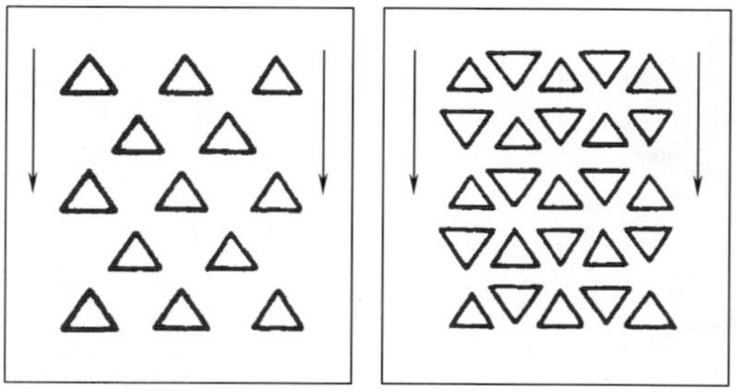

a.同向交错排列　b.异向交错排列

图2－7　三角形筛孔的排列

4. 筛面的组合

生产中，一层筛面往往达不到工艺要求，需要多层筛面组合使用才能有效地进行筛选。所以，筛面组合的合理与否，对筛选的效果同样具有重要的作用。

筛面组合的方法可分为筛上物法、筛下物法和混合法三种。

筛上物法：筛上物连续筛理，分出不同粒度的筛下物，如图 2－8 所示。筛孔尺寸从小到大、筛选产品粒度从细到粗（Ⅰ＜Ⅱ＜Ⅲ＜Ⅳ、$d_1 < d_2 < d_3$）。筛上物法的特点是先提细粒，后提粗粒。这种筛面组合方法，大粒物料的筛分路线较长，故一般用于下脚整理等。

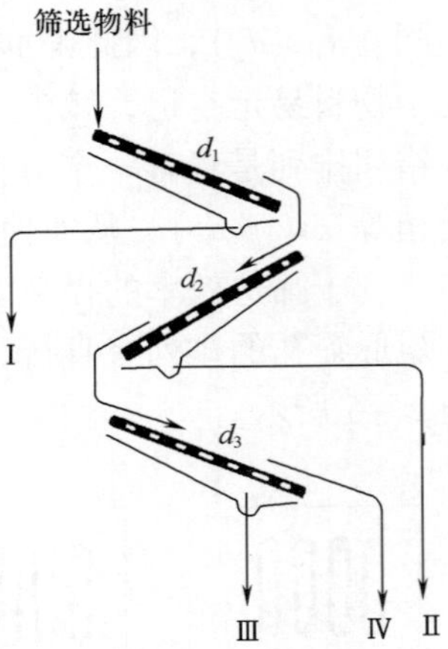

图 2－8 筛上物法

筛下物法：筛下物连续筛理，分出不同粒度的筛上物，如图 2－9 所示。筛孔尺寸由大到小；筛分产品粒度从粗到细（$d_1 > d_2 > d_3$，Ⅰ＜Ⅱ＜Ⅲ＜Ⅳ）。其特点是先提粗粒，后提细粒。采用这种筛面组合方法时，小粒物料经过的筛分路线较长，因而常用于稻谷初清（可以保证稻谷充分筛理，筛出其中的大、小杂质）及谷糙分离（利于保证净糙质量）等工序。

混合法：将筛上物法和筛下物法混合配置的筛面组合方法，如图 2－10 所示。筛孔尺寸交叉配置（$d_3 > d_1 > d_2$）；筛分产品如按图中编号，则粒度大小为Ⅰ＞Ⅱ＞Ⅲ＞Ⅳ。混合法综合了前两种方法的特点，因此，较前两者而言，此方法流程灵活、容易满足各种筛选设备的需要，常用于除稗、谷糙分离、成品整理等工序。

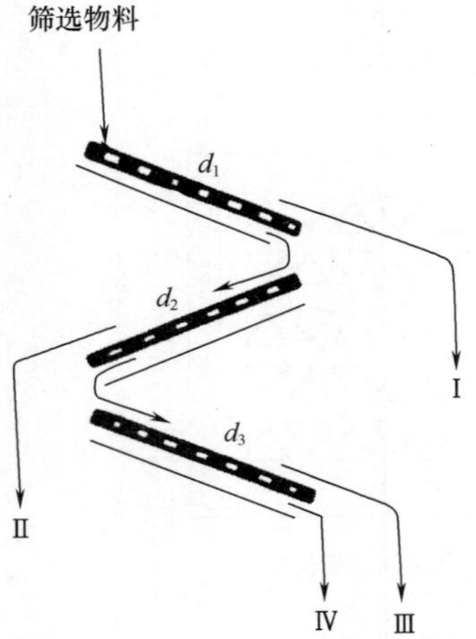

图 2－9 筛下物法

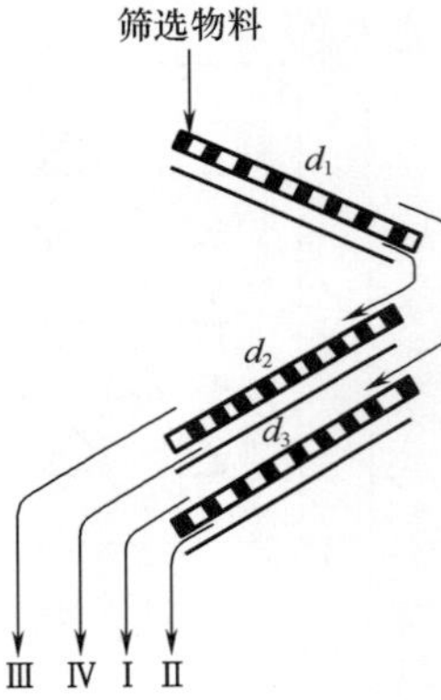

图 2－10 混合法

（三）筛选工作面的运动形式

筛面的运动形式主要有静止、往复振动、高速振动、平面回转运动、旋转运动等。

1. 静止

筛面倾斜静止放置，物料依靠自身重力在筛面上作直线运动［图 2－11（a)］。改变筛面与物料之间的摩擦系数或改变筛面倾斜角，可以促使物料在筛面上产生自动分级，也可以避免自动分级的产生。物料在静止筛面上运动时，相对于筛面运动的路线较短，因此静止筛面的筛理效率较低。

2. 往复振动

筛面作往复直线运动，物料沿筛面作正反两个方向的相对滑动［图 2－11（b)］。筛面的往复运动能促进物料产生自动分级且物料相对于筛面运动的路线较长，故筛选效率较高。

3. 高速振动

筛面在垂直平面内作轨迹为圆或椭圆的平动（有的也可作直线振动），物料在筛面上作小幅度的跳动［图 2－11（c)］。高速振动筛面的振动频率较高，振动力强，物料在筛面上跳动，因而不易产生自动分级且不易堵塞筛孔。

4. 平面回转运动

筛面在水平面内作圆轨迹平动，物料在筛面上作圆周运动或螺旋线运动［图 2－11（d)］。平面回转筛面能促进物料的自动分级，物料在筛面上的相对运动路线较长且物料所受的水平惯性力在360°范围内周期变化方向，因而不易堵塞筛孔，筛选效率也比较高。

5. 旋转运动

筛面呈筒状，绕一水平或倾斜轴旋转，而物料在筛筒内相对于筛面滑动［图 2－11（e)］。旋转筛面的工作面积仅为整个筛面的 1/8～1/4，因此筛面利用率低。

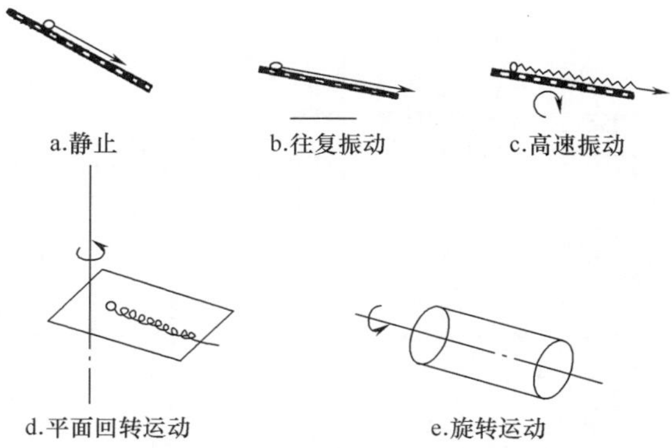

图 2－11　筛面的运动形式

二、筛选的应用

筛选是利用物料间粒度的不同进行除杂或分级的，因此，凡是在粒度上有差异的物料，均可采用筛选的方法进行分离。谷物加工过程中，筛选除用于清除原粮中的杂质以外，也常将许多再制品（已脱壳籽粒与未脱壳籽粒混合物、糠粞混合物、出机米等）进行分级。筛选用途十分广泛。

三、稻米典型筛选设备

筛选是谷物加工厂使用最广泛的一种清理方法，典型设备有圆筒初清筛、振动筛和平面回转筛等。筛选设备常与风选设备相结合，在清除大、中、小杂质的同时，也清除了轻杂。

（一）圆筒初清筛

初清筛是用于谷物接收入库或粮食加工厂毛谷仓前的初步清理设备，专门分离谷物中的秸秆、绳头、砖石、泥块等大型杂质，以提高原料入库质量，为下道工序创造有利条件，防止堵塞管道、损坏机器等事故发生。

对初清筛的要求是产量大、结构简单、操作方便、动力消耗小、有一定的清理效果、灰尘不外扬。

初清筛的工作原理，主要是按颗粒大小不同，利用一定规格的筛网与谷物发生相对运动，一般大杂质不能通过筛网，而谷物则在重力作用下穿过筛网，以获得初步清理。

清筛的清理效率指标是大杂质去除率应在 90% 以上，下脚中不应含有正常的完整谷粒。

初清筛的种类很多，圆筒初清筛就是一种常见的初清设备。

圆筒初清筛的结构如图 2－12 所示，由筛筒、传动机构、进料装置和机架等部分组成，而其中筛筒则是主要工作构件。

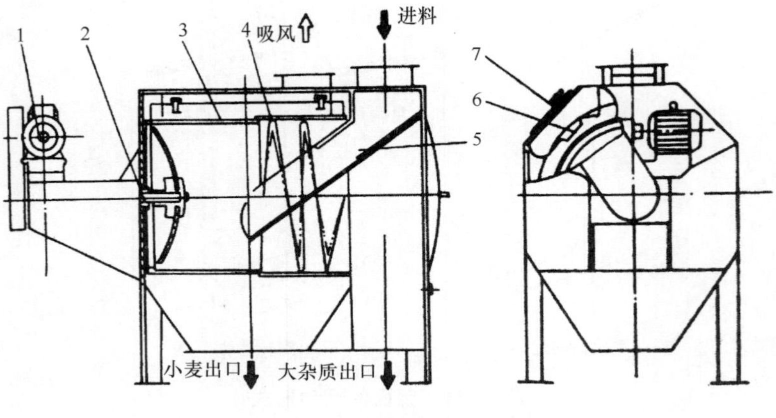

图 2－12 圆筒初清筛结构

1—电动机 2—传动轴 3—筛筒 4—螺旋机构 5—进料管 6—清理刷 7—检修门

筛筒由冲孔薄钢板制成，规格有 $\Phi500 \times 650$、$\Phi630 \times 750$、$\Phi800 \times 950$、$\Phi1000 \times 1090$ 四种型号。筛筒分清理段和检查段两部分：清理段起主要筛理作用；检查段起继续筛理作用，以降低大杂质中含谷，其筛孔为正方形，且沿筛筒圆周方向交错排列。清理段筛孔较大，规格有 20mm × 20mm、16mm × 16mm、13mm × 13mm 三种；检查段筛孔较小，规格为 15mm × 15mm、13mm × 13mm、11mm × 11mm 三种。根据所处理的物料和工艺要求，清理段检查段筛孔可组合成 20mm /15mm、20mm /13mm、16mm /11mm、13mm /11mm 等几种方式，以达到所要求的产量和分离效率指标。谷物等进入筛筒后，穿过筛孔落至出口。杂质不能穿过筛孔，留于筛筒内，经检查段送至大杂质出口。为便于大杂质顺利排出，在检查段设有导向螺旋结构。螺旋为单头，导程为 100mm，共 3. 5 圈。螺旋高度按大杂质出口方向，从 55mm 逐渐降低至 45mm。

筛筒由水平悬置的电动机驱动。进料管从大杂质出口端伸入筛筒内，安装位置有两种，如图 2 - 13 所示。（a）为料管一般安装位置，（b）为进料管有一偏离转角 θ，使落料位置向筛筒旋转的下行方向偏移，有利于提高产量和分离效率。在筛筒旋转的上行方向则装有清理刷，用以清理筛面。

吸风的任务主要是保持机内处于负压状态，灰尘不外逸，以避免环境污染。设计单位面积吸风量一般为 5 ~ 6m^3/（m^2 · min）。

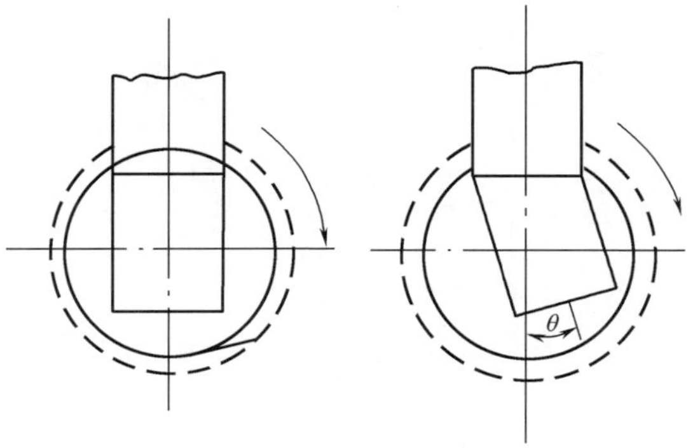

a.一般安装位置　　　b.进料管有偏离转角的安装位置

图 2 - 13　进料管安装位置

圆筒初清筛的主要技术参数如表 2 - 1 所示。

表 2 - 1　圆筒初清筛的主要技术规格

型号	SCY - 63
筒直径 × 长度/mm	630 ×（750 ~ 800）
筛孔形状和规格/mm	方形，20/15，20/13，16/11，13/11
产量/（t/h）	20 ~ 35

续表

型号	SCY－63
筛筒转速/（r/min）	18～25
吸风量/（m^3/min）	8～10
功率/kW	0.6～0.75

（二）高效振动筛

振动筛是应用于谷物清理最广泛的一种筛选与风选相结合的清理设备，其主要作用是清除混入谷粒中的大、小、轻杂质。TQLZ 型振动筛为 20 世纪 90 年代初发展起来的新设备，主要用于清除原粮中的大、中、小杂质。使用该设备时，还可配用垂直吸风道对物料进行风选，以清除其中的轻杂、灰尘。最大优点是除小杂质的细孔筛面不堵率达到 80% 以上。

TQLZ 型振动筛由筛体、进料装置、出料斗、驱动机构和机架等部分组成，如图 2－14 所示。

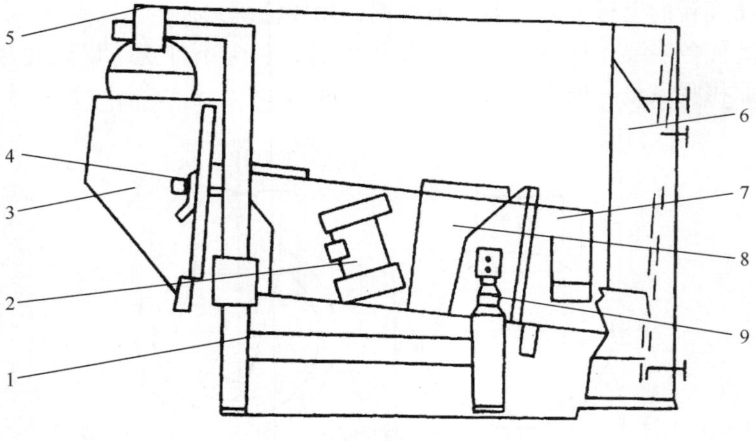

图 2－14　TQLZ 型振动筛结构

1—机架　2—振动电机　3—进料箱　4—挡板　5—进料口
6—垂直吸风道　7—卸料箱　8—筛体　9—中空橡胶垫

筛体由钢板用螺栓连接而成，通过中空橡胶支承在机架上，筛体内装有两层抽屉式筛格，筛面用橡皮球清理，振动电机安装在筛体的两侧，筛体倾角能在 0～12°、振动角能在 0～45°范围内调节。进料装置是由进料管、软布管和进料箱组成。进料管固定在机架上，移过软布套管与进料箱连接。进料管内设有偏心锥形圆筒，其作用是引导物料落入进料箱的中心部位。进料箱安装在筛体上，与筛体一起运动。为了便于抽插筛格，进料箱可以翻转或拆卸。出料斗用螺栓连接在筛体上，随筛体一起运动，能将分离出来的各种物料分别排出机外。驱动机构由 2 台振动电机、筛体和中空橡胶垫组成。用振动电机驱动使筛体做往复直线运动。机架是由钢板压制而成，还用不同高度的横臂支承筛体，调节筛面倾角很方便。

TQLZ 型振动筛工作过程如图 2－15 所示。物料由进料口通过软布套管落入进料箱，经可调匀料闸门和分料板，沿筛宽方向均匀分布，调节匀料板，可控制料层厚度。物料进入第一层筛面后，筛上物从筛体侧面的大杂质出口排出，筛下物落到第二层筛面继续筛理。第二层筛面的筛孔比第一层小，筛下的是小杂质，直接落到底板上，从小杂出口排出。第二层筛上物为净谷，从卸料口进入吸风道进行风选去除轻杂，效果更佳。

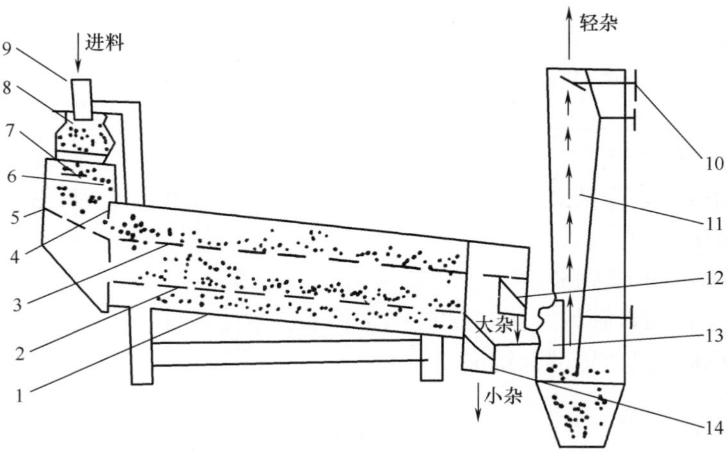

图 2－15　TQLZ 型振动筛工作过程

1—底板　2—二道筛　3—一道筛　4—调节匀料板　5—进料箱　6—分料板　7—匀料门　8—软布套管　9—进料口　10—调风门　11—风选器　12—大杂出口　13—卸料口　14—小杂出口

TQLZ 型振动筛清理稻谷和小麦时，一般第一层筛面为 7.5mm 圆孔，第二层筛面为边长 3mm 三角孔，倾角为 6°、振动角为 20°，其主要规格和技术参数如表 2－2 所示。额定产量是指小麦含杂为 2%～3%，水分 15% 以下的产量。当含杂较多、水分较大时，产量会明显减小。清理稻谷时，产量一般为清理小麦时产量的 70% 左右。

表 2－2　TQLZ 型自衡振动筛主要技术参数

型　号	TQLZ－60	TQLZ－80	TQLZ－100	TQLZ－150
产量/（t/h）	3～5	6～15	8～20	12～30
吸风量/（m^3/h）	—	3000～3300	4000～4400	6000～6600
功率/kW	0.2×2	0.25×2	0.35×2	0.6×2

续表

型　号	TQLZ－60	TQLZ－80	TQLZ－100	TQLZ－150
振动频率/（r/min）	920～950			
振幅/mm	2.5～5.5			
振动角/°	0～45			
筛面倾角/°	0～12			
筛面长度/mm	1000	1500	2000	2000
筛面宽度/mm	600	800	1000	1500
外形尺寸（长×宽×高）/mm	1670×1140×1865	2500×1300×1500	2690×1540×1865	2690×2040×1865
机重/kg	600			

（三）平面回转筛

平面回转筛是除杂效果较好的一种筛选设备，主要用于后路筛选工序，进一步清除原粮中的中、小、轻杂。

1. SM 型平面回转筛

SM 型平面回转筛的结构如图 2－16 所示，主要由筛体、吸风装置、传动机构、减振机构和机架等部分组成。

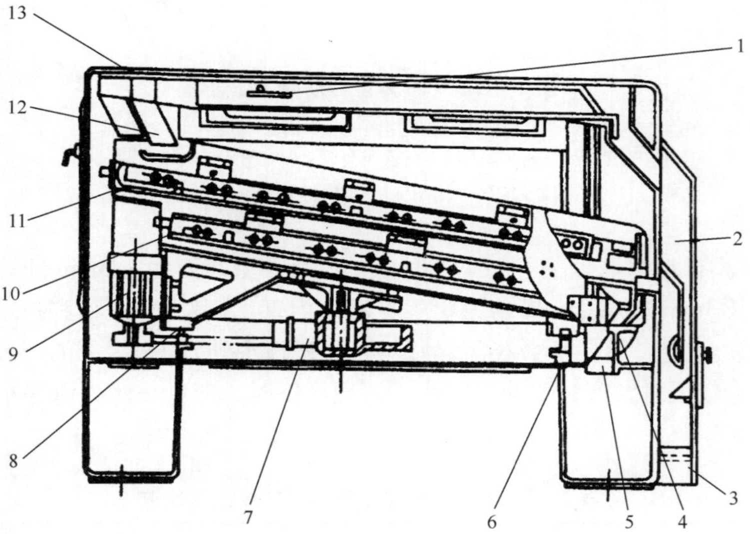

图 2－16　SM 型平面回转筛结构

1—调风门　2—吸风道　3—出料口　4—中杂出口
5—小杂出口　6—吊杆　7—传动机构　8—减振装置
9—电机　10—下层筛面　11—上层筛面　12—进料管　13—机架

SM 型平面回转筛体用四组吊杆（藤条或钢丝绳）悬挂在机架上。筛体内装有两层筛面，上层筛面配用 4.2mm×24mm、4mm×23mm 或 4.5mm×25mm 矩形筛孔，用以清除中杂。下层筛面配用直径为 2～2.2mm 的圆形筛孔或边长为 3.5mm 的三角形筛孔，用以清除小杂质。两层筛面的下部都装有橡皮球筛清理机构。抽屉式筛格分为前后两段，以便于筛面的更换。SM 型平面回转筛在进料端和出料端设有前、后两吸风道，前吸风道经设备上部水平风管（内有调风门）与后吸风道汇合，再与外吸风管连接，保持机内处于负压状态，阻止粉尘外扬。筛体采用惯性振动机构驱动，筛体底部装有带偏重块的三角皮轮，偏重块旋转产生的离心惯性力使筛体和电机一同作平面回转运动。这种传动具有结构简单、紧凑、运转平稳等特点，但在启动和停机的瞬间振幅较大。因此在机架前后各装有一个限振装置，限制筛体振幅过大，以确保设备的安全。

SM 型平面回转筛工作时，物料由进料管经缓冲躺板进入上层筛面进行筛选，并经过一次风选后，筛上物为大杂质从出口排出。筛面由出口抽出，筛上物流向出料口，再次风选后排出机外。

SM 型平面回转筛主要规格和技术参数见表 2－3。

表 2－3　SM 型平面回转筛主要技术参数

型　号	SM－80	SM－100	SM－125
产量/（t/h）	4.8	6.0	7.5
筛面尺寸/mm（宽×长）	800×1500	1000×1500	1250×1500
筛面倾斜角/°	8	8	8
转速/（r/min）	400	400	400
回转半径/mm	14±0.5	14±0.5	14±0.5
风量/（m^3/h）	2275	2840	3550
动力/kW	0.75	1.1	1.5
外形尺寸（长×宽×高）/mm	2000×1113×1400	2000×1313×1400	2000×1565×1400

2. TQLM 型平面回转筛

TQLM 型平面回转筛主要特点是将产生回转运动的平衡轮置于筛体的前部，电动机带动平衡轮和筛体一起回转。回转中心偏置，使筛体在前部为椭圆运动、中部为圆形运动、尾部过渡为往复直线运动，有利于杂质分离和迅速卸料，从而使单位筛宽流量高。本设备特别适用于小麦、大麦和燕麦等长粒谷物的清理。

TQLM 型平面回转筛由进料箱、机架、筛体、传动机构、垂直吸风道等部分组成，如图 2－17 所示。

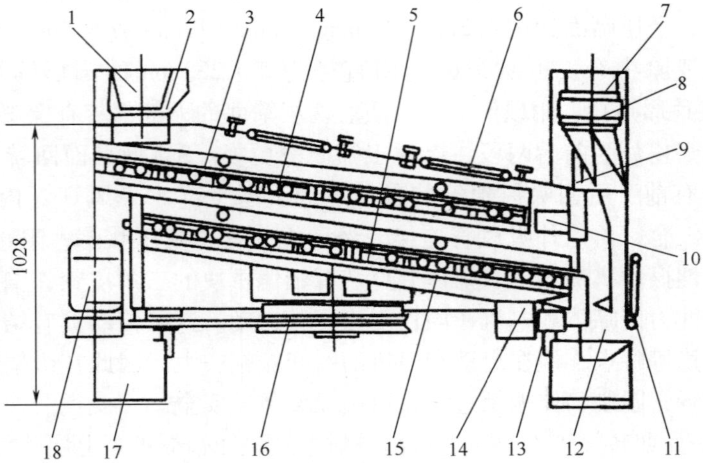

图 2－17　TQLM 型平面回转筛结构

1—进料口　2—布筒　3—压紧机构　4—分级筛　5—精选筛　6—观察门
7—吸风管　8—布筒　9—吊杆　10—大杂溜槽　11—观察门　12—吸风道
13—限振器　14—小杂溜槽　15—筛体　16—振动器　17—机架　18—电机

机架是由钢板冲压或折边的薄壁型钢焊接而成，刚度好、质量轻、外形小且美观。机架分成前后两片，中间由侧板连接，可以整体吊装，也可以拆开后分别安装。

筛体有单筛体、双筛体两种，为全封闭式结构。筛体由 4 组吊杆或 4 根钢丝绳悬挂在机架上。双筛体的两箱可完全分开，制造安装方便。筛体内装两层抽屉式筛格，筛格分前后两段，可从进料端推入或拉出，采用偏心压紧机构压紧，可避免筛格与筛体之间嵌入谷粒或杂质。筛格装拆方便、省力，紧固可靠。筛面采用中等硬度的橡皮球清理，堵孔率低。

电机固定在筛体前端下部，通过皮带驱动固定在筛体底部的带轮，轮内的扇形偏重块可增减或调节相位，以调整筛体的回转直径。启动后，由偏重块的惯性离心力驱使筛体前端产生平面回转运动，后端产生往复直线运动。

垂直吸风道装在筛子的出料端。清理后的物料，通过匀料板直接进入垂直吸风道内，将挡板调节至适当的位置，采用狭风道，改善风选效果，能有效地将轻杂和泥灰分离出来。

TQLM 型平面回转筛的主要规格和技术参数见表 2－4。

分级筛面筛孔配备，可根据工艺要求选用。上层筛面若以去除异种谷粒（玉米、大豆等）为主，则可配（4.0～4.2）mm × 24mm 或（4.2～4.5）mm × 25mm 长孔筛板；如以去除秸秆等大杂为主，则可选用圆孔筛板，进料端配 Φ7.5～8mm，出料端配 Φ6mm，效果最佳。下层筛面，一般配用 Φ2.2mm 圆孔筛或边长为3.5mm的三角形筛孔，筛孔交错排列。

表2-4 TQLM型平面回转筛主要技术参数

型　号	TQLM-63	TQLM-80	TQLM0100	TQLM-125	TQLM-75×2
筛面宽度/mm	630	800	1000	1250	750×2
筛面长度/mm	1250	1500	1500	1500	1500
筛面倾角/°	8	8	8	8	分级6.9 精选7.7
回转速度/(r/min)	400	400	400	400	386
回转直径/mm	14±0.5	14±0.5	14±0.5	14±0.5	12~15
风量/(m^3/h)	1800	2275	2840	3550	1890
产量/(t/h)	3.2	4.8	6.0	7.5	18
流量/[kg/(cm·h)]	50.7	60	60	60	120
功率/kW	0.37	0.6	0.8	1.1	1.1
外形尺寸(长×宽×高)/mm	1756×930×1250	2000×1113×1400	2000×1313×1400	2000×1563×1400	1939×2011×1336
机重/kg	600	680	750	860	900

TQLM型平面回转筛可达到的工艺效果：大杂、小杂的除杂率不低于80%，轻杂的除杂率不低于60%。在分离出的杂质中，完整谷粒的数量不超过1%。

(四) 平面回转振动筛

平面回转振动筛主要用于中、小、轻杂的清除，同时还可吸除原粮中的磁性杂质。

TQLMz型平面回转振动筛的结构如图2-18所示，主要是由机架、筛体、传动装置和垂直吸风分离器等部分组成。

TQLMz型平面回转振动筛的最大特点是集平面回转运动与往复振动于一体，筛体前部做平面回转运动，而尾部沿筛体纵向做往复振动。前部的平面回转运动，可延长物料的筛理路程，促进物料的自动分级，从而提高了筛理效率。尾部的直线往复运动则可加快物料排卸速度，因而增大了设备的产量。传动装置由电动机、塔形三角带轮、三角带及两偏重块等组成。皮带轮的安装位置在筛体的前部，筛体后部有一限振装置，强迫尾部做近似直线往复振动。改变三角带在塔轮上的位置，可改变筛体的转速。同时，两偏重块的相对位置可调整，以取得适宜的振幅。物料出口处配有磁选装置和垂直吸风道，用于去除磁性金属杂质和轻杂。

TQLMz型平面回转振动筛工作过程如下。物料经进料口落到可调分料板上，借助于筛体前部的平面回转运动，能迅速而均匀地散布在整个筛面宽度上，并产

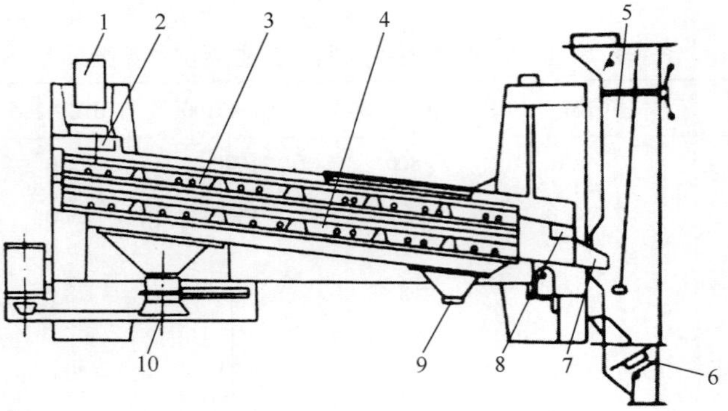

图 2-18 TQLMz 型平面回转振动筛结构

1—进料口 2—可调分料板 3—第一层筛格 4—第二层筛格 5—垂直吸风道
6—磁选装置 7—原粮出口 8—中杂出口 9—小杂出口 10—传动装置

生良好的自动分级。第一层筛面的筛上物为大杂，由大杂出口排出。第二层筛面的筛上物（谷粒），在筛体尾部往复运动作用下，迅速排进垂直吸风道内进行风选，然后流过磁选装置，去除磁性金属杂质最后排出机外。第二层筛面的筛下物是小杂质，由小杂出口排出。

TQLMz 型平面回转振动筛主要规格和技术参数见表 2-5。

表 2-5 平面回转振动筛的主要技术参数

型 号	TQLMz-80	TQLMz-100	TQLMz-125
产量/（t/h）	6	8	12
转速/（r/min）	300	400	500
筛面倾斜角/°	6	6	6
风压/Pa	441	539	588
风量/（$m^3 \cdot min^{-1}$）	40~50	50~60	60~80
功率/kW	0.55	0.75	0.75
外形尺寸（长×宽×高）/mm	2158×1490×1100	2396×1690×1205	2660×1940×1205

（五）高速振动筛

高速振动筛主要用于除稗，也可用于清除小杂粒。它的主要特点是筛体振动频率高，一般为 1400~1500 次/min；振幅较小，只有 1.5mm 左右。振动形式是垂直面内的圆或椭圆运动，物料在筛面上做小幅跳跃运动。这样既增加了物料接触筛面的机会，有利于小粒物料穿筛，又能防止筛孔堵塞，具有较高的筛选效率。

SG 型高速振动筛的结构如图 2－19 所示，主要由进料机构、筛体、振动装置、支承机构和机架等部分组成。

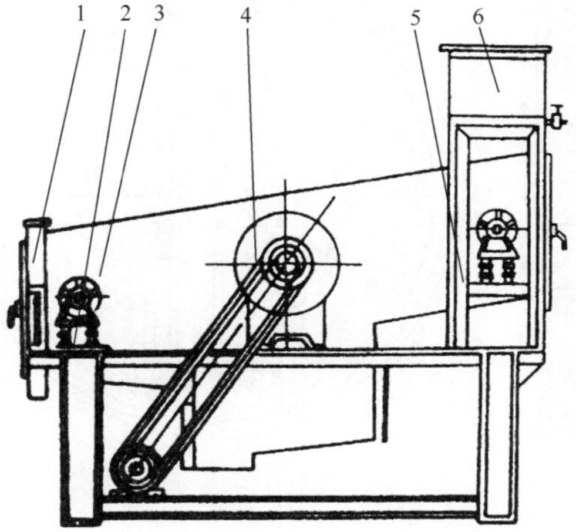

图 2－19 SG 型高速振动筛结构示意图

1—出料箱 2—支承机构 3—筛体 4—振动装置 5—机架 6—进料机构

进料机构如图 2－20 所示，在进料箱内设有匀料板、压力门和吸风道。采用双进口进料时，还装有可调分料装置。移动调节手柄可以改变上、下层筛面的进料量。

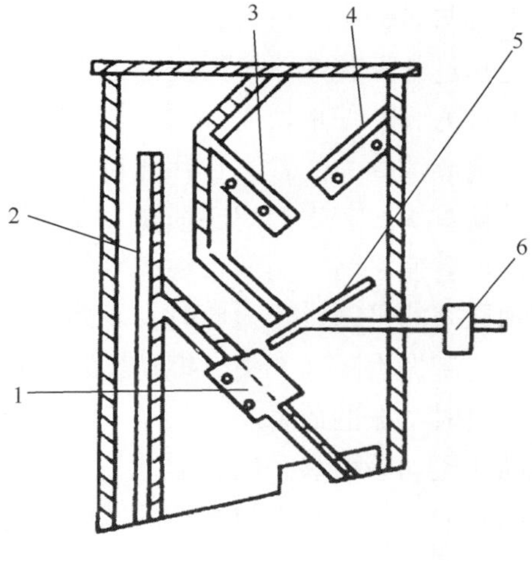

图 2－20 进料机构

1—分料装置 2—吸风道 3—下匀料板 4—上匀料板 5—压力门 6—压砣

筛体采用 3mm 厚的钢板作为壳体，内有 6 层钢丝编织筛网，分为主筛和副筛两种。主筛有四层筛面，每两层为一组，每层分两段，并采用抽屉式筛格呈阶梯形对接。副筛为两层短筛面，也是抽屉筛格形式。为了防止有害振动对机器本身和建筑物的损坏，并保证筛体在垂直平面内作圆周运动，SG 型高速振动筛采用四组阻振弹簧作为支承装置，每组有 2 只纵横刚度相同的螺旋压簧，用螺栓将弹簧管夹连接于筛体和机架之间，以减小设备的振动。振动装置采用可移重心式自衡振动器（图2－21），主要由圆盘、偏心轴套、偏重块和拉簧等部件组成。

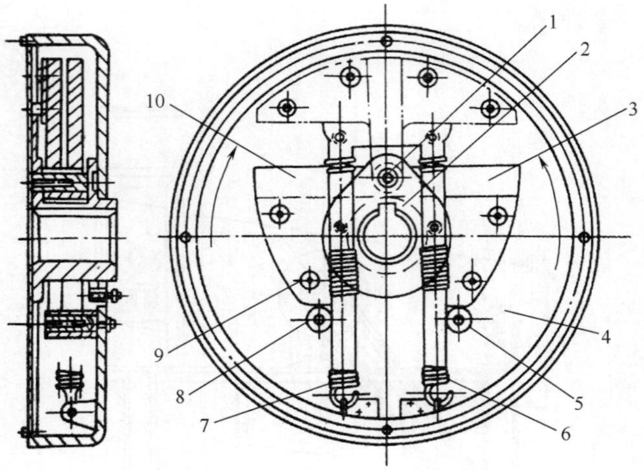

图 2-21 可移重心式自衡振动器

1—销子 2—偏心轴套 3、10—偏重块 4—盔 5、8—支座销 6、7—拉簧 9—转轴

可移重心式自衡振动器，是使筛体产生振动的机构，又是使筛体运动惯性力得以平衡的机构，同时还可以避免筛体在启动和停机过程中产生共振。

筛体开始启动时，因转速较低、两偏重块所产生的离心惯性力不能克服弹簧的拉力，所以仍处于原来的平衡位置，如图 2-22（a）所示。此时，两偏重块合成重心与转轴中心重合，筛体不产生振动，处于静止状态，安全通过共振区。当转速超过共振转速、接近正常工作转速时，两偏重块产生的离心惯性力克服了弹簧的拉力，使偏重块向外移动到工作位置，如图 2-22（b）所示。此时，两偏重块离心惯性力的合力作用于筛体，使筛体受到激振力作用，产生强迫振动。同时，偏重块所产生的离心惯性力与筛体的运动惯性力自动平衡。停机时，转速降至共振转速之前；两偏重块产生的离心惯性力已小于弹簧拉力，偏重块被弹簧拉回到原来的平衡位置。此时，两偏重块的合成重心又与转轴中心重合，外加在筛体上的激振力随之消失，振动逐渐停止，使筛体又安全通过共振区，避免了开机、停机时共振的危害。

高速振动筛大多采用方形筛孔，主要利用谷、稗宽度的不同进行分选。由于小粒稻谷的宽度往与大粒稗子的宽度相同，用方形筛孔经过一次筛选，很难使谷稗完全分开，往往净谷中常含有大粒稗子，而净稗中常含小粒稻谷。因此，需多层筛面组合进行多次筛选，主筛用于分离净谷（撇谷），副筛用于除稗（提稗）。SG 型高速振动筛的筛理流程如图 2-23 所示。含稗稻谷从双进口分别进入第一层和第三层筛面筛选，第一层的筛下物落入第二层筛面，第三层的筛下物落入第

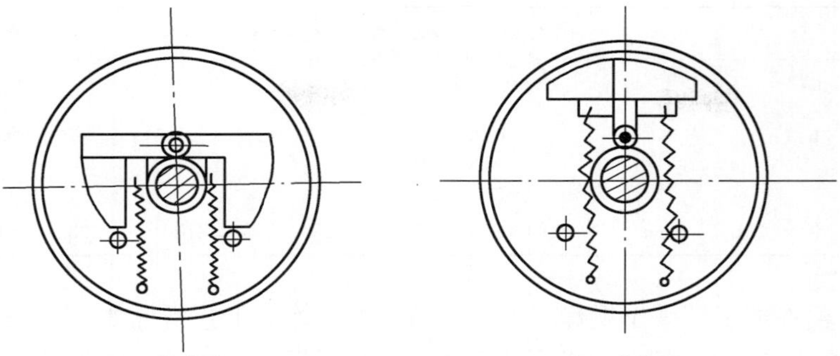

图 2－22　振动器的平衡位置与工作位置

四层筛面。以上四层主筛的筛上物为净谷，从出料口排出。第二层和第四层的筛下物合并流人副筛的第一层，继续筛理。第一层副筛的筛理，其筛下物是稗子。第二层副筛的筛上物为净谷，筛下物是谷稗混合物，需继续筛理。

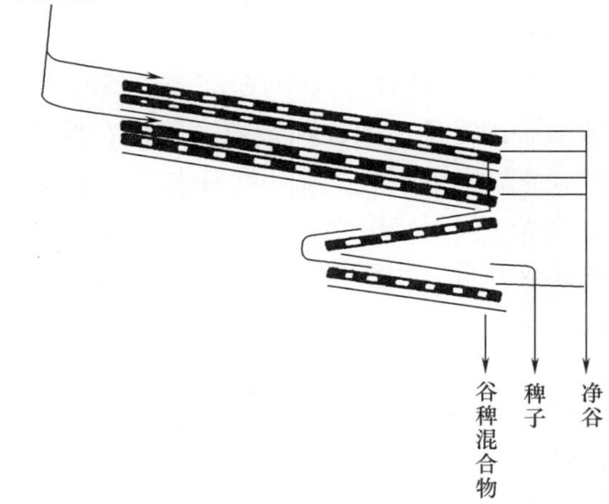

图 2－23　SG 型高速振动筛筛理流程

SG 型高速振动筛的主要技术参数如表 2－6 所示。

表 2－6　SG 型高速振动筛的主要技术参数

型　号	SG－63×2×2	SG－80×2×2	SG－125×2×2
产量/（t/h）	1.7～1.9	2.9～3.1	4.8～5
宽度/mm	630	800	1250
振幅/mm	1.5	1.5	1.5

续表

型　号	SG－63×2×2	SG－80×2×2	SG－125×2×2
转速/（r/mh）	1500±20	1500±20	1500±20
风量/（m^3/h）	1000	1200	1500
功率/kW	2.2	2.2	2.2
外形尺寸（长×宽×高）/mm	2280×930×2100	2280×1100×2100	2280×1504×2100

根据稻谷加工厂操作规程的规定，高速振动筛的工艺指标如下：稻谷中含稗在1000粒/kg左右、稗子千粒重小于6g，撇谷量不小于95%的情况下，除稗效率应不低于80%，稗子中含饱满稻谷不应超过8%。

四、影响筛选设备工艺效果的因素

（一）原料

谷物的粒度、均匀度、含杂种类和数量以及谷物与杂质间粒度差异的大小，都直接影响到筛选设备的工艺效果。如果谷物品种混杂，均匀度低，含杂质多，而且其粒度与谷物相近，筛孔配备困难，清理效率就会大大降低。

（二）筛孔形状和大小

筛孔形状和大小，宜根据待筛理物料的粒度、设备的产量和清理工艺要求等来确定。清理大杂时，筛孔配备过大，除杂效率降低；反之，虽除杂效率较高，但下脚含谷也会增多。清理小杂质时，筛孔配备太小，除杂效率降低；然而放大筛孔虽可提高除杂的效率，但下脚中含谷也会增多。清理稗子时，筛孔越大除稗效率越高，但筛上物提取率低。用于撇谷时，可选用较大的筛孔；用于提稗时，则可选用较小的筛孔。

（三）筛面尺寸

筛面宽度和长度与设备的生产能力、筛理效率有密切的关系。一般情况下，在其他条件相同时，生产能力主要取决于筛面宽度，筛选效率取决于筛面长度。当单位筛宽流量一定时，筛面越宽，产量越大。但筛面过宽，则难于确保均匀喂料，而使筛理效率降低，同时还会增大设备的体积，不便于操作维修。因此，筛选设备筛面宽度一般为500～1600mm。筛面长度决定物料的筛理路程，筛面越长，物料筛理路程也越长，筛理效率相对较高。但筛面长度达到一定限度后，继续加长筛面，筛理效率提高很少。因此，筛面长度应根据物料筛选的难易程度和筛理工艺的要求来确定。当采用较大筛孔筛理大杂质时，筛面可适当地短一些；而用较小的筛孔筛理小杂质时，筛面则可略长一些。

（四）筛面倾角、转速和振幅

筛面倾角、转速和振幅是决定物料运动状态和速度的主要因素，三者密不可分、相互制约。在其他条件确定的情况下，物料的流动速度与筛面倾角、转速和振幅成正比关系。筛面倾角越大、转速越高或振幅越大，物料流动速度就越快。物料流动的速度增大，虽有利于提高设备的生产能力，但物料在筛面上停留时间短，筛理不充分，筛理效率下降。然而物料流速过慢，又容易造成筛面上物料堆积，物料层过厚，从而减少物料接触筛面的机会，筛理效率也降低，同时不利于设备生产能力的提高。因此，应选择适宜的筛面倾角、转速和振幅，使物料具有适宜的流动速度，以确保良好的筛理效果。

（五）流量

流量影响筛上物料的厚度，在筛体转速、振幅和筛面倾角等一定的情况下，增加流量，会使料层加厚，影响物料的自动分级，使物料接触筛面的机会减少，导致筛理效率降低。流量过小，料层则过薄，物料容易产生跳动，不利于物料的自动分级，不仅影响筛理效果，而且降低设备的产量。清理大杂质时，单位筛宽流量为 40kg/（cm·h），清理稗子时，单位筛宽流量为 17～21kg/（cm·h）。

（六）筛面清理

在筛选过程中，良好的筛面清理是确保较高筛选效率的重要前提条件。因此，在生产操作中，应经常检查筛面清理机构的效果，并进行定期人工清理，确保筛孔畅通。对于高速除稗筛而言，定期检查筛面张紧程度是防止筛孔堵塞的有效措施。

五、麦粒筛选

在黄酒的生产过程中，麦曲是一种重要的辅料，它的质量好坏直接关系到黄酒的质量。但目前，我国黄酒生产中对麦曲原料小麦的处理，仍十分的粗犷，只将不经任何处理的小麦粉碎后，直接进行加水拌麦，从而制麦曲。有些大厂也只是将小麦粗筛一下，去掉大块的泥土块与麦秸秆。这实际上远远不能满足黄酒生产的要求。为此本教程专门添加了如何对小麦作预处理的内容，以满足黄酒酿酒师对这一内容的了解与掌握。

以下借鉴啤酒生产中对大麦处理的要求与设备，供黄酒生产企业参考。

啤酒企业对大麦的要求很严，对所采购的大麦除要符合标准要求之外，还要对大麦进行预处理，以保证所用的大麦发芽一致，啤酒的质量能得到一定的保证。而黄酒生产企业虽然对小麦也有一定的质量要求，但缺少必要的应对措施，也没有相应的处理设备。下面是啤酒企业生产麦芽前对大麦进行预处理的有关步骤及其相关设备。

基本步骤主要是对粗选后的大麦进行进一步清除杂物和碎大麦，并按大麦粒度进行分级，以保证浸麦均匀、发芽整齐和发芽率高。

分选机除清除杂物和碎麦之外，还将大麦按腹径分成 1、2、3 号三种规格。

分选机为卧式滚筒型，有单滚筒、双滚筒、三滚筒、四滚筒等四种型式，其滚筒数量越多则生产能力越大。分选机生产能力一般为3.5～6t/h。黄酒企业如果分选小麦，则能力可以适当减小。

双滚筒分选机结构如图2－24所示。粗选后的大麦先进入到料筛5，筛除大块杂物后落入擦麦装置4；麦芒和麦皮上的尘土被擦掉，由抽风装置3抽出；大麦再进入滚筛装置1进行精选和分级。

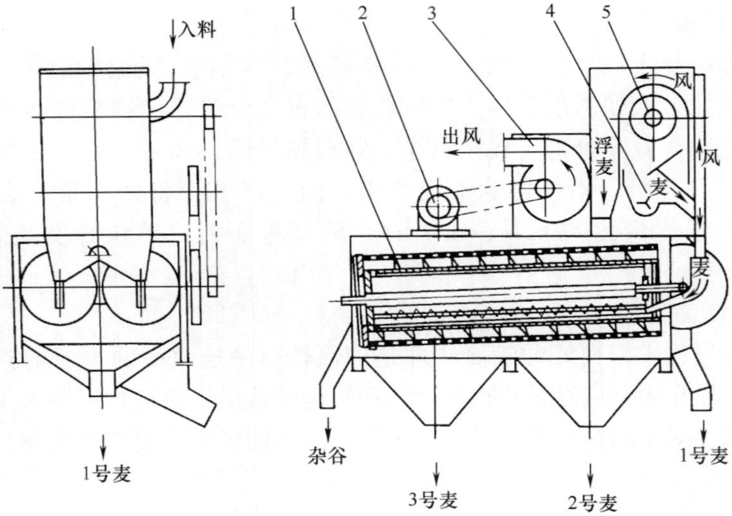

图2－24　双滚筒分选机

1—滚筛装置　2—电动机　3—抽风装置　4—擦麦装置　5—入料筛

滚筛装置结构如图2－25所示。麦流进入轴向倾斜4°的滚筒6内，碎麦和杂谷嵌入滚筒内壁袋孔2，由输送螺旋8排出。然而，完整麦粒难进入袋子，即使进入也会被刮板4刮下，麦流沿滚筒下滑，进入滚筒外面不动的筛筒9内进行分级。麦流由滚筒外周的螺旋叶片向上推移，先从小网眼筛段筛出3号麦粒，再至大网眼筛段筛出2号麦粒，剩下1号麦粒从滚筒上端排出。

高效平面分级机（图2－26）结构简单、效率高、粉尘少，不同于大麦分级筛选，改变筛网后也可用于其他行业的分级。其生产能力可达10t/h。该机主体由筛箱1、3和筛动装置2拼接而成，用藤条5悬挂在横梁4上。筛动装置主轴装有偏心配重，转动时产生离心力，使整个分级机作平面圆周运动进行筛选。

筛选分级流程及原理如图2－27所示。筛箱有上、中、下3个隔仓，而每个隔仓由一组筛框叠加而成。上隔仓A1至A7筛框，有宽2.8mm的长形筛孔；中隔仓A8至A13筛框孔宽2.5mm；下隔仓A14至A18筛框孔宽2.2mm。麦流进入

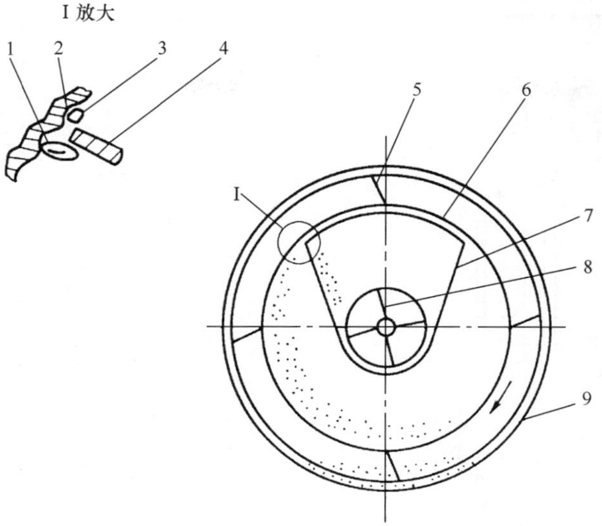

图 2－25　滚筛装置结构原理

1—麦粒　2—袋孔　3—碎麦或杂谷　4—刮板　5—螺旋叶片
6—滚筒　7—输杂槽　8—输送螺旋　9—筛筒

A1 筛框，部分小于 2.8mm 的麦粒被筛下，从筛框两侧排出，直接进入中隔仓的 A8 筛框；大于 2.8mm 和未被筛下小于 2.8mm 的麦粒由 A1 一端落入 A2 筛框，继续筛下大于 2.8mm 的麦粒，即由出料管 Ⅰ 排出。中隔仓出料管 Ⅱ 排出 2.5～2.8mm 的麦粒，下隔仓出料管 Ⅲ 排出 2.2～2.5mm 的麦粒，出料管 Ⅳ 排出小于 2.2mm 的麦粒。

如此分级筛选后，其大麦的颗粒更均匀且无杂质，基本能保证麦芽制作时水分吸收与出芽的均衡。如果黄酒的小麦清杂与预处理能借鉴啤酒对大麦的要求，那么黄酒麦曲质量的提高与操作的稳定性必定会有所改观。

六、黍米处理设备

根据即墨黄酒厂的生产情况与黍米原料的处理情况，介绍黍米黄酒在生产前的原料处理与所用设备。

（一）黍米去石机

黍米去石机结构如图 2－28 所示。该去石机称为 QSX 型是我国制粉标准化定型设备之一。此种机型主要用于去除大米、小麦、黍米等粮食中的石子、泥沙、砖块粒等密度比粮食大的杂质，去除率在 95% 以上、粮食损失率在 1% 以下，广泛应用于大、中、小型粮食加工厂和面粉厂，同时也被黍米黄酒厂首选为原料处理设备之一。

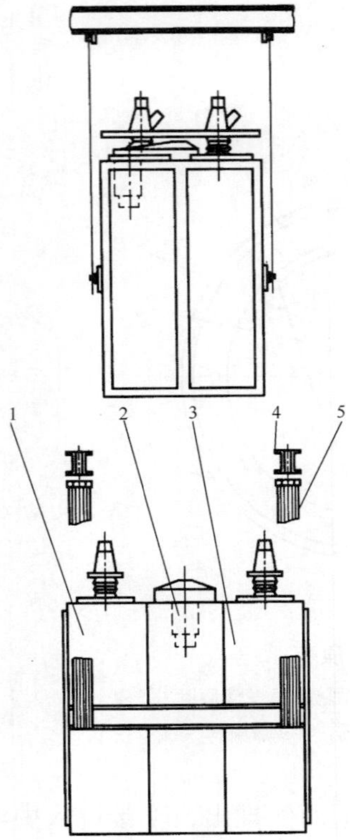

图 2-26 高效平面分级机示意图

1，3—筛箱 2—筛动装置 4—横梁 5—藤条

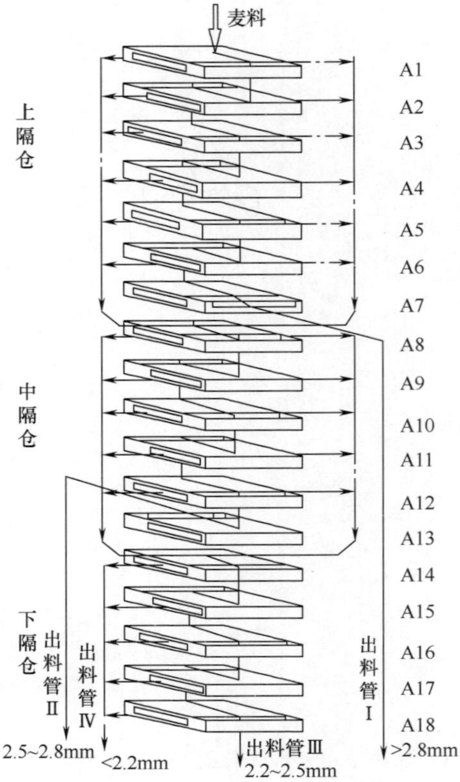

图 2-27 平面分级机筛选分级流程及原理

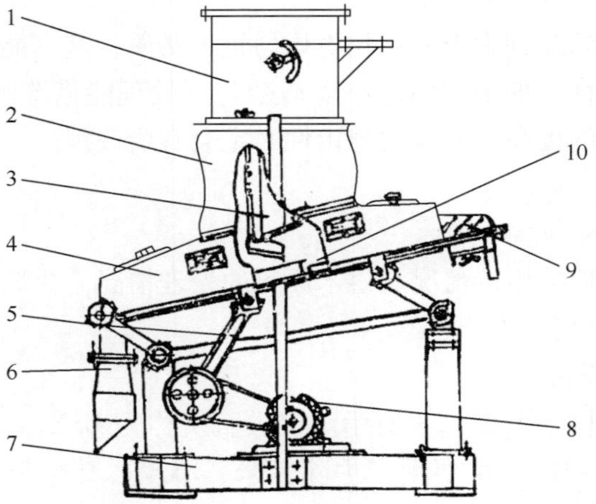

图 2-28 黍米去石机

1—吸风进料装置 2—密封套 3—存料斗 4—机体 5—偏心传动机构
6—出料装置 7—机座 8—电机 9—精选室 10—去石板

本去石机由偏心传动机构、机体、吸风进料装置、精选室、出料器、密封装置、机座等部分组成。本机往复摆动机构的连接处采用特制橡胶轴承，配合无间隙、耐用、减震。整体运行平衡，振动小、噪声低。

（二）砻谷机

经去石后的黍米要进行去壳（皮），也可先用砻谷机后用去石机。砻谷机（图2－29）的主要作用是把谷变为糙米。经砻谷机后还需要用碾米机进行碾米，以达到酿酒用米的要求。

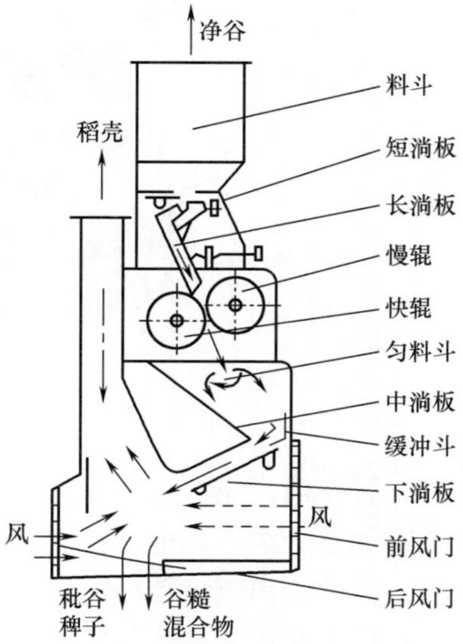

图2－29　砻谷机结构示意图

操作要求如下。

（1）开车前，必须检查两胶辊之间有无稻谷、砂石、杂物等，如有需用手转动皮带轮进行排除。

（2）两胶辊必须对齐，长度方向误差不得超过5mm。非工作时，两胶辊不能互相压死，必须提起离合器把手，挂好挡，使两辊分离间隙不得小于2mm。

（3）随胶辊的磨损，两辊的速度应根据要求不断调整，但变速时严禁在运转中变换齿轮挡。

（4）每生产一班后，快、慢胶辊都要对调一次，以保证快、慢辊的直径差不超过2mm，并防止大小头及波纹产生。

（5）各润滑部位及齿轮箱应定时加润滑油，齿轮箱内的油每三个月更换一次。

（6）胶辊不可接触油脂和腐蚀性物质，也不能受阳光直接曝晒、放置时要求胶辊直立，并放置在干燥地方，避免受潮。

（7）电动机应很好接地，传动齿轮应经常检查，使用砻谷机如有杂音和振动，应马上停机检查。

（三）重力谷糙分离机

经砻谷机进行去壳，还不能做到谷壳与糙米分离，还要使用谷糙分离机将糙米从混合的谷糙中分离出来。该设备利用谷糙之间的密度、粒度及表面摩擦因数的差别，借助双向倾斜、往复运动的工作板作用，增加自动分级来进行谷糙的分离。机器外形如图2－30所示。

（1）开车前，应做如下检查

①检查各紧固件是否松动，分离板板面是否产生弯曲。

②手动各运转件，检查运转是否灵活。

图 2 －30　谷糙分离机外形图

（2）开车前，应注意检查运转是否平稳，有无杂音、异常撞击和振动。

（3）调整分离板宽度，控制筛面流量，确保分离质量。

（4）调整分离板顶角，达到产量要求。

（5）停车时应先关闭料门。

（6）使用过程中，应注意各运转部位的运转及润滑情况，并按要求定期加注润滑油。

（7）应注意安全防护装置工作情况，发现问题立即处理。

（四）砂辊碾米机

某型号的立式砂辊碾米机外形如图 2 －31 所示。

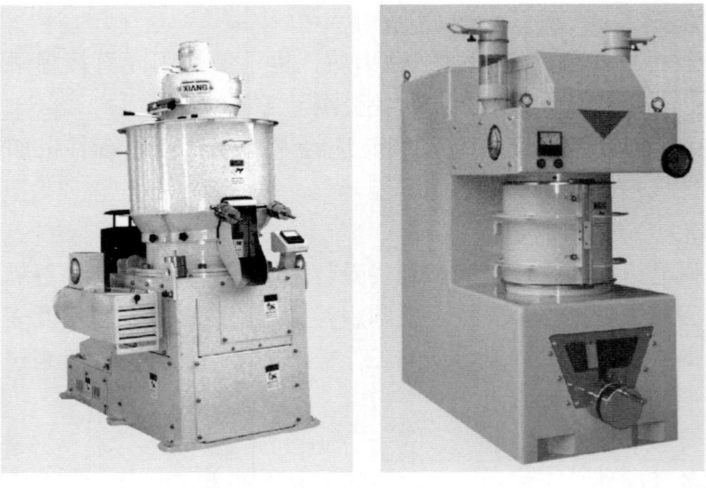

图 2 －31　某型号的立式砂辊碾米机外形图

操作要求如下。

(1) 开车前，先将全启闭闸门完全关闭，检查设备内有无影响开车的物料或影响设备的异物。如有异物，要进行清除，确认情况已符合要求后才能开车。

(2) 开车后待设备空车运转正常，再开启闸门。调节流量和精度时，注意动力负荷不可超载。

(3) 开车后最先流出的一部分精度不符合要求的白米应回机重碾。

(4) 停车时，必须先关闭闸门，待机内没有米出来时再停车，最后出来的不符合要求的白米，应下次回机重碾。

(5) 在生产中，如有不正常情况出现（如振动、异声等），应立即停车检查，排除故障。

(6) 如碾米机堵塞时，严禁用铁棍等硬物捅，应立即停车检查修理。

(7) 使用过程中，应经常检查运转部位的润滑情况，并根据要求定期地加注润滑油。

(8) 安全防护装置一定要完好，如有破损、损坏等，应立即修补更换，以保证人身、设备安全。

七、储存设备

原料处理前，可以袋包装的形式储存，也可在筒仓暂存。原料经处理后，可直接进入下道工序——浸米，也可进行暂时的储存。目前，随着节能降耗工作的进一步推进，黄酒原料的储存已在向筒仓储存方向发展。

第二节 原料的输送

筛选后则需要对原料的浸泡，其关键是要让原料吸足水分，便于蒸煮。一般大米、黍米、玉米糁完全吸水膨胀需要4～8h。然而，根据气温的不同还可做略微的调整，即气温高时可适当减少浸米时间，气温低时可适当延长浸米时间。目前黄酒生产的小企业大多采用大陶缸浸米，浸渍以后的大米需要用手推车等工具，将沥干水的原料搬运到蒸饭的地方；但大多中型以上的企业，目前浸米则多采用大容量的金属容器进行浸米，这样浸米后的湿米输送，便成为黄酒酿造过程中的又一个必须引起高度重视的工序。输送除传统的手推车外，大多是将浸米罐中的湿米直接通过输送带，送到蒸饭机落米口中或通过输送带的输送后再由其他设备将其送至蒸饭机的落米口中。

现在的机械化黄酒酿造中，一般都是将地面的原料先送至浸米处，经过浸泡后，再送至蒸饭机。干米等尚未浸泡的原料，一般可通过真空泵管道输送、风力机气流输送及绞笼等设备输送。

一、真空吸料输送装置

真空吸料是一种简易的流体输送方法，只要厂内有真空设备，都可实现流态产品和半成品的输送和提升。

该装置对于带有固体状料液的输送特别适宜，因为用泵输送时，料液物料黏度大且具有腐蚀性，要采用耐腐蚀和不易堵塞的泵。使用真空吸料装置则可解决没有这种特殊泵时的输送问题，但真空输送的距离和高度都不大，效率较低。有些罐头食品厂的流水作业线上常有采用。黄酒厂采用真空输料，主要用于大米的输送，一般机械化生产车间，立体布局时，由于大米要从底层地面输送到顶层浸米罐中，就采用真空输送或气力风送。大米虽然是固体颗粒，但因颗粒较小，又比较坚硬，故在吸力的作用下容易流动起来，因此也可采用真空输送。

（一）工作原理

图 2－32 为真空吸料装置示意图，真空泵将密闭输入罐 3 中的空气抽出，造成了一定的真空度，由于输入罐 3 与相连的输出槽 1 之间产生了一定的压力差，从而使物料由输出槽 1 经管道 2 流送到输入罐 3 中，即实现了物料从输出槽 1 至输入罐 3 的输送。

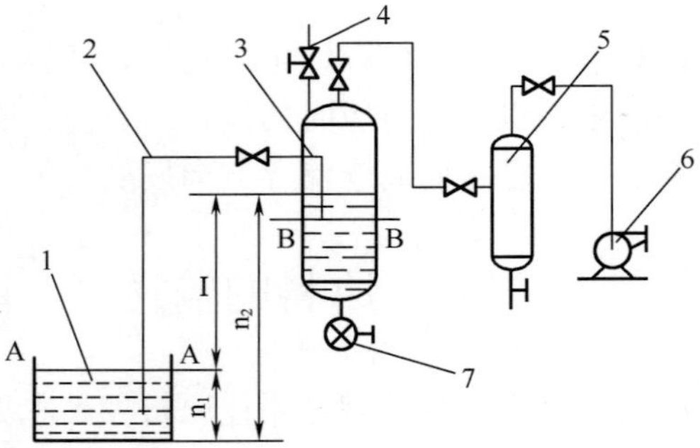

图 2－32　真空吸料装置

1—输出槽　2—管道　3—输入罐　4—阀门　5—分离器　6—真空泵　7—物料出阀

物料从输入罐 3 中可通过物料出阀 7 连续或间歇排出。连续排出物料是用特制的旋转式阀门来实现的，它要求阀门排出量与从管道 2 吸进输入罐 3 的流量相等。输入罐 3 顶部安装有阀门，用来调节贮罐的真空度和罐内液位高度。旋转式阀门一般用电动机减速带动旋转。

间歇排料是当输入罐 3 完成一定的吸料量后，停止真空泵的工作，打开罐顶阀门 4，使之与大气相通，然后打开罐底阀门排料，排完料后再进行抽真空吸料。间歇排料，一般为截止阀。大米输送一般采用连续输送。

如果抽出的气体中只含水分，而采用的真空泵是湿式真空泵（如水环式真空泵），则中间也可不安装气水分离器。

（二）主要构件

该系统的组成较简单，是由管道、罐体容器和真空泵所组成的，如果原有输送装置是密闭的，可直接利用这些设备，安装一台真空泵就可进行真空吸料输送了。水环式真空泵是真空系统中最常用的真空泵，其结构如图 2-33 所示。

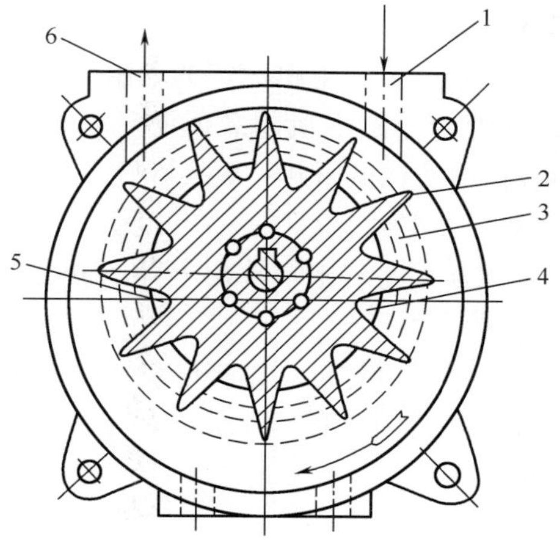

图 2-33 水环式真空泵

1—进气管 2—叶轮 3—水环 4—吸气口 5—排气口 6—排气管

该泵由泵体和泵壳组成。泵体由一个呈放射状均匀分布的叶轮和轮毂组成，叶轮偏心地装在泵壳内。

启动前，工作室内应注满水，电机带动叶轮转动时，叶轮带动叶片间的水一起转动。在离心力作用下，水甩到泵壁形成一个旋转水环。水环的上部表面与轮壳相切，沿箭头方向旋转的叶轮，在前半圈中，水环内表面渐渐离开轮壳，使叶片间的空隙增大，形成负压，而从吸气口吸入贮罐中的空气，使罐内形成一定的真空度。在后半圈中，水环内表面渐渐靠近轮壳，而使叶片间的空间渐渐减小，叶片间的空气被压缩，从排气口排出。叶轮转一周，叶片间的水就像活塞一样往复运动，完成吸气和排气动作。

泵体用铸铁制造，其上有吸、排气口，下有放水螺栓，泵体用填料函密封。泵体侧面有螺丝孔，用来接管，向泵内充水。

叶轮用铸件制造，12 片叶片呈放射状均匀分布。叶轮用键与泵轴相接。轴用优质碳钢制成，轴端以滚动轴承支承。通过联轴器与电机轴连接。这种泵结构简单、紧凑，易于制造，操作可靠，排气均匀。但因高速运转，水的冲击使泵体和叶片容易磨损，而使真空度降低，需常更换，且功率消耗也较大。

真空输送的主要设备就是真空泵，如果大米抽取时的空气湿度较大，则可添加气液分离装置，并可部分除尘。大米输送时的管道弯曲度不要过小，否则很容易因大米的流动摩擦造成转弯处磨损而漏气。为便于更换磨损的弯头，最好在弯头的连接中采用活连接。

（三）常见故障

1. 真空度不够

产生原因：电机供电不足导致转速不够；供水量不足；叶轮与分配板之间的间隙过大；机械密封破损导致漏水漏气；叶轮磨损过多；循环水排不出。

排除方法：检查供电电压是否在电机额定的电压范围内；加大供水量（必须控制在正确的范围内，否则会导致电机超载发热）；调小叶轮与分配板的间隙（一般在0. 15 ~0. 20mm）；更换机械密封；更换叶轮；检查出水口的管路。

2. 启动不了或者启动了噪声大

产生原因：电机供电电压不足；电机缺相运行；泵长时间没用导致锈蚀；泵内吸入杂物；叶轮拖分配板。

排除方法：检查供电电压是否过低；检查电机接线是否都牢靠；如果泵长时间没用导致锈蚀的可以加点除锈剂或者打开泵盖人为去除锈迹；打开泵盖去除杂物；调节叶轮与分配板的距离。

3. 电机过热

产生原因：供水量过大导致电机超载；电机缺相；排气孔堵塞；叶轮拖动其他部件。

排除方法：减少供水量至正常范围（参照泵的使用说明书之供液量）；检查接线是否牢固；检查排气口；打开泵盖调节叶轮与其他部件的间隙。

二、气流输送设备

气流输送又称风力输送，在近几十年中发展很快，已成为固体散粒状物料装卸和输送的现代化工具之一。在食品工业中，如在粮食加工厂风送稻谷、小麦，在糕点厂、面包厂风送原料等，都收到了良好效果。当前，气流输送已不仅单纯用于输送，而且已成为生产工艺过程中的一环，在输送过程中还同时进行粉碎、分级、干燥、加热和冷却等操作。气流输送已得到了越来越广泛的应用。气流输送就是在输送管道中，使空气高速流动起来，物料在气流中悬浮并随气流一起作定向运动。

气流输送与其他输送方法相比有许多优点：物料输送是在管道中进行的，因此极大减少了工作场地扬尘，改善了劳动条件；结构简单、管理方便，易于实现自动化操作；整个系统密封性好，可减少物料损失，也可避免气候条件对输送过程的影响；装卸方便，可把输送过程和生产工艺过程结合起来；输送效率高，尤其有利于实现散装物料输送机械化，大大提高生产率，降低装卸成本。

气流输送也有其缺点：动力消耗大，风机噪声大，管道和其他与物料接触的构件易磨损，对输送物料的品种有一定限制，不宜输送易粘结成团和怕碎的物料。

（一）气流输送原理

气流输送方法是借助气流动能，使管道中的物料悬浮而被输送。可见物料的悬浮是气流输送中十分重要的一环。下面对物料在垂直管道中的运动情况进行分析。

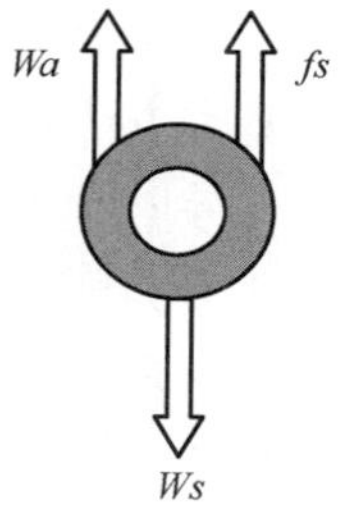

图 2-34　颗粒自由降落示意图

设物料小颗粒在静止的空气中自由降落，如图 2-34 所示。

作用在颗粒上的力有三个：颗粒重力 W_s，浮力 W_a 和空气阻力 f_s。在重力作用下，颗粒降落速度越来越快，并导致颗粒受到的空气阻力也越来越大，当颗粒的重力 W_s、浮力 W_a 和空气阻力 f_s 平衡，即 $W_s = W_a + f_s$ 时，颗粒做匀速降落，此时颗粒为自由沉降。颗粒的运动速度就称为沉降速度。根据相对运动原理，当空气以颗粒的沉降速度自下向上流过颗粒时，颗粒必将自由悬浮在气流中，这时的气流速度称为颗粒的悬浮速度：在数值上等于颗粒的沉降速度。如果气流速度进一步提高，大于颗粒的悬浮速度时，在气流中悬浮的颗粒就将被气流带走，产生了气流输送，这时的气流速度称为气流输送速度。从以上分析可知，在垂直管中，气流速度大于颗粒悬浮速度，是垂直管中颗粒气流输送的基本条件。

颗粒在水平管道中的悬浮较为复杂，它受很多因素的影响。实验发现：当气流速度很大时，颗粒全部悬浮，均布于气流中。当气流速度降低时，一部分颗粒沉积于管道下部，在管道截面上出现上部颗粒稀薄、下部颗粒密集的两相流动状态。这种状态是水平输送的极限状态，当气流速度进一步降低时，将有颗粒从气流中分离出来沉于管底。由此可见，必须有足够的气流速度才能保证气流输送正常进行。但如果速度过大将造成很大输送阻力和较大磨损。

（二）气流输送流程

根据输送原理，气流输送流程可分为吸送式、压送式和混合式三种。

1. 吸送式气流输送

吸送式又称为真空输送，其装置如图 2-35 所示。当真空泵 9 开动后，整个系统内便产生了一定的真空度，在压力差的影响下，大气中的空气从物料堆间隙透过，并把物料携带入吸嘴 1 沿输送管到物料分离器 4，空气和物料分离，物料由旋转加料器 5 经排料斗 6 卸出。空气则被送到除尘器，尘埃由底部排出。经除

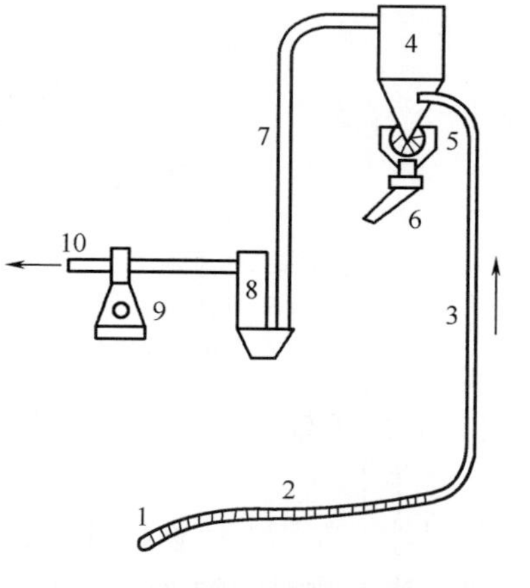

图 2-35　真空输送

1—吸嘴　2—软管　3—固定管　4—分离器
5—旋转加料器　6—排料斗　7—吸出排风管
8—空气过滤器　9—真空泵　10—排气管口

尘的空气流过真空泵9排入大气，该流程供料方便，可从几处同时供料。但输送物料的距离和生产率受限于该系统的压力差不大。

2. 压送式气流输送

压送式气流输送又称压力输送，其装置如图2-36所示。其基本方法是：风机将具有一定压力的空气压入导管，被输送的物料由供料装置，加入料斗3和旋转加料器4供入输料管中，物料被送到指定位置后，经分离器6，由排料斗7排出。分离出来的空气排入大气。如分离出来的空气中灰尘大，则要净化后再排入大气，该装置可同时把物料输送到几处，且可进行较长距离的输送，生产率较高。

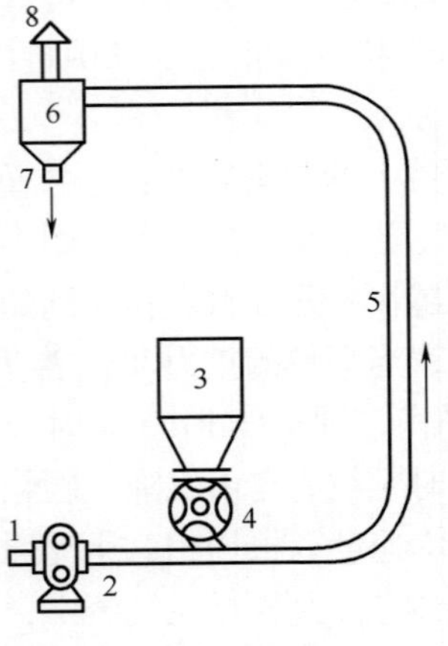

图2-36 压力输送

1—空气入口 2—鼓风机 3—加料斗 4—旋转加料器 5—输料管 6—分离器 7—排料斗 8—空气出口

3. 混合式气流输送

混合式又称真空压力输送。如图2-37所示。

它集中了上述两种方式的优点，既可从多处取料，又可把物料同时送到多处，输送距离较长，且整个装置结构较复杂。

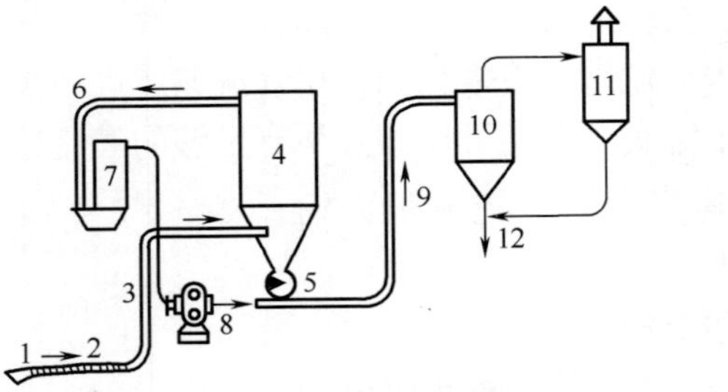

图2-37 真空压力输送系统

1—吸嘴 2—软管 3—吸入侧固定管 4—分离器 5—旋转卸（加）料器 6—吸出排风管 7—过滤器 8—鼓风机 9—压出侧固定管 10—压出侧分离器 11—二次分离器 12—排料口

（三）气流输送系统的组成设备

1. 供料器

供料器的作用是使物料进入输料管，并形成一定比例的混合。它的结构、工作原理取决于物料的物理性质和气流输送方式。

（1）吸嘴　它是吸送式气流输送系统的供料器，如图2-38所示。其工作原理是利用管内真空气压，将空气和物料一起吸进输料管。常用的吸嘴有单筒和双筒喇叭形吸嘴。单筒式结构简单，但是因物料堆积密封造成空气不能进入管道，使操作中断。双喇叭形，因套筒上下位置可调节，故能获得最好操作条件。

（2）旋转加料器 该加料器广泛用于中、低压的压力输送系统。一般适用于流动性较好，磨损性小的粉粒状和小块状物料。最普遍使用的为绕水平轴旋转的圆柱形叶轮供料器，其结构如图2－39所示。

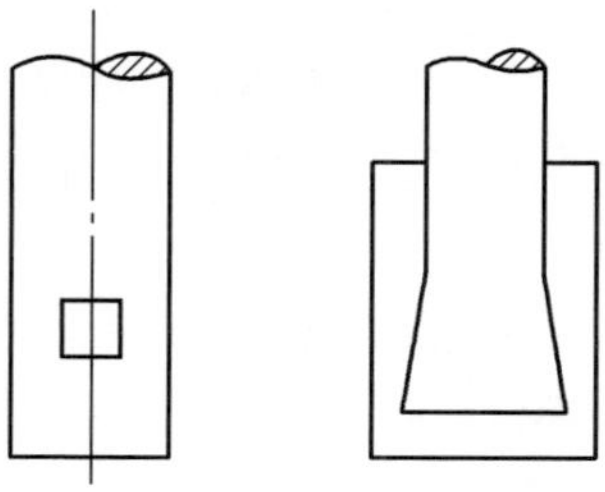

图2－38 单筒和双筒喇叭形吸嘴

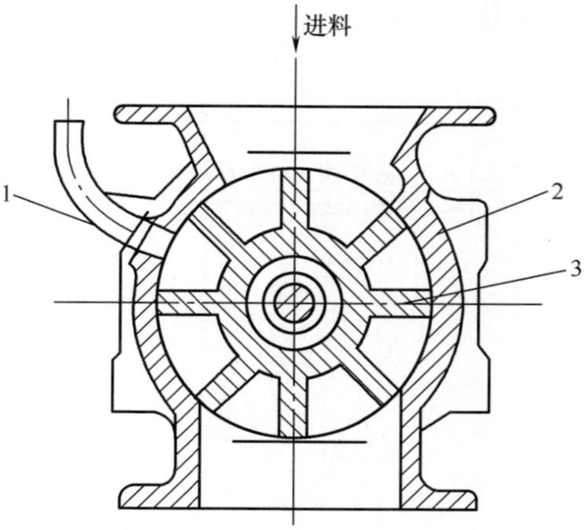

图2－39 旋转加料器

1—均压管 2—壳体 3—转子

物料进入料斗后，流进旋转叶轮上部叶片间的格子里，随同叶轮转至下部，因自重落入输料管中。叶轮空格再次转至上部，物料再次落入，因此叶轮不断转动过程即完成取料和卸料工作。

为提高格子孔中物料的装满程度，在加料斗上部则装有与大气相通的均压管1，以使格子孔到达装料口之前，能将格子孔中大于大气压的气体经它排出，使其压力降低，便于物料填装。格子孔的充填系数随物料的性质、叶轮的转数而异，通常数值小于0.75。

2. 物料分离器

物料分离器的作用是把被输送的物料从空气流中分离出来。分离的方法是通过适当地降低气流速度、改变气流运动方向或靠离心力的作用，将物料颗粒分离出来。常用的分离器形式主要有离心式分离器、沉降式卸料器。

（1）离心式分离器 其结构如图2－40所示。混合物经导管1进入分离

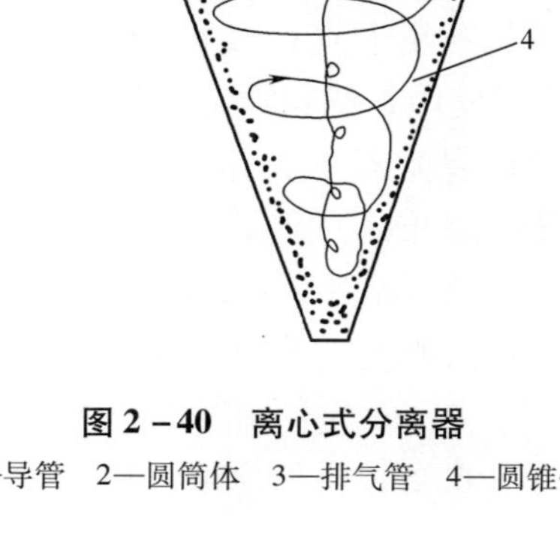

图2－40 离心式分离器

1—导管 2—圆筒体 3—排气管 4—圆锥体

器中沿内壁做旋转下降运动，到达圆锥体 4 底部后，随着半径的减小，旋转速度增加，使物料受到更大的离心力，被抛到分离器壁并沿壁面下落而分离。气流逐渐上升，经排气管 3 排出。

离心式分离器具有尺寸小，制造方便，分离效率高（80% ~99%），压力损失较小等优点而获得广泛应用。

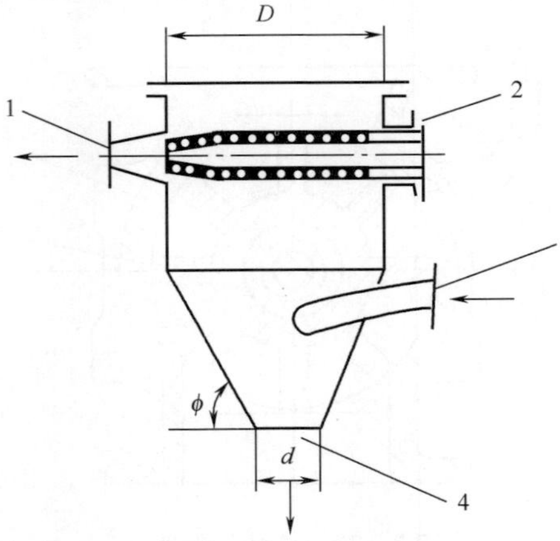

图 2－41　沉降式卸料器

1—气流出口　2—筛筒　3—物料进口　4—物料出口

（2）沉降式卸料器　其结构如图 2－41 所示。当混合物料进入面积突然扩大的容器里时，气流速度降低到远小于悬浮速度的速度，从而悬浮的颗粒因自身的重力而沉降，从混合物中分离出来。

3. 空气除尘器

物料分离器往往只能分离出大颗粒物料，因而从分离器排出的空气中含有很多微细物料颗粒和灰尘，这不仅污染大气、磨损风机而且还造成物料浪费，故需将空气进一步净化，收集粉尘后再引入风机或排至大气。常用的除尘器有离心式除尘器，袋滤器、洗涤式除尘器。

（1）离心式除尘器　其结构与离心式分离器相同。因粉尘粒度很小，为 5 ~ 40μm，因而较难分离。一般说来，灰尘质量越小，空气的速度越高及除尘器半径越小，则其分离效果越好。实验证明，缩小除尘器半径，比提高空气速度将收到更好的除尘效果。所以，常将几个直径较小的离心式除尘器并联使用，使其除尘效果更好。

（2）袋滤器　它是一种利用多孔的纤维性滤布的过滤作用来进行空气除尘的装置，如图 2－42 所示。

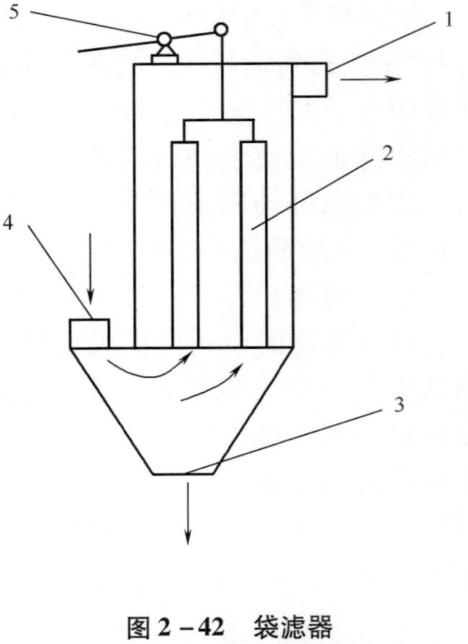

图 2－42　袋滤器

1—除尘气流出口　2—滤袋　3—粉尘排出口

4—含尘气流进口　5—振动器

在外壳内装有许多 ϕ100 ~ 300mm 的筒状滤袋，含尘气流从进气口进入，穿过筒状滤袋时，灰尘被截留在内部，从滤袋逸出的干净空气由出口排出，经一段时间后，打开灰口，排掉积灰。为减小干净空气排出的阻力，滤袋支架上安装有振动器，每隔一段时间，振动一次，抖掉粘在滤袋上的粉尘。

滤布的材料，现在多用合成纤维代替过去用的棉毛织品。成本较低，但设备费用仍较高，维修管理也较复杂，但除尘效果较好。

（3）洗涤式除尘器　又称作湿式除尘器，对于旋风分离器不能分离的粉尘，可用水进行清除。通常采用的有洗涤式除尘器。

洗涤式除尘器有各种不同的形式，但除尘机理大致相同，主要是利用水滴与粉尘的碰撞，使粉尘被浸湿而留于水中。常用的有泡沫除尘器和水膜除尘器。其效率可达95% 左右，且压力损耗很小。国产 JN64 型除尘器，处理风量为1000 ~ 2500m^3/h，耗水量为0.25 ~0.6m^3/h，压力损耗为25 ~65mmH_2O。

4. 输料管

输料管有直管、弯管、软管、伸缩管、回转接头、管道连接部件等。根据工艺要求，输料管系统由上述部件配置而成。管路的布置形式及结构尺寸，对气流输送的生产率、能量消耗和使用的可靠性都有很大影响。所以管路元件设计应满足下列要求。

（1）接头和焊缝的密封性好。

（2）运动阻力小。

（3）装卸方便，有一定灵活性。

（4）尽量缩短管道的总长度。

输料管内径按空气流量和选定的气流速度来计算，然后按国家标准圆整、选定，一般取 50 ~300mm。输料管的壁厚根据被输送物料的物理性质和气流输送设备的类型选定。输送摩擦性小的粉料，一般将壁厚取为 3 ~4mm；输送大米、小麦等粒状物料，壁厚取 4 ~8mm。

弯管处是输送管中磨损最严重的地方，为减少磨损，首先应尽量减少弯管数。在设计时要注意弯管曲率半径 R 的选取：当输送粉状物料时，取 $R=6D$；输送粒状物料时，取 $R\geqslant 6D$，输送小块状物料时，取 $R\geqslant 10D$，其中 D 为弯管直径。

软管可使气流输送方向和位置灵活变化，但阻力是硬管阻力的两倍以上，应尽量避免采用。

第三节　湿米输送

湿米输送是将通过浸渍后的原料，在充分沥干浆水后，送至蒸煮处。为了保证湿米不过度破碎、同时达到较高的效率和节约较多的劳力，一般选用带式输送机与斗式提升机配合湿米的场地转移。

一、带式输送机

带式输送机是食品工厂中使用最广泛的一种连续输送机械，常用来水平或倾斜输送块状、颗粒状物料。同时带式输送机还可用作选择检查台、清洗和预处理操作工作台等，一般用在原料预处理和选择装填工序、成品包装和入库工序等，带式输送机具有运输能力高（工作速度一般为2～3m/s，最高可达6m/s）、输送距离长（40～500m）、可在机体全长中任何地方装料与卸料、工作无噪声、结构简单、安装维修方便及使用可靠等优点，是生产运输连续化的重要机械。黄酒生产企业中的湿米输送全部或部分采用带式输送机械，目前，随着机械化程度的逐步提高，带式输送机械的应用越来越普遍。大多应用于从浸米池出来的湿米短距离输送至蒸饭机的落饭口，或输送至提升机米斗口。另外，在蒸饭机中也较早开始应用带式输送装置，使蒸饭做到连续化。

图2－43所示为带式输送机，利用输送带（作为牵引构件和承载构件）与驱动滚筒之间的摩擦力对输送带及其承载的物料进行牵引，带动输送带绕驱动滚筒、转向滚筒及支承托辊回转，将物料从装料端输送至卸料端，达到输送的目的。一般用于水平或小倾角方向的输送。带式输送机主要由输送带、托辊、滚筒、鼓轮、张紧装置及其他辅助装置等组成。

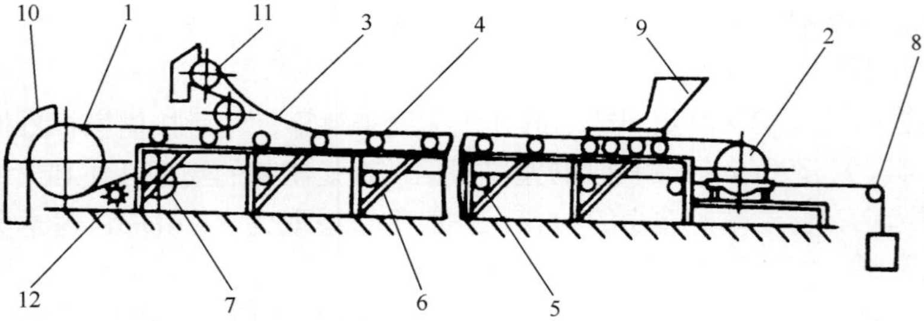

图2－43 带式输送机结构图

1—驱动滚筒 2—张紧滚筒 3—输送带 4—上托辊 5—下托辊 6—机架 7—导向滚筒 8—张紧装置 9—进料斗 10—卸料装置 11—卸料小车 12—清扫装置

1. 输送带

输送带是带式输送机的主要部件，它既是牵引件，又是承载件。一般采用橡胶输送带，根据输送物料的不同，也有采用钢带、网状钢丝带或塑料带的。现在在湿米输送时普遍使用橡胶带，在蒸饭机中大多使用不锈钢网带，也有一些企业为减少制作成本采用塑料网带的。塑料网带廉价，由于其网丝用维尼伦棉混纺织物编织而成，虽具有一定的强度，但其挠性较差，与金属材料相比，易拉伸变形，使蒸饭机的密封性能大大下降，故现在使用塑料网带的企业越来越少。

对输送带的要求是强度高，挠性好，自身质量轻，伸长率小，吸水性小，耐磨，对分层现象抗力好。

橡胶带是由2～12层棉织品或麻织品，经人造纤维的衬布带芯及橡胶加以胶合而成的。每两层帆布之间用硫化法浇上一层薄橡胶，带的上下面及左右边缘均覆以橡胶保护层。橡胶层的作用一方面是保护帆布不受潮腐烂，另一方面防止物料对帆布的摩擦。因此，橡胶层的厚度随工作面（与物料接触面）与非工作面（不与物料接触）而不同。工作面上胶层厚度，根据输送物料的质量、密度、硬度等特性而定，一般厚度为1.5～6.0mm；非工作面为下胶层，一般厚度为1.0～3.0mm。

帆布是输送物料时承受拉力的主要部分，胶带越宽、帆布层数越多，可承受的总拉力越大。但随着层数的增多，输送带的横向柔性会减小，输送带就容易跑偏。胶带中帆布层的层数，可根据输送带的最大张力计算。

目前，国内橡胶带品种及生产，可查GB523－65。QD80轻型带式输送机是轻工、食品生产中通用固定式连续输送机械。在QD80输送机系列中，带宽有300mm，400mm，500mm，650mm，800mm、1000mm及1200mm七种；输送速度有0.25m/s，0.5m/s，0.8m/s，1m/s，1.25m/s，1.6m/s，2m/s及2.5m/s八种。可根据不同条件与不同承载，选用不同型号输送机，也可根据实际需要自行设计与制作。

橡胶输送带的封闭接头，有硫化接头和机械接头两种。硫化接头的强度较高，可达胶带本身强度的85%～90%，已广为使用。机械接头简易方便，但对胶带强度削弱太多，仅为胶带强度的35%～40%，因此较少采用。

黄酒酿造的湿米输送与米饭输送过程中，钢丝网状带也有使用，它强度高且耐高温，网孔大小可以自由选择，适用于一边输送、一边用水冲洗或一边进入蒸汽蒸饭的条件。钢丝网带一般用扁钢丝或圆钢丝织成。目前，黄酒生产在蒸饭过程中大多使用的是不锈钢薄板冲孔的钢带，这种钢带强度大、耐高温、耐冲击、伸缩性小，但其刚度与挠性比钢丝网带差，所以在应用冲孔钢带时，要求滚筒尺寸大、防跑偏装置性能好、装配精密。

2. 托辊

带式输送机的长度可达几十米或数百米，如仅以两端滚筒支承而中部悬空，则因输送带本身的重量和载物的重量将使胶带下垂，并有可能将带拉断，故必须在输送带装设若干托辊予以支持。用于载荷部分支承的上托辊分平形和槽形两种：输送整件物品时，用平形上托辊；当输送散状物料时，则采用槽形上托辊。此外，用于空载的托辊仅用直形的，而定型的平形和槽形托辊的总长度应比带宽大100～200mm。

托辊的间距和直径与带宽及输送物料的性质有关。受料处的托辊间距可取250mm或500mm，下托辊间的距离为2.5～3m，或为上托辊距离的2倍。

托辊多用铸铁制造，也可用无缝钢管制造，其两端应装有轴承。大多数情况

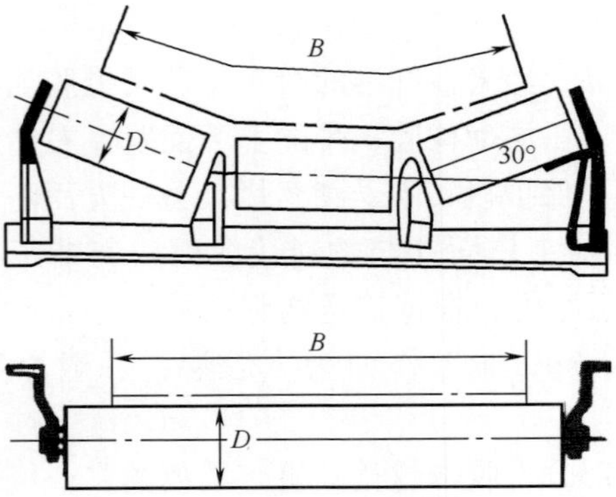

图 2-44 托辊结构示意图

下一般选用滚珠轴承；当载荷重量极大时，才选用滚柱轴承。图 2-44 为托辊的结构示意图。

3. 驱动装置

带式输送机的驱动是由电动机经减速器带动传动滚筒转动的，常采用闭式齿轮减速器。开式齿轮减速不仅易磨损而且不安全。

传动滚筒常用钢板辊压再经焊接成形，也有铸造而成的。为了增加滚筒和带之间的摩擦力，可在表面包上木材或胶黏皮革和橡胶。带式输送机还有用电动滚筒驱动的。电动滚筒实际上是把电机和减速器设计制造在滚筒内，接上电源后直接驱动输送带。很显然，这种驱动装置结构紧凑，布置时不占车间面积。

4. 张紧装置

张紧装置的作用是给输送带一定的张力，防止胶带在滚筒上打滑和在两组托辊间因负荷而下垂过大。对于较短的带式输送机（$L<40\sim50$m）可用螺旋式张紧装置（图 2-45）。这种张紧装置结构简单、调节方便，但需经常观察和张紧操作。对于较长的带式输送机，可选用重锤式张紧装置（图 2-46）。增减重锤的数量，可以得到所需的张紧力且能保证张紧力为一常数，不需要人工经常操作，但外形尺寸比较庞大，占地面积较大。

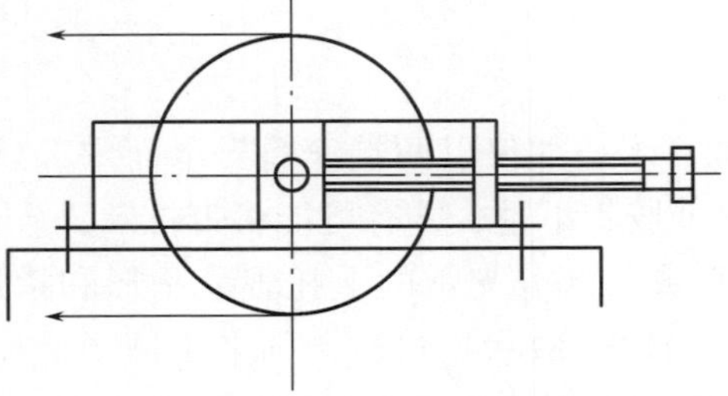

图 2-45 螺旋式张紧装置

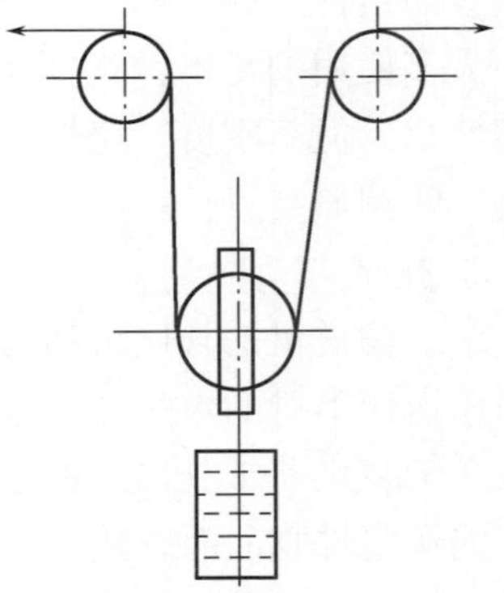

图 2-46 重锤式张紧装置

二、斗式提升机

在连续化生产与加工中，因加工设备的高度不同，或为了充分利用厂房各楼层使用面积，需要在不同高度装运物料。当物料在输送中高度提升幅度较大时，大多采用斗式提升机来完成。图 2－47（a）为斗式提升机结构图。实际应用如浙江古越龙山绍兴酒股份有限公司第三酿酒厂采用不锈钢链式斗式提升机，把地面底层的湿米输送至四层的蒸饭车间，大大降低了车间上部的荷载，车间的建设成本得到有效的控制。图 2－47（b）是该斗式提升机的结构示意图。

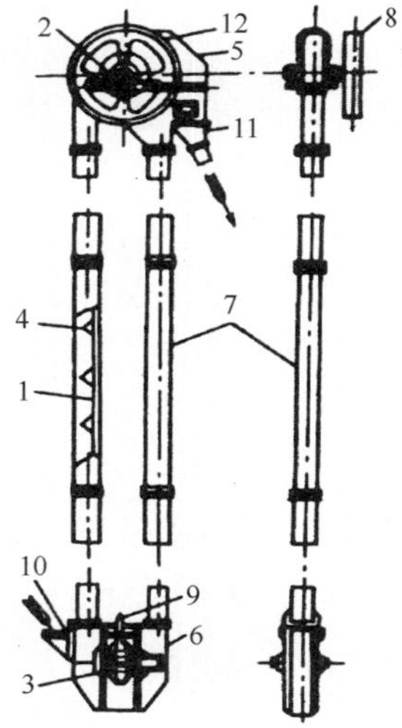

a. 斗式提升机结构示意图

1—牵引机构　2—头轮　3—底轮　4—承载构件　5—机头　6—机座　7—机筒
8—传动机构　9—张紧机构　10—进料斗　11—卸料管　12—止逆装置

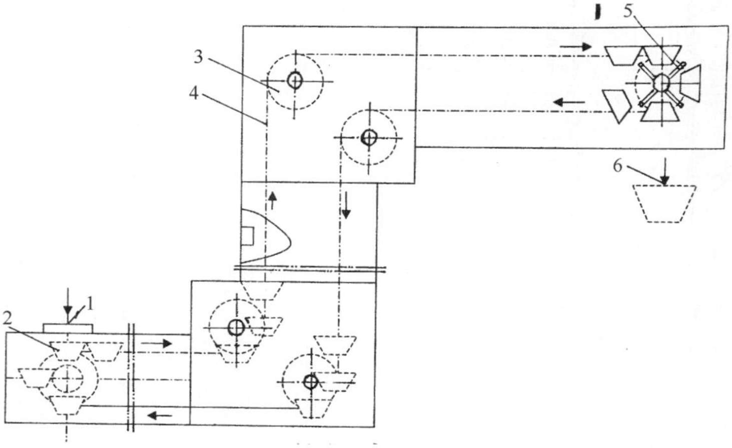

b. 湿米斗式提升机

1—输送机入口　2—料斗　3—转鼓式　4—料斗链　5—卸料装置　6—蒸饭机入口

图 2－47　斗式提升机

根据输送物料的不同，提升机可分为斗式提升机和托辊式提升机两种，两者只是承载机构不同，其他构造基本相似，以下主要介绍斗式提升机。

斗式提升机的分类方法很多。按输送物料的方向可分为垂直式和倾斜式；按牵引件形式可分为带式和链式；按速度可分为高速型和低速型；按卸料方式可分为离心式、离心重力式和重力式等。

斗式提升机的主要优点是横断面上的外形尺寸小，占地面积少，输送系统结构紧凑，提升高度大，一般为10m以上，甚至可达30～60m；生产能力范围广，可在3～160m^3/h选择，有良好密封性等；其缺点则是料斗和链条易磨损，过载敏感性大，需均匀供料。

斗式提升机主要由牵引件、滚筒（或链轮）、张紧装置、加料和卸料装置、驱动装置和料斗等组成。在斗式提升机的牵引件上装置着一连串的小斗，各小斗在下部加料处盛满物料，然后随牵引件向上移动。在达到顶端后翻转将物料卸出。

1. 斗式提升机主要构件

料斗是斗式提升机的承载构件，随着被输送物料的性质不同，有三种不同形式的斗，即圆弧形底的深斗和浅斗及尖角形斗，一般多采用浅斗，如图2－48所示。

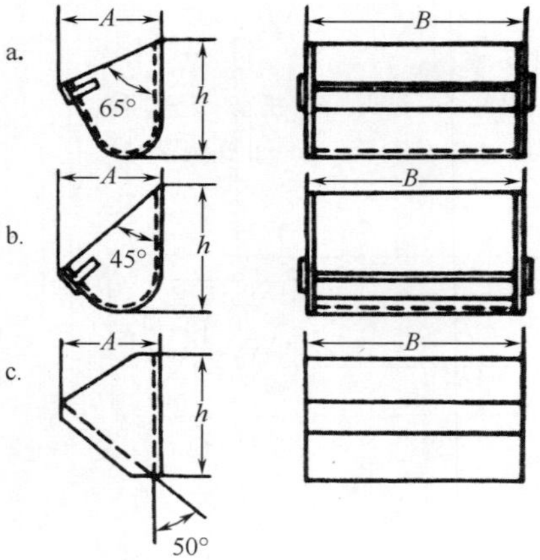

图2－48 料斗形状

a. 深斗 b. 浅斗 c. 尖角形斗

深斗的斗口呈65°倾斜，深度较大；浅斗的斗口呈45°倾斜，深度较小。深斗适合干燥、流动性好、易倾出粒状和小块物料的升送；浅斗适合于潮湿、流动性较差粒状物料。这两种斗在牵引件上都以一定间距排列，如图2－48（a）、（b），h为斗深、A为斗宽。

斗式提升机的牵引构件可采用链条、皮带。当提升速度为0.4～1.25 m/s，输送的物件为沉重块状且磨损性较小、输送量大时，用链条作牵引件，常用的是板片或衬套链条及套筒滚子链条，其节距有150mm、200mm、250mm等几种。当料斗宽大于250mm时，则采用两根链条平行牵引。

2. 斗式提升机的装料方法

斗式提升机的装料方法有以下两种。

（1）掏取式　掏取式如图2－49（a）所示，是物料从加料口加入时，大部分物料先落在提升机的底部，斗被牵引构件带动经过底部时，从底部挖取物料。这种方法主要用于输送粉状、粒状、小块状等磨损性小的散状物料。故在挖取物料时，不会产生很大的阻力，料斗可有较高的运动速度，一般为0.8～2m/s。食品工业的物料没有大块的，斗也是疏散而不密集，所以多为掏取形式。

（2）流入式 流入式如图2－49（b）所示，是物料从加料口均匀地加入时，大部分物料直接流入转动的斗里，这种方法用于大块和磨损性大的物料。料斗为密集排列，以防物料在料斗间撒落，料斗运动速度不得超过1m/s。

a.掏取式 b.流入式

图2－49 斗式提升机装料简图

根据浙江古越龙山绍兴酒股份有限公司所有的斗式提升机实际情况，它是综合上面二种料斗的长处，采用的是流入式，且又是具有间距的排列的，从而使其有足够的时间进行装料后斗面的处理，目的是使每斗料都按要求做到均匀而不散落。

三、湿米输送泵

近年来由于机械化程度的提高，一些企业对黄酒酿造的湿米输送过程进行了深入的研究与应用，除上述的带式、斗式输送装置外，还引进了混流泵，作为湿米输送装置的其中一个装备，为提高设备的稳定性，往往引进国外的设备。实际上国内在这方面的装置也可充分进行选择。

这里介绍SPP型混流泵的有关原理与参数。

混流泵内液体的流动介于离心泵与轴流泵之间，液体斜向流出叶轮，即液体的流动方向相对叶轮而言既有径向速度，也有轴向速度。其特性也介于离心泵与轴流泵之间。

SPP型混流泵如图2－50所示。

SPP型单级单吸涡壳式化工混流泵主要用于化工流程的强制循环、海水养

图 2-50 SPP 型混流泵

殖、城市煤气工程和水处理系统等，本型泵的特点是流量大、扬程低，可以输送均匀或含有一定颗粒或有一定腐蚀性的液体。

性能范围：流量可达 7000m^3/h；扬程可达 25m；工作压力可达 0.6MPa；工作温度 -20 ~ 120℃。

（一）型号意义

例：SPP20-25

SPP——化工混流泵；20——该数乘以 10 即为入口直径（mm）；25——该数乘以 10 即为出口直径（mm）。

（二）结构

SPP 型化工混流泵是从瑞士苏尔寿公司引进技术生产的产品。该泵的叶轮、轴封、填料函盖、轴和轴承托架等零件连成一个整体，形成后开门的拉出式结构，检修时无需拆卸与泵体相连的管路。泵体上铸有支脚，可以承受来自管路的载荷，并直接传递给基础结构，这样泵的转子不会因为泵承受载荷而产生弯曲，保证轴承具有最佳的使用寿命。泵的轴承为径向球轴承和推力轴承，轴承为稀油润滑，轴承箱中的油位可由“恒位”油杯来控制。为了便于排除吸入管路中的空气，泵置上可以配备完整的放气装置。泵在整个性能范围内耗能均匀，可以在闭阀条件下启动而不使电动机过载。根据使用情况可选配填料密封或双端面机械密封（机械密封选用表请参见大连耐酸泵厂 CZ 型标准化工泵的相应部分）。泵可以用电动机或内燃机驱动：从驱动侧方向看，泵为顺时针方向旋转。

（三）性能参数

SPP 型混流泵性能参数见表 2-7。

表 2－7　SPP 型混流泵性能参数

型号	流量		扬程/m	转速/(r/min)	功率/kW		效率/%	叶轮直径/mm
	m^3/h	L/s			轴功率	电机功率		
17½ －20	360	100	8.5	1450	10	15	82	236
25－25A	900	233	24	1450	70	90	84	338
35－35A	1600	440	21	970	108	132	86	472
50－50A	3700	1030	24	730	270	—	86.5	675

注：混流泵的型号很多，这里选 4 种供参考。

（四）优缺点

混流泵能解决湿米的输送问题，尤其是蒸饭与浸米不在同一平面上布局的情况，混流泵具有明显的输送优势。输送时由于泵的叶轮不是直接打击在所输送的物体上的，故湿米也不易破碎。但是，由于混流泵在输送湿米时需要添加大量的水，帮助其流动，故在生产过程中，会产生大量的废水，对企业的污水处理会增加相当的处理量，也对处理装置产生额外的压力与负担，对环境保护极其不利，故许多厂家都对这一装置谨慎使用。

四、大米储存与输送装备的组合

目前，黄酒行业大米储存与处理设备完整组合的例子是会稽山绍兴酒有限公司的大米处理设备。以下介绍此组合的有关设备。

该组合由钢板粮仓、斗式提升机、振动筛、刮板输送机和除尘系统组成。

钢板粮仓设备规格为 2 只直径为 10m，高为 11.5m 的组合仓。储存物料为大米或小麦。设计进料流量 50t/h，出料流量 15t/h，物料容重 0.75t/m^3。有效容量 1600t。原料钢板筒仓组成示意如图 2－51 所示。

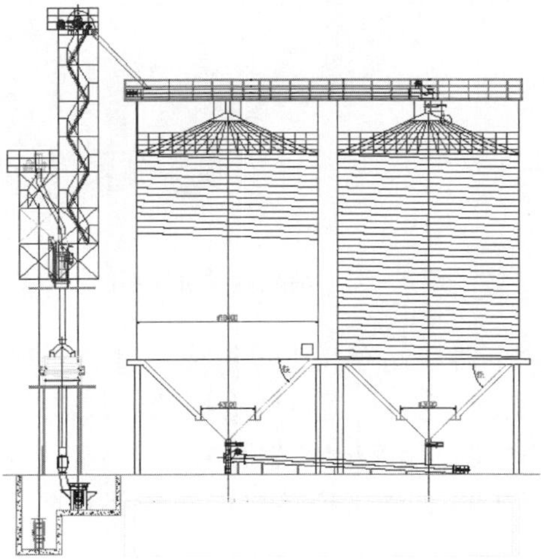

图 2－51　原料钢板筒仓组成示意图

斗式提升机是由机头、畚斗、畚斗带、驱动及传动装置及防逆装置组成，下部设有吸风口，还配有提升机失速跑偏报警控制装置；原料提升机采用自清式结构；其进料能力为40～60t/h，出料能力为15～20t/h。外形如图2－52所示。

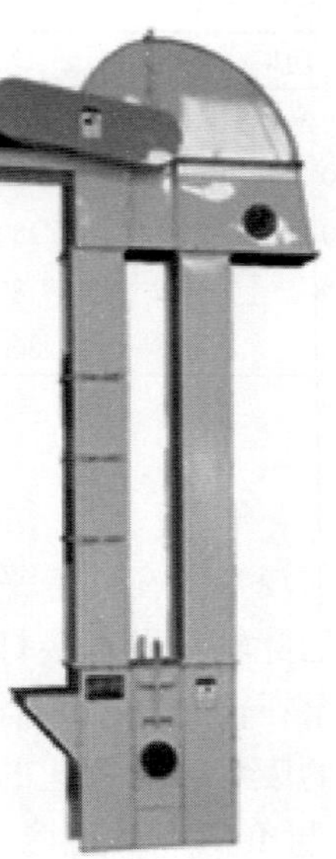

图2－52 斗式提升机外形图

振动筛是利用振动激振所产生的往复振动而工作。振子的上旋转重锤使筛面产生平面回旋振动，而下旋转重锤则使筛面产生锥面回转振动，其联合作用的效果则使筛面产生复旋型振动；筛面分上下层，上层孔径12mm，下层孔径2mm，设有上除尘出口风管；工作能力为50t/h。具体细节参阅本章第一节中的“平面回转筛”。

刮板输送机输送能力为30t/h；头部设有刮板链条张紧装置和防堵报警装置；自清式结构尾部下端部为圆弧状（U形尼龙刮板）；进料实现侧面进料流量调节；有独立的驱动及传动装置。外形如图2－53所示。

图2－53 刮板输送机外形图

除尘系统由脉冲除尘器和配套风管等组成。过滤面积为48.2m^2，带集灰斗和支架，除尘器内有滤袋和笼架，随机装有振动清灰器，以便对滤袋进行清灰，原理是由电机带动偏心主轴，运转时产生距离变化，带动振动架摆动，振落滤袋积留的粉尘；配套风管ϕ300，连接到各接口处头部和尾部。具体细节参见本节前面的“空气除尘器”。

第四节 小麦与麦曲的输送

黄酒酿造过程中，因占地面积越来越作为一个需要特别考虑的问题，在地面平铺进行工作的机会与条件正在逐渐减小，所以在一定的占地面积上尽可能多地生产与布置，这逐渐成为了所有企业的设计重点。从机械化生产进行立体布局开始，黄酒的传统生产也逐渐趋向立体布局，这就要求企业在物料输送上采用机械装置来完成物料的运输，以适应企业的不断发展。

一、螺旋式输送机

这种输送机用于输送粉状和颗粒状物料，它利用螺旋转动方式将被输送物料在固定机壳内推移而进行输送。当螺旋的螺距不等时，则用于输送的同时又可产生挤压力，如绞肉机、螺旋压榨机等。

图 2 - 54 所示为螺旋输送机。它结构简单、横截面尺寸小、密封性好，便于中间装料和卸料，操作安全方便、制造成本低。但输送过程中物料易破碎，零件磨损较大，消耗功率也较大，输送距离不宜太长（一般在 30 m 以下），过载能力低，输送倾角小于 20°或水平输送。目前，我国已定型生产的有 Gx 型螺旋输送机，其螺旋直径已标准化，有 150mm、200mm、250mm、300mm、400mm、500mm、600mm 七种规格，长度 3 ~ 70m 不等。

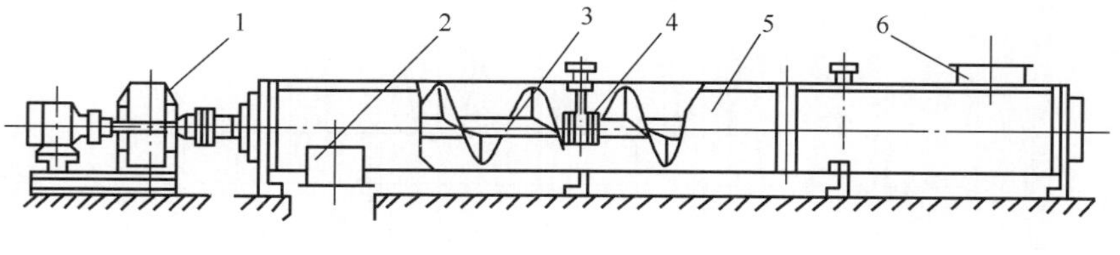

图 2 - 54 螺旋输送机结构图

1—传动轮 2—轴承 3—进料斗 4—中间轴承 5—螺旋 6—支座

二、螺旋输送机的主要构件

1. 螺旋

它是输送机上用来输送物料的构件。螺旋片可以是左旋或右旋，螺旋线数有单线、双线或三线。一般多为单线，螺旋形状如图 2 - 55 所示。

图 2 - 55（a）所示为实体螺旋，用来输送干燥、黏度小的颗粒或粉状物料，其螺距等于螺旋直径的 0.8 倍。

图 2 - 55（b）为带式螺旋，用来输送块状或黏滞状的物料，其螺距等于

直径。

图 2－55（c）为叶片螺旋，用来输送韧性和可压缩性的物料，在输送过程中往往伴随着混合搅拌等工艺，螺距等于直径的 1.2 倍。

螺旋叶片大多是由厚 4～8mm 的薄钢板冲制而成，然后焊接或铆接到轴上。带式螺旋是用径向杆把螺带固定在轴上。

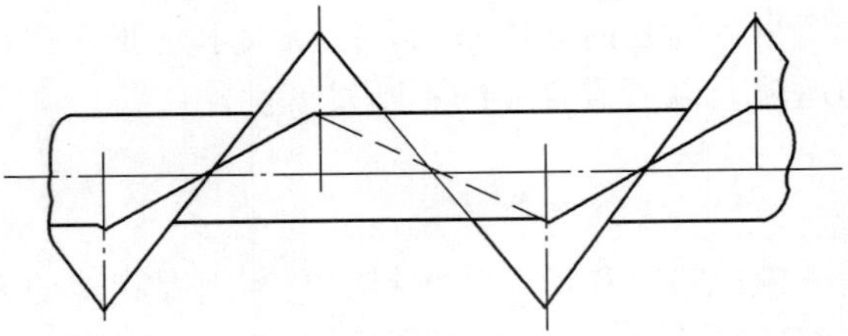

a.实体螺旋

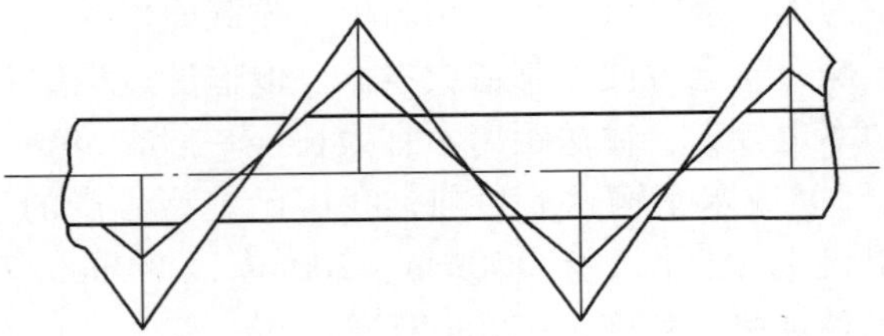

b.带式螺旋

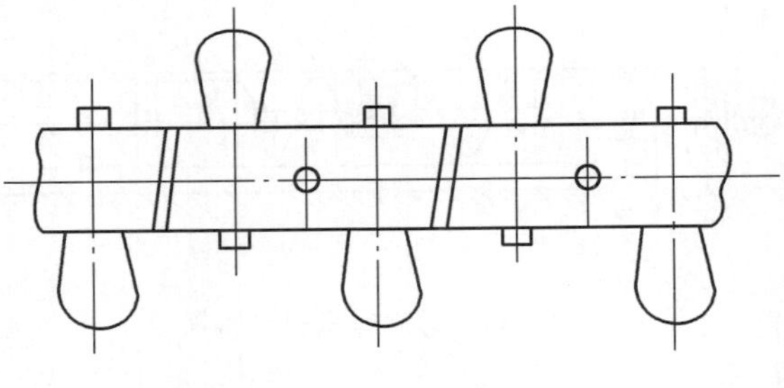

c.叶片螺旋

图 2－55　螺旋形状

2. 轴

螺旋输送机的轴，可以是实心的，也可以是空心的，它一般由 1～4 m 的节段装配而成。为减轻轴的重量，常采用空心轴，且强度较实心轴大，相互连接也方便。

轴的连接可用轴节段插入空心轴的衬套内，以螺钉固定连接起来，如图2－56 所示。轴的连接也可采用法兰盘连接。

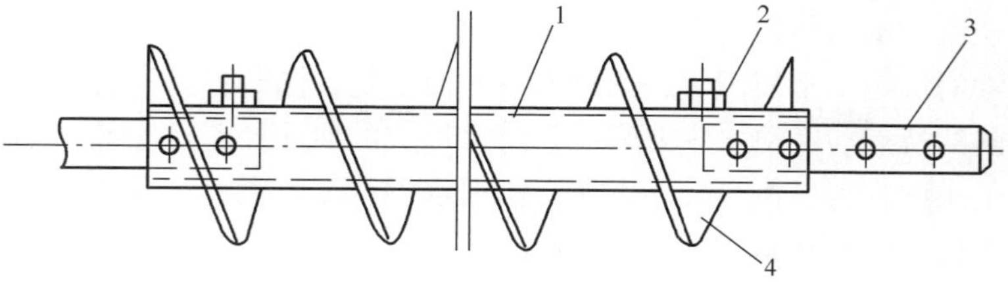

图 2-56 螺旋输送机的轴

1—轴 2—螺钉 3—轴节段 4—螺旋叶片

轴较长时，应在每一中间节段轴上装悬吊轴承，用以支承轴。悬吊轴承一般用开式滑动轴承，以便支承和装拆。

3. 料槽

它是用 3 ~ 8mm 的不锈钢板或薄钢板制成，也是分节连接的。为便于连接和增强刚性，在斜槽的纵向边缘及各节的横向接口处都有角钢。

料槽直径稍大于螺旋直径，以使两者之间有一定的间隙，间隙量一般为 6 ~ 10mm。

小麦与麦曲的输送如果是垂直输送，可以将平面的螺旋输送机与竖直的斗式提升机结合起来使用，也可以将螺旋输送机设计成一定的角度而进行倾斜式输送。倾斜式输送，设备单一，但往往输送线路过长，要留有足够的输送通道的位置空间。

第五节 水的要求与处理

酿造黄酒向来把水称为"酒之血"，可见水对酿造黄酒的重要性。酿造的整个工艺过程，需要的水量很大，包括酿造用水，浸米、制曲用水，洗涤、冷却用水以及锅炉用水等。一般每吨黄酒耗水量达 5 ~ 15t。因水的用途不同，水质的要求也不同。黄酒是低度酿造酒，水分占 80% 以上，在糖化发酵过程中，酶的作用都在水中进行。因此，水的质量好坏，直接影响到产品的质量和产量。

一、天然水的性质

水是地球上分布最广的物质，仅江、河、湖、海就占了地球表面的 3/4。

水是一种资源，地球上的天然水资源可分为降水、地面水与地下水三大类，而其各自的卫生特征不尽相同。降水是指雨雪水。降水量受季节、地域的影响很大。虽然降水的水质较好，矿化度很低，但水量难以保证。需要说明的是，在降水过程中，雨雪水和大气接触，气态污染物质可被吸收。

地面水体是降水的天然蓄积库，如河流、湖泊、池塘等。降落到地面的水顺着地表径流，每条河流都有一定的流域面积。地面水的主要补给来源是降水，输出为河川径流、水面蒸发和土壤入渗，与地下水有互补关系。地面水的流量受许多自然因素的影响，水质因流经区域的不同而变化，同时也易受污染。各种地面水都有不同的特点。江河水主要来源是降水形成的地面径流，它能冲刷并携带地面污染物于水中，污染机会较多，所以江河水浑浊度较大，细菌含量较高。但江河水的水质较软，矿物盐类的含量较少，且因暴露于大气和流速较大，使水中溶解氧含量增高，稀释和自净能力也强。江河水流量有丰水期和枯水期之分，丰水期大量降水进入河流，带入泥砂、有机物和细菌使水质恶化，浑浊度高，细菌数多。但是由于大量降水稀释，盐类含量和硬度下降。枯水期主要以地下水为补给来源，水量少、流速慢、盐类含量较高、硬度也大。冬季江河表面冰封，水中细菌数在一年中最低；解冻时，冰面的污物混入水中，融雪水流入，细菌数增多，浑浊度增加，盐类下降。除了自然因素影响水质外，最主要的是未经处理的生活污水和工业废水排入江河。污水和废水不仅影响地面水的物理、感官性状、化学组成，而且因有害物质、病原菌污染引起生物中毒或水传染病流行。但是江河水水量大、水质软、取用方便，因此具有作为生活饮用水主要水源的优势。

地下水是指地下水位以下、存在于地下含水层中的水体。主要来源是渗入地下的降水和由河壤内的水蒸气凝结水。各种土壤和岩石按透水性能不同而分为透水层与不透水层。透水层是由颗粒疏松、空隙较大的砂、砾石、砂质土壤和岩石裂隙等组成的。因其能渗水和存水，又叫含水层。透水层与地表相连，降水和地面水是透水层内水的重要来源。与透水层直接相连的地表区域是透水层的补给区——不透水层，由颗粒细密的黏土及岩石等组成，不能渗水。地下水可分浅层地下水、深层地下水和泉水。

在天然水中，降水中雨水及雪水比较纯洁，虽然在降雨雪过程中会溶入氮、氧、二氧化碳及尘埃和细菌，但含盐量较少，一般不超过50mg/L，硬度也较小，一般在0.1mg/L左右。

浅地下水的井水由于经过地层的过滤，悬浮杂质较少，水的透明度较高。但在地层的渗透过程中溶入了较多的矿物质，所以含盐量和硬度都比较大。

深地下水（深井水、泉水）水质清洁，有机物、悬浮物、胶体物含量极少，温度稳定，没有或很少有微生物，溶解盐类多，硬度高。

天然水种类及特性见表2-8。

表2-8 自然界水源种类及特性

水源名称	水质特性	备注
雨水，雪水	（1）水质软，含溶解物质少 （2）水量波动大	一般不作工业用水水源

续表

水源名称	水质特性	备　注
地表水（江河，湖泊、浅井、水库）	（1）水质软，含溶解杂质少 （2）水温受季节变化而波动大 （3）含悬浮物质多（如泥沙，微生物、水生植物）	易被工业、农业废水及城市生活用水所污染，使用时应注意对水中有毒物质和微生物的检测
地下水（深井、泉水）	（1）水质清洁，含有机物，悬浮物，胶体物质少 （2）水的温度稳定 （3）水生生物少，没有或很少有微生物，没有水生动物及水生植物 （4）溶解盐类高，硬度高	某些地下水经含矿岩层时，会受到多种金属矿岩的污染，由于硬度高，生产应用时，如有必要，应根据要求作适当处理
海　　水	水中含盐量高达0.35%以上	不能作工业用水

注：来自周家骐主编的《黄酒生产工艺》。

天然水含有的各种杂质大致可分为三类。

1. 悬浮物质

泥土、砂粒和动植物腐败后生成的有机物等不溶性杂质，常与10～40μm左右的颗粒悬浮于水中，构成了天然水的浑浊度和色度。当浑浊度超过5度、色度超过15度时，将会使水处理的离子交换剂受到污染，影响出水质量，如果直接进入锅炉会在锅筒内沉积。

2. 胶体物质

胶体是分子和离子的集合体，其粒径为10^{-6}～10^{-4}mm。天然水中的胶体，一类是硅、铁、铅等矿物质的胶体，另一类是由动植物腐败后的腐殖质形成的有机胶体。由于胶体表面带有同性电荷（自然胶体大都带负电荷），它们的颗粒之间互相排斥，不能彼此粘合而自行下沉。若不除去，则矿物质类的胶体会沉积在设备上，构成胶膜。此外，有机类胶体还将影响色度和水质。

3. 溶解物质

水中溶解的物质主要是气体和矿物质盐类，它们都以分子或离子状态存在于水中，粒径在10^{-6}mm以下。

水中溶解的气体都以分子状态存在，主要是氧气和二氧化碳气体，如有机物分解而产生硫化氢气体时，还将溶解入硫化氢。

水中溶解的盐类都是以离子状态存在的。它们是由于地层中矿物质溶解而来的，主要是钠、钾、钙、镁的重碳酸盐、氯化物和硫酸盐。地表水和地下水中最常见的主要是钙、镁离子，其次是亚铁、锰、铝、锌、锶等离子。通常把硬度看成是钙、镁离子的总含量，是衡量水质的一个重要指标。

目前，我国尚在使用的生活用水水质标准是1985年版的，为适应当前人们日益提高的物质文化生活水平，参考WHO《饮水水质标准》和美国《一级饮水水质规定》与《二级饮水水质规定》，卫生部于2000年初组织有关专家开始制定《生活饮用水卫生规范》，并于2001年6月7日正式发布《生活饮用水卫生规范》（卫法监发［2001］161号），自2001年9月1日起实施。

该规范共包括下述7个文件。

（1）生活饮用水水质卫生规范。

（2）生活饮用水输配水设备及防护材料卫生料卫生安全评价规范。

（3）生活饮用水化学处理剂卫生安全评价规范。

（4）生活饮用水水质处理器卫生安全与功能评价规范。

（5）生活饮用水集中式供水单位卫生规范。

（6）饮用水卫生安全产品生产企业卫生规范。

（7）生活饮用水检验规范。

该规范可以说是修订新的生活用水水质标准的过渡性法规，它在其中大量地增加了62项非常规检测项目，如有机物、农药、消毒剂及其副产物等均列入了非常规检验项目。

二、酿造用水的水质要求

酿造、浸米和制曲用水的水质，直接关系到黄酒质量。过去因某些河道水质差，为酿制优质绍兴酒而用运水船至鉴湖中心取湖心水酿酒。湖心水水质清洁、有机杂质甚少、硬度适宜，但永久硬度甚低、其他盐类含量适当，确是优质酿造用水。加饭酒强调用冬浆冬水酿造，冬浆是已生成乳酸和富有营养的新糯米浸渍水，能为酵母提供生长素和提供以酸制酸、抑制杂菌，有利发酵的条件；冬水温度低，水中浮游物及其他有机杂质较少，在传统的生产工艺中，容易管理，不易酸败。采用鉴湖水是绍兴酒质量好的决定因素，不同地区的不同水质，对酿造确有密切关系，水质的好坏是决定酒的质量好坏的重要因素。酿造用水的理化性质及其研究，早在20世纪20年代前后基本揭示，之后又不断发展与成熟。近代水处理的进展，重点在于水处理方面的理论与技术，不良的水质，可以通过处理和改良，以满足酿造优质黄酒的要求。

三、酿酒用水的处理与装置

酿酒用水的处理，首先必须符合生活用水的水质规范要求。在此基础上，再通过进一步的处理，成为优质的酿酒用水。

当饮用水的水源受到一定程度的污染，又无适当的替代水源时，为了达到生活饮用水的水质标准，在常规处理的基础上，往往以添加液氯作为消毒杀菌剂，这时的自来水中的游离氯含量超过酿酒用水的要求，需要增设深度除氯处理工艺。应用较广泛的深度处理技术是活性炭吸附。

氯是生活饮用水中最常用的消毒剂，用它来控制细菌和其他的微生物，在用氯消毒水的同时也带来一些严重的缺点，在离子交换器的进水中含有氯，会使树脂被氧化变质和破坏，树脂的使用寿命缩短或工作交换容量降低。对于反渗透膜水中余氯超过规定指标时，膜会被氯氧化而受损伤，特别对于复合膜和聚酰胺膜除氯的要求更高。在工业设备中，一般通过加化学还原剂来除氯，其中以用亚硫酸钠除氯较多，为了去除水中多余的氯，常用活性炭吸附法。

活性炭是一种具有较大吸附能力的多孔性物质。依其外观形式，活性炭分为粒状炭（GAC）和粉状炭（PAC）两种。粒状炭多用于水的深度处理，其处理方式一般为粒状活性炭滤床过滤，经过一段时间吸附饱和后的活性炭被再生后重复使用。粉状炭多用于水的预处理，例如在混凝时投加到水中，吸附水中的有机物后在沉淀时与矾花一起从水中去除，所投加的粉状炭属一次性使用，不再进行再生。与粉状炭相比，粒状炭过滤的处理效果稳定，出水水质好，吸附饱和后的活性炭可以再生重复使用，运行费用较低，因此水厂一般都使用粒状炭吸附技术。粒状炭的缺点是需单设炭滤池或滤罐，设备投资比粉状炭高。

活性炭吸附是在常规处理的基础上去除水中有机污染物最有效最成熟的水处理深度处理技术。早在20世纪50年代初期，西欧和美国的一些以地表水为水源具有臭、杂味。直到目前，西欧以地表水为水源的水厂绝大多数仍采用活性炭吸附，以去除水中的微量有机污染物、颜色、臭等，对于需要长期运行的水厂，一般均采用粒状炭过滤，粉状炭主要用于季节性投加的场所。我国从20世纪70年代末、80年代初开始，也有少数水厂采用了粒状活性炭吸附深度处理技术。

活性炭吸附对水中多种污染物有广泛的去除作用。活性炭可以有效去除引起水中臭味的物质，如土臭素（geosmin）、2-甲基异莰醇（MIB）等。对芳香族化合物、多种农药等有很好的吸附能力。对许多重金属离子，如汞、六价铬、镉、铅等也有较好的吸附效果。活性炭对水中致突变性物质有较好的去除效果，多项研究表明，致突变活性检测为阳性的水经过活性炭吸附后致突变活性转为阴性。美国环保局（USEPA）推荐活性炭吸附技术作为提高地表水源水厂处理水质的最佳实用技术（best evadable technology）。多项实验表明，活性炭除游离氯与氯化物还是比较有效的，其运行成本也相对较低，适合于一般黄酒生产企业对酿酒用水的除氯需要。

美国KDF液体处理公司生产的KDF过滤介质，是一种高纯度的铜锌合金，其中KDF55是50%为铜和50%为锌的合金，这种材料与水接触后会与水和水中的杂质产生氧化还原反应。该材料于1980年发明之初就发现具有很好的除氯效果，经过试验研究和实际应用，证明这种材料性能比颗粒活性炭（GAC）除氯效果更好，也更为经济。目前用 KDF55 过滤介质除氯，已在美国、中国等一些国家应用。

复习题

一、填空

1. 黄酒原料控制在黄酒设备上主要体现在__________与__________二大环节。

2. 大米的品种决定以后，大米的__________便是生产好酒的第一要素。

3. 筛选是利用被筛理物料之间____________________的差别，借助筛孔分离杂质或将物料进行分级的方法。

4. 黄酒原料的浸泡，关键是要让原料__________，便于蒸煮。

5. 根据输送原理，气流输送流程可分为__________，__________和__________三种。

6. 黄酒酿造在糖化发酵过程中，酶的作用都在______中进行，______的质量好坏，直接影响到产品的质量和产量。

二、选择

1. 根据筛选的基本条件，在筛选过程中，如要达到除杂或分级的目的，必须具备三个基本条件，以下哪个不是基本条件？(　　)

A. 应筛下物必须与筛面接触。

B. 选择合理的筛孔形状和大小。

C. 保证筛选物料与筛面之间具有适宜的相对运动速度。

D. 保证筛面水平运动。

2. 通过浸渍后的原料，非带水的湿米输送一般选用输送设备来转移，以下哪种设备不宜用作湿米输送？(　　)

A. 带式输送机　　B. 斗式提升机　　C. 螺旋输送机

三、简答

1. 谷物或米麦典型的筛选设备一般有哪几种？

2. 酿造用水的物理性质主要指哪几点？

3. 酿造用水的化学性质有哪些方面？

四、判断

1. 黄酒生产中的原料要经过精白工序，这是一个最为普通的常识。(　　)

2. 通过振动筛，将米糠与碎米筛掉，剩下较为干净的大粒或整粒米用来浸渍。(　　)

3. 筛选时，筛下物并不需要与筛面接触。(　　)

4. 振动筛是应用于谷物清理最广泛的一种筛选与风选相结合的清理设备。(　　)

5. 黄酒生产制曲用麦不需要筛选。(　　)
6. 浸渍后的湿米，因为比较疏松，所以不能进行机械输送。(　　)
7. 水是一种资源，地球上的天然水资源只有地面水与地下水二类。(　　)
8. 酿酒用水只要符合生活用水的水质标准要求就可以了。(　　)

第三章 黄酒酿造新工艺装备

新工艺方法生产黄酒，具有占地面积小、质量相对稳定、劳动强度小等优点，已逐渐被具有较强实力的企业所采纳。它是在传统工艺生产基础上发展起来的，开始采用部分技术改造或单项技术革新，从20世纪50年代初开始使用蒸汽蒸煮酿酒原料取代传统的土灶铁锅，建造高位自来水塔，告别了肩挑人抬的原始生产方式，逐步实现了用水管道化和自动化。直至20世纪60年代，开始利用力学原理由千斤顶替代石头压榨，随后又发展到螺旋榨酒机。从1968年全国第一台黄酒压榨机的诞生，到20世纪70年代首创连续式蒸饭机投入生产；再到80年代绍兴酿酒总公司与上海饮料机械厂合作并借鉴牛奶杀菌设备，联合开发了薄板式热交换器；特别是党的十一届三中全会后，绍兴的酿酒事业出现了大规模的技术改造。1985年全国第一家率先使用微电脑计算控制发酵的万吨机械化黄酒车间的绍兴酿酒总公司投产，使绍兴酒生产工艺全部实现机械化和部分工艺的自动化、电子化，从而使绍兴酒生产打破了季节的局限，达到四季酿制、终年生产的目标。这标志着新工艺酿造黄酒的真正成熟，成为千百年黄酒生产史上的重大变革。20世纪90年代初，中国黄酒集团公司坚持“科技是第一生产力”，注入更多的资金，先后建成二条年产二万吨机械化黄酒生产流水线，在工艺上更是逐渐加以改革完善，使发酵罐容积从30m^3扩大到65m^3，大米输送由干米输送改变成湿米输送，板式煎酒器从4t/h发展到10t/h，从而大大地提高了设备利用率，降低了工程造价，节约了场地，为黄酒的新工艺生产写下了一篇篇崭新的文章，交出了一份份令人满意的答卷。

第一节　黄酒新工艺概况

一、黄酒新工艺生产特点

（1）大容器　改变传统的陶缸中浸米主发酵，淘坛中后发酵的落后容器设备。

（2）优良糖化、发酵剂　部分或全部先用纯种培养菌种，包括糖化菌和酵母酵，保证了菌种的质量，提高了淀粉的利用率。

（3）机械化生产　从输米、浸米、蒸饭、发酵到压榨杀菌煎酒的整个生产过程，均已实行机械化作业。尤其是利用无菌压缩空气进行发酵搅拌，从而使搅拌均匀；从前酵到后酵、从后酵到压榨的过程采用无菌压缩；空气输送酒醪不仅减少输醪过程的杂菌污染，而且还提高了工作效率，减轻了工人的劳动强度。

（4）恒温控制　目前新工艺黄酒生产已全部采用制冷技术调节发酵温度，打破千百年来一直受季节生产的限制，实现常年生产的目标。

（5）采用立体布局　以前机械化黄酒生产车间又称立体车间，整个车间布局紧凑合理，并利用位差使物料自流，节约动力，厂房建筑占地面积小。随后采用湿米输送设备则更是节约了工程造价，而后酵采用露天发酵罐则大大节约了电能。

二、工艺流程

黄酒机械化生产工艺流程简图如图 3－1 所示。

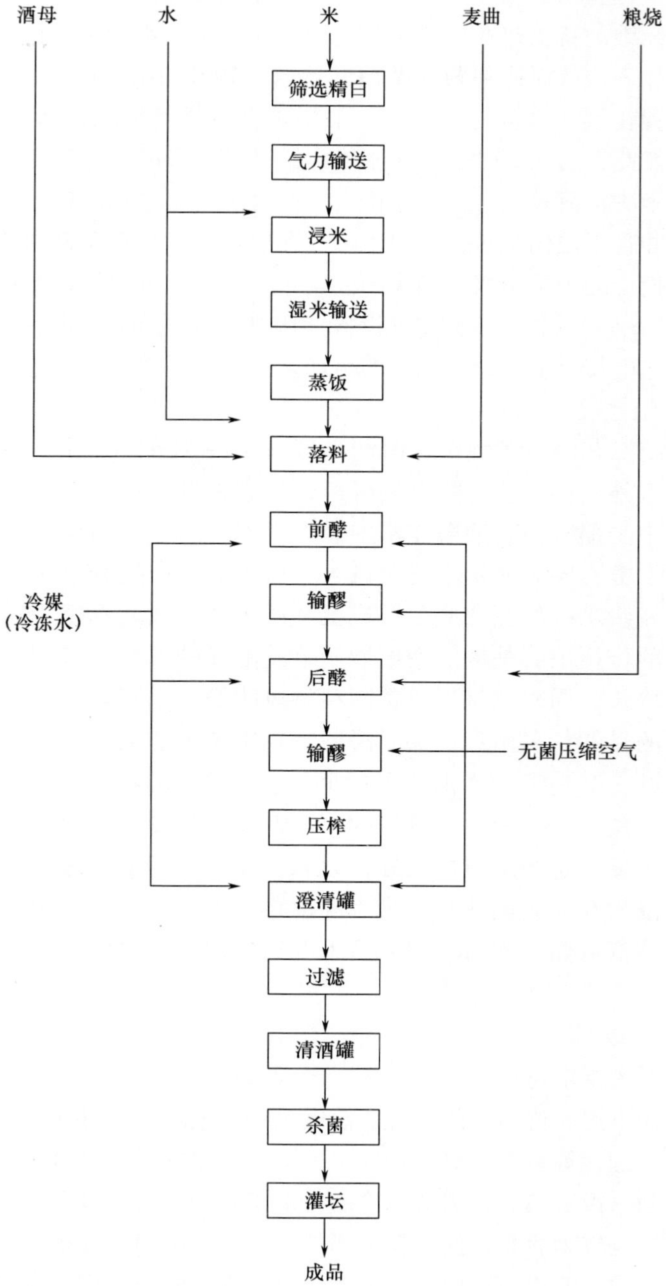

图 3－1　黄酒机械化生产工艺流程简图

三、新工艺与老工艺操作上的不同点

1. 原料大米的精白与输送

为了提高米的精白度，降低精白率，减少大糠层中影响酒质的脂肪、蛋白质、粗纤维，新工艺实行振动筛过滤除糠、除杂和大米入贮米罐前的旋风分离器除糠、除杂，从而达到筛米精白的要求。1997 年前的新工艺立体面布局是浸米罐均设置在整个建筑的最上层，采用真空输送将低层的大米输送到顶层进行浸渍。虽然此方法从 20 世纪 80 年代开始一直被采用，符合物料的流向要求，但顶层的浸米罐负荷较大，工程造价大大提高。有识之士设想是否有可能对湿米进行输送，并且不损伤米粒，把浸米罐放在底层，以减轻建筑物的承重负荷，终于在目前已投产的中国绍兴黄酒集团公司年产 2 万吨黄酒的机械化车间里，采用了上海七〇四研究所的这一套先进设备（湿米输送设备），从整个设备的运行效果来看，工艺上符合要求，为以后的生产发展提供了宝贵的经验。

2. 温控浸米

传统工艺酿造黄酒浸米时间一般在 16～18d，其目的除了让大米吸水膨胀便于蒸煮外，还要使乳酸菌发酵产生促进酵母繁殖的物质。酸浆的产生主要利用大米中少部分淀粉溶解在水中经大米固有的淀粉酶作用产生少量糖分，再经乳酸菌发酵，同时大米本身及微生物所含的蛋白质分解酶，与在水溶液中不断反应，使浆水中的蛋白质分解成氨基酸，从而如此不断积累形成的。浆水对黄酒酿造的作用主要是饭的酸度能调节发酵醪的酸度，有利于酵母繁殖，促进酒精迅速增长，同时也是形成黄酒独特风味的一个因素。新工艺为了保持传统工艺浸米的目的，采用蒸汽保温浸渍，克服了传统工艺冬天靠自然温度长时间浸米的问题，缩短了酸浆形成的时间，在室温 20～25℃、水温 20～23℃的保温条件下，浸米 48～96h（即 2～4d）基本上能达到传统浸米要求。其浸米时间的长短主要决定于米质的软硬，以米粒完整，用手指碾浸好的米粒会成粉状为好。在浸米时应先调节好浸米水温度再浸米，千万不能边浸米边调水温，以免米粒被蒸汽煮熟，同时在浸米后 12h 后应用压缩空气将大米疏松一下，使其吸水均匀。

3. 蒸饭与冷却

蒸饭的要求与传统工艺一样以米饭颗粒分明、外硬内软、内无白心、疏松不糊、熟而不烂、均匀一致为宜。蒸饭设备一般均采用卧式蒸饭机，因卧式蒸饭机有喷水、翻拌等装置，对各种原料的适用性较好且方框链传动可靠，对饭的质量容易控制。饭蒸熟后，需进行冷却。新工艺冷却有水冷和风冷两种。水冷法冷却速度较快且较为容易，使饭粒表面的淀粉被水淋掉，淀粉及微量营养成分损耗较多，非名酒企业尚使用此法，但对于名酒生产企业来讲，对米饭中营养成分及淀粉含量要求较高，一般均采用风冷以减少不必要的损耗，应注意的是风冷后的饭易变硬，在落罐前要充分搅碎，使之不产生饭块，并且与曲、水、酒母混合要均匀一致，通过对冷却后的饭温和配料水温度的合理调节，一般落罐温度应控制在24～26℃。

4. 纯种麦曲，酒母的制作

新工艺黄酒用曲，采用传统块曲与纯种麦曲混合使用作为糖化剂，也有添加麸曲和成品糖化酶的，这比自然培养的麦曲具有酶活性高、用曲量少、糖化力强等优点。酒母采用速酿酒母，以确保糖化和发酵的双边进行。

5. 前（主）发酵及自动开耙

前发酵开耙问题是新工艺黄酒生产的关键所在，将直接影响黄酒发酵酿造质量，继续采用人工开耙是不可能的，必须设法使醪液自己翻动来代替人工开耙，才能保证大罐发酵的正常。前发酵作为主发酵阶段必须达到两个目的，完成半成品制作任务，黄酒经4～6d的前发酵后酒精度应达到14%（体积分数）以上，总酸在0.4g/100mL以下，才能算发酵正常。

6. 输醪后的控制

前酵结束后，黄酒发酵醪通过输液管经压缩空气加压后输送到后酵罐中，进入发酵成熟期。在输醪前洗清洗压料管道，对前酵醪液用空气搅拌以免管道堵塞；检查压料盖情况，其压力表、安全阀必须处于正常状态，夹头等构件必须完整牢固；后酵罐进料阀门是否打开，出料阀门是否关好，以防漏醪；加压输送的压力以不超过0.2MPa为宜，压料完毕，前酵罐必须排掉罐内压缩空气，使罐内气压和大气压平衡，方可开启罐盖，严禁带气开罐；皮管和中间缓冲截料器，每次用毕要清洗干净，对粘住的残糟也要进行清除，若前酵醪出现酸败，压罐后的设备要进行冲洗并用甲醛法彻底消毒。进入后发酵阶段，应保持低温，一般品温应控制在10～15℃，后酵时间在25d左右，前15d每天至少要搅拌开耙一次，通入一定的新鲜空气，保持酵母的活力，使酒体逐渐丰满谐调，后10d应静置，以利于压榨。20世纪80年代到90年代中期，各大酒厂在后发酵期间主要以调节室内温度来控制发酵。后酵品温的控制以室温为主，从而达到调节罐温和品温之目的。室内调温电能消耗大，成本较高。目前新设计的2万吨机械化黄酒生产后酵罐全部改造成露天罐工艺，实行单罐冷却，大大降低了能耗，充分保证了后酵温度，成为黄酒技改的又一个重大举措。

后发酵的目的与传统工艺相同，主要是充分利用残余淀粉和糖分继续缓慢地进行糖化发酵，提高酒精浓度，谐调酒体。新工艺黄酒酿造通过纯种和自然复合菌种混合作用而成，多种微生物和酶通过一系列的化学变化，产生各种醇、醛、酸、酯等物质，从而使酒体逐渐达到色、香、味俱佳的目的。后酵结束即是成品酒的前体，要求酒精度达到16%（体积分数）以上，总酸控制在0.45g/100mL以下，糖分根据酒种的不同而采用不同的控制。感官目测后酵成熟的标志是上部酒液清澈、酒醅沉静，后酵罐口具有黄酒特有的醇香且香味浓郁。同时采用纯种麦曲、酒母发酵较快、较完全，因此后酵时间比传统工艺要缩短约一半时间。从设计角度看，后酵罐的数量一般控制在30d贮存所需的罐数，经过一个月左右时间就须压榨，一个月之内的具体时间则应根据气温变化情况、醪液成熟与否等条件灵活控制。

7. 压榨、澄清、过滤

压榨工序基本与老工艺相同，采用往复泵输液板框式气膜压滤机压榨，达到酒糟分离的目的。但板框式压滤机采用间歇操作，如装框、出糟和拆洗等仍须手工进行操作，劳动强度仍很大，使用动力多、经常会出现漏气现象、耗电量大、生产成本偏高、占用场地大等缺点还有待于进一步研究后加以改进。

榨出来的酒液需经过澄清，再次过滤后才能进行杀菌包装。半成品带糟通过压滤机可以说基本上就是成品了，只剩下灭菌灌装这道工序，因此澄清罐、二次过滤机和清酒罐多采用不锈钢材质，以避免其他材料对酒体风味的影响。澄清罐一般成锥底柱体形，锥顶作为澄清后沉积物（酒脚）的出口，在锥体合适的部位装上清酒输料口。从输料口出来的酒经棉滤机再次过滤后，便可打入清酒罐，利用清酒罐自身高度流入煎酒器，采用不锈钢薄板式热交换器进行煎酒灭菌，灌装成品。煎酒灭菌灌装与传统工艺相同，确切地说，传统工艺也已采用新工艺的煎酒灭菌装置。

第二节 新工艺主要设备的维护和使用

黄酒新工艺，是以传统工艺为基础进行适当的菌种改良，最有代表性的是使用了机械设备。与其称黄酒新工艺还不如用黄酒机械化新工艺更为确切，因此，了解黄酒机械化工艺中的设备结构与原理、熟悉设备的操作要领、懂得设备的维护保养对黄酒酿造的技术工人来说更为重要。

一、米处理设备

黄酒生产工厂所用的原料有大米、玉米、黍米、小麦等，各种原料在投料前必须经过处理，例如大米的精白、筛选，玉米的去胚，黍米的破皮，小麦的粉碎等。而原料、半成品、成品在各工序之间的输送就必须用到输送设备。

1. 精米机

米的精白是把米的皮层剥去，剥皮有三个方法：①摩擦去除；②削去；③冲击除去。摩擦去除的方法适合于皮柔软的米，饭米用的横型精米机应用此法。为了得到精米率90%以上的精白米，因米料的内部组织以外皮部硬，必须利用削去的方法，在日本酿造清酒使用竖型精米机（酿造用精米机）。

（1）酿造用精米机的构造　精米条件和米粒形状见表3-1。

表 3 -1　精米条件和米粒形状

	金刚滚回转速度	压力大小	米粒形状	精米状态
球状精白	大	小	变圆	除胚
棒状精白	中	中	变细长	去沟
扁平精白	小	大	变扁平	去沟

精米机的构造如图 3 -2 所示。米从上部的罐 2 落到下部的精白室 4。在精白室内有回转的金刚砂烧固的金刚滚 5，米被金刚砂的锐边缘削去外层，同时米受高速回转的金刚滚冲击，将胚脱落（冲击作用），经精白的米从出口处 6 排至外部。精白室的出口处装有压砣 7 的压力板，调节压力的大小，可控制米在精白室的充满程度。离开精白室的米通过筛子 8 分离去糠，再用斗式升降机 1 又一次送入米罐，反复地进行米的精白，直至达到所要求的精米率为止。

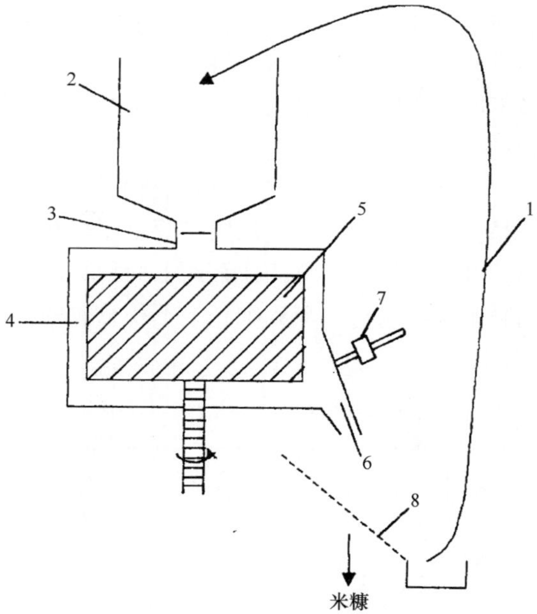

图 3 -2　酿造用精米机示意图

1—斗式升降机　2—米罐　3—调节阀　4—精白室　5—金刚滚　6—排出口　7—压砣　8—筛子

（2）酿造用精米机的特点　精米机利用硬度高的金刚砂锐边缘把米的外层削去，因此它对硬米、脆米都可以精白。还有一特点是利用调节金刚滚的回转速度和压砣的压力大小，得到任意的白米料如图 3 -2 所示，利用回转速度和压力大小的不同组合，使白米的料形变化、除胚或者去沟可以任意进行。

精白米因受机器摩擦而产生温度，一般要在隔天使用。米精白结束，立即装入袋，防止急冷干燥而发生爆腰（破裂）。

目前，我国黄酒界对米的精白认识远远不如邻国日本。因糙米的灰分、糠层、脂肪、蛋白质随原料直接进入蒸煮和发酵过程中，对黄酒的质量产生不可低估的影响，所以新工艺黄酒生产设备的设计和选型中应严格考虑米的精白。

（3）维护注意要点　因为精米机大多为进口的设备，国产的精米机目前有与日本合资生产的产品，其质量也不错。使用维护要注意三个方面：一是使用前后一定要进行清理，使设备的内外保持洁净；二是要熟悉控制按钮，按启动顺序操作，并检查设备的运行情况；三是最为重要的，就是要注意精米机砂辊的磨损程度，及时更换。

2. 筛选机

生产用的原料常含有各种杂质，如泥土、砂石、草籽、杂谷、金属等，必须先用筛子清除。生产过程又往往需将粒度不同的物料加以分级，这也要用筛子来完成。这两方面的操作都可称为筛选。筛选操作就是将物料从筛的一端加入，并使其向筛的另一端移动，从而使尺寸小于筛孔的物料穿过筛孔落下，成为筛下物；尺寸大于筛孔的物料则经过筛面从筛的另一端被引出。

筛选机械有多种不同的构造，发酵工厂中较常用的是振动筛。各种振动筛的结构、规格和型号参见第二章。

生产用的原料（如大米、黍米、小麦）粗选机是由筛选与风选两部分机构组成的，其筛选部分是一个三级振动筛。三层筛倾斜安装并固定在一个整体筛架上，由偏心连杆机构使其往复振动，从而使筛面上的物料以一实际速度向排料端移动，小于筛孔的物料则依次通过由粗到细、上下相重叠的三层筛。原大米经筛选的情况如图 3－3 所示。

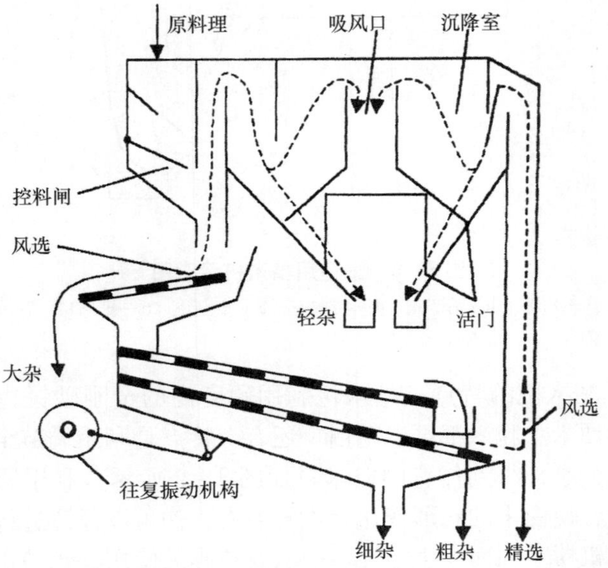

图 3－3　振动筛

振动筛是一种平面筛，常用筛子有两种：一种是由金属丝（或其他丝线）编织而成的；另一种是冲孔的金属板。筛孔的形状有圆形、正方形、长方形等。原料粗选机用的是长方形的冲孔筛板。筛板开孔率一般为 50% ~60% ，开孔率越大，筛选效率越高，但开孔率过大会影响筛子的强度。目前使用的筛选机，筛宽为 500 ~1600mm，振幅通常取 4 ~6mm，频率可在 200 ~650 次/min 选取。

黄酒厂建议采用振动筛，而大米、黍米的颗粒大小一般不会有过大的区别，因此其筛孔往往是固定的，不需要经常更换。平面振动筛工作时的筛选质量和筛选效果的直观性也较好。

设备维护要点：开机前首先要检查筛子孔的清洁状况，不能有绳、草等杂质堵塞筛孔；其次要观察设备的运行情况是否正常；第三要注意对设备的卫生保养，因为筛选机的环境粉尘较多，每班生产后均应清理保养。

3. 锤式粉碎机

锤式粉碎机广泛用于各种中等硬度的物料，如曲块、糟板、玉米中的中碎与细碎作业，尤其适用于脆性物料。它的构造如图 3 – 4 所示。在机壳内镶有锯齿形冲击板。主轴上有钢质圆盘（或方盘），盘上装有许多可拆换的锤刀。锤刀可以自由摆动。当圆盘随主轴高速（一般为 800 ~2500r/min）旋转时，锤刀借离心力的作用而张开，并将物料击碎，如遇到过硬物块，则可以摆动让开，而不致损坏机器。

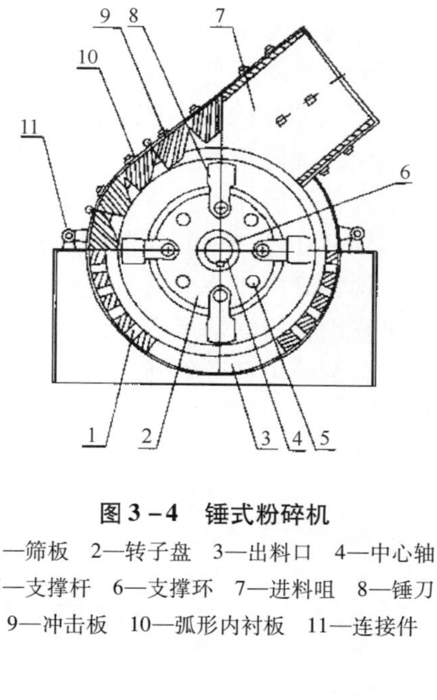

图 3 –4　锤式粉碎机

1—筛板　2—转子盘　3—出料口　4—中心轴　5—支撑杆　6—支撑环　7—进料咀　8—锤刀　9—冲击板　10—弧形内衬板　11—连接件

物料从上方料斗加入，在悬空状态下被锤刀的冲击力击碎。然后物料被抛至冲击板上，再次被击碎。此外物料在机内还受到挤压和研磨。被粉碎的物料通过机壳上的格栅网孔出料口排出。筛网有不同的规格，它对产品的颗粒大小及粉碎机的生产能力有很大的影响，如酒厂锤式粉碎机筛孔直径，一般为 1. 5mm，中心距为 2. 5 ~3. 5mm。为避免物料堵塞筛孔，物料含水量不应超过 15% 。锤刀与筛网的径向间隙是可以调节的，一般为 5 ~10mm。用来粉碎黄酒酒糟板，则孔径应视轧糟后糟粒大小而定。因为糟板黏性较大，所以一般在粉碎时掺入 3% ~5% 的谷皮或大糠。如果糟板粉碎后还要蒸馏白酒，则筛孔的直径以 2 ~3cm 为宜。

常用的锤刀有矩形、带角矩形和斧形，如图3 – 5 所示。矩形锤刀的尺寸通

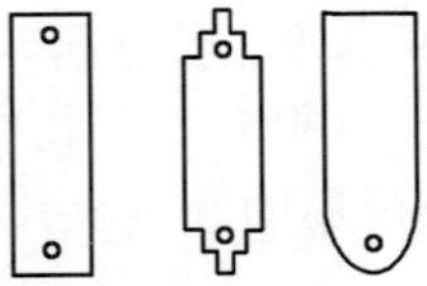

图 3-5　锤刀形状

常为 40 ×（125 ~ 180）×（6 ~ 7）mm。锤刀末端的圆周速度一般为 25 ~ 55m/s。速度越快，产品颗粒就越小。锤刀头部的打击面通常很快磨损，所以多采用高碳钢和锰钢。当锤刀一角被磨损后，可以调换使用。锤刀应严格准确对称安装，保证主轴具有动态平衡的性能，以免产生附加的惯性力从而损伤机器。

锤式粉碎机的优点是构造简单、紧凑、能粉碎各种不同性质的物料，粉碎度大，生产能力高，运转可靠。其缺点是机械磨损比较大，粉尘多。

二、小麦粉碎设备——辊式粉碎机

辊式粉碎机广泛用于粒状物料的中碎及细碎，为减少粉碎时的粉尘，现在一些企业也将粉碎麦曲的锤式粉碎机改为辊式粉碎机。黄酒厂粉碎小麦大多是用两辊式粉碎机，另外还有四辊式、五辊式和六辊式等。

（1）两辊式粉碎机　该机由两个直径相同、以相对方向转动的圆柱形辊筒组成。辊筒的圆周速度一般为 2.5 ~ 6m/s，速度太大，物料在辊筒面上会跳动，不易被带入辊筒压碎。当两辊速度相同时，辊筒对物料只有挤压作用。若使用时两面三刀辊存在 20% ~ 25% 的转速差，则可同时产生挤压与剪切作用，从而增加粉碎度。两辊筒中，一个是固定的，一个是可移动的，这样可调节辊筒的间隙。另外在可移动辊筒的轴承后方，还装有推力弹簧（图 3-6），当有过硬或大块物料通过时，辊筒可稍微移开，而不致损坏机器。辊筒按其表面状况分为光辊和丝辊两种。

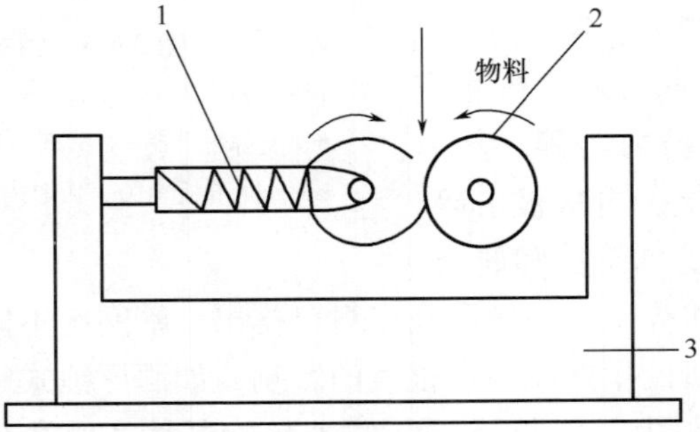

图 3-6　两辊式粉碎机

1—弹簧　2—辊筒　3—机座

（2）四辊式粉碎机　四辊式粉碎机由两对辊筒和一组筛子所组成，如图 3-7 所示。物料经第一对辊筒粉碎后，由筛选装置分离出皮壳并排出，粉粒再进入第二对辊筒粉碎。五辊式、六辊式粉碎机请参阅有关资料，这里不再详述。

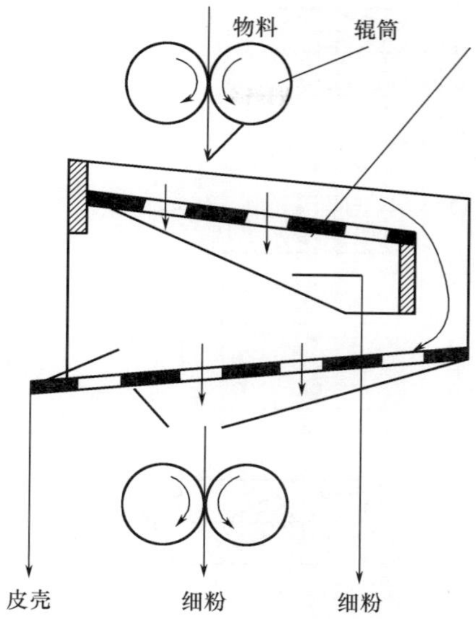

图 3－7　四辊式粉碎机示意图

三、气流输送设备

气流输送在黄酒厂及其他发酵工厂中广泛用于输送小麦、大米、麦芽及地瓜干等松散物料，它是借助强烈的空气流沿管道流动，把悬浮在气流中的物料送至所需的地方。

气流输送的优点为设备简单、占地面积小、费用低，输送能力和输送距离的可调性大，且管理简便和易于实现自动化。它的主要缺点是动力消耗比较大，不适于输送潮湿的和黏滞的物料。

（一）气流输送原理

1. 颗粒在垂直管中的悬浮

当一个小颗粒在静止气流中降落时，颗粒受到重力、浮力和阻力的作用。如果重力大于浮力，颗粒就受到一个向下的合力（它等于重力与浮力之差）的作用而加速降落。随着降落速度的增加，颗粒与空气的摩擦阻力相应增大，当阻力增大到等于重力与浮力之差时，颗粒所受的合力为零，因而加速度为零，此后颗粒即以加速度为零时的瞬时速度匀速降落，这时颗粒的降落速度称为自由沉降速度（μ_t）。

若气流具有向上速度 μ，而 $\mu=\mu_t$，则颗粒在气流中静止，这时的气流速度称为颗粒的悬浮速度，它在数值上等于 μ_t。若 $\mu>\mu_t$，颗粒就会被气流带动而实现气流输送，这就是在垂直管中，气流输送粒状物料的流体力学条件。

2. 颗粒在水平管中的悬浮

颗粒在水平管中的悬浮较为复杂，一般认为是下列几种力作用的结果（图 3－8）。

（1）气流为湍流时在垂直方向上的分速度所产生的力。

（2）沿管截面的气速分布呈抛物线形，即管中心气速最大，越靠近管壁气速越低，由于这个速度差而引起的静压差所产生的作用力。

（3）在管中心线下侧的颗粒，由于自身的旋转运动，使颗粒上方的气流局部加速，颗粒下方的气流局部减速，即在颗粒上下方之间有一个气流速度差，相应产生一个压强差，该压强差形成的作用力方向自管底指向中心。这种作用也称

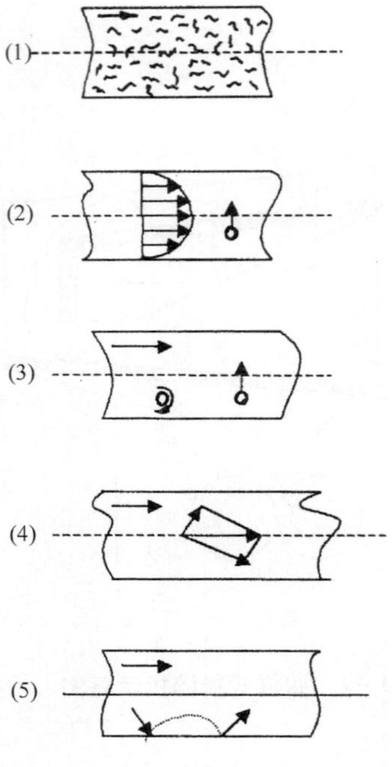

图 3-8 水平管中颗粒的悬浮作用

麦格纽斯效应（Magnus effect）。

（4）由于颗粒形态不规则而产生的气流推力的垂直分力。

（5）颗粒与颗粒碰撞或颗粒与管壁碰撞而产生的垂直方向的反作用力。

上述五种力的作用，仅表示水平管颗粒悬浮受力的可能性，并不表示作用力的同时性。它们的作用与时间的关系，还是个未知函数。

3. 颗粒在管中的运动状态

气流输送中，颗粒在管道中的运动状态与气流速度有直接关系。

在垂直管道中，气流速度达到粒子的悬浮速度时，颗粒在气流中呈流态化状态，自由悬浮在气流中；气速超过悬浮速度时，进行气流输送，颗粒基本上是均匀分布于气流中的。

当气流速度很大时，颗粒全部悬浮，均匀分布于气流中，呈现所谓悬浮流状态。

当气流速度降低时，一部分颗粒沉积于管下部，但没有降落在管壁上，整个管截面上出现上部颗粒稀薄、下部颗粒密集的所谓两相流动状态。这种状态即为悬浮输送的极限状态。

当气速进一步降低，颗粒便从气流中分离出来沉于管底，沿管底滑动并产生堆积。上部悬浮颗粒越来越少，大部分颗粒堆积底部，形成“小砂丘”向前推移，产生所谓“团块流”。

由上述分析看出，要得到完全悬浮的气流输送，必须有足够的气流速度，以保证气流输送的正常进行。但是，过大的气速也是没有必要的，因为这将造成很大的输送阻力和较大的磨损。

（二）气流输送系统的组成设备

1. 进料装置

（1）吸嘴　吸嘴是用于真空系统的进料装置，种类很多，常用的有下列几种。

①单管形吸嘴：输料管口就是单管形吸嘴，空气和物料同时从管口吸入。由于结构简单，应用较多。其缺点是当管口外侧被大量物料堆积封堵时，空气不能进入管道而使操作中断。

②带二次空气进口的单管形吸嘴：这种吸嘴如图 3-9 所示，它对上述单管

形吸嘴的缺点有所改善，但效果有限。

③喇叭形双筒吸嘴：这种吸嘴由内筒和外筒组成。内筒用来吸取物料，其直径与输料管直径相同，吸料口做成喇叭形。外筒与内筒间的环隙是二次空气通道。外筒可上下调节，以获得最佳操作位置。环隙面积与吸入口面积之比 a 的最佳值是：$a=(D_2-d_2)/d_e^2=0.2\sim0.8$。内外筒口的高度差 S 一般在 $S=0$ 附近为宜，a 取低值时，$S=\pm0.5d_e$ 左右为好。喇叭口开度 $\theta=14°\sim20°$ 为宜。吸嘴长度一般不超过900mm。

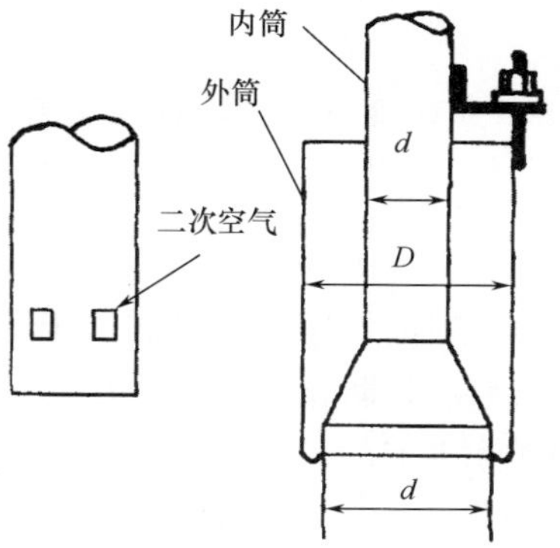

图 3-9 单筒和双筒喇叭形吸嘴

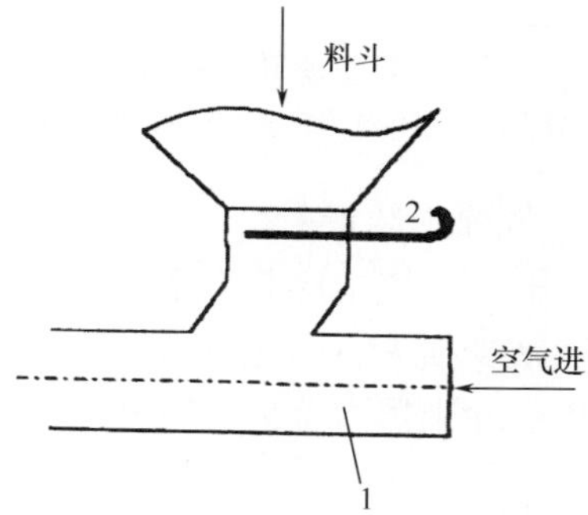

图 3-10 固定形吸嘴

1—输料管 2—滑板

④固定形吸嘴：这种吸嘴如图 3-10 所示，物料通过料斗被吸至输料管中，由滑板调节进料量。空气进口应装有铁丝网，防止异物吸入。

（2）旋转加料器（参见第二章） 旋转加料器也称旋转阀，可在压送式系统中加料用，或在吸送式系统中作卸料用。

旋转加料器结构如图 3-11 所示，外壳内有一旋转叶轮，叶轮由 6～8 片叶组成，由电动机带动旋转。在低转速时，转速与排料量成正比，当达到最大排料量后，如继续提高转速，排料量反而降低（图 3-12）。这是因为转速太快时，物料不能充分落入格里；已落入的又可能被甩出来。通常圆周速度在0.3～0.6m/s 较合适。

叶轮与外壳之间的间隙为0.2～0.5mm，间隙越小，气密性越好，但相应的加工精度也就越高，从而增加制造费用。也可在叶片端部装聚四氟乙烯或橡胶板，以提高其气密性。

2. 物料分离装置

物料沿输料管被送达目的地后，必须有一个装置（分离器）将物料从气流中分离出来，然后卸出。常用的分离器有两种：旋风分离器和沉降器（重力分离器）。

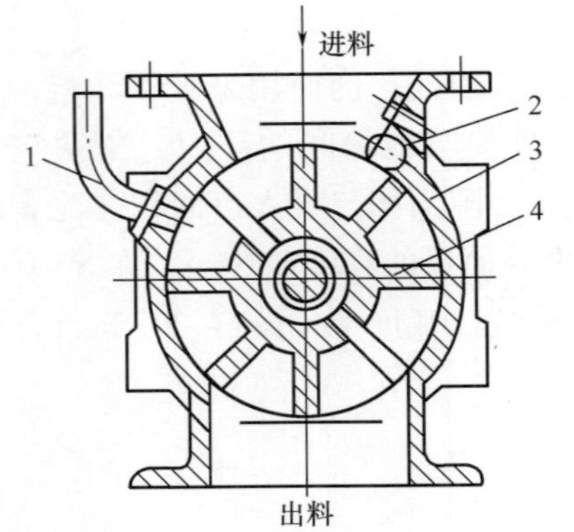

图 3－11 旋转加料器

1—均压管 2—间距调节装置 3—外壳 4—叶轮

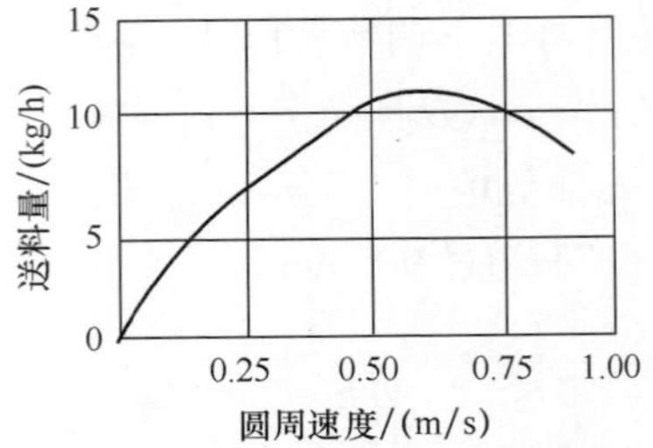

图 3－12 圆周速度与供料量关系

3. 空气除尘装置

气流输送系统中应装有空气除尘器。空气除尘器的作用是：可进一步回收粉状物料，减少损失；净化排放的空气，以免污染环境；防止尘粒损坏真空泵。

常用的除尘器有旋风分离器、袋滤器和湿式除尘器。

四、输送机械

输送机械详见第一章，这里主要了解带速与所输物料的关系。

（一）带式输送参数

在带式输送设备中，带的运行速度对输送量有很大影响，对不同物料应选用不同带速。

当输送整件物品时，为起卸方便，往往用较低的带速，为 0.5～1.5m/s，甚至更小一些。

当连续输送散料时，速度过小，输送能力很小；速度太快，输送带会产生振动，物料容易从带上掉下。表 3－2 给出水平输送时的经验数据，以供参考。选择表中所列数据时，窄带取小值，宽带取大值。用挡板卸料时，带速不应超过 1.5m/s。

表 3－2 带式输送中物料种类与带速经验数据

物料名称	带速/（m/s）
小麦、玉米、大米	2.5～4.5
稻谷、高粱、小米、大麦	2.0～3.5
麸皮、米糠	1.5～2.0
石粉、灰尘、谷壳	0.8～1.2
包装面粉、包装谷物	0.75～1.5

（二）气力输送

气力输送机移动灵活，装配快捷方便，经简单组合后就可用于单独吸送、压送或吸、压混合输送，只需将输送管道按需布置后就可以水平、垂直、倾斜等全方位输送诸如小麦、大米、玉米、大豆、大麦芽等颗粒状物料。特别适用于大型粮库的补仓、出仓、翻仓、倒垛以及粮食加工和酒类酿造等行业在生产工艺中的散装、散运等机械化作业。

气力输送的优点如下。

①物料的输送是在管道中进行的，从而减少了输送场所粉尘污染，使食品卫生和工作环境的卫生都得到改善，同时也降低了物料输送过程中的损耗。

②输送装置结构简单，中途输送仅是些管道，无回程系统、无二次污染，管理方便，易于实现自动化操作。

③输送路线容易选择，布置灵活，可合理地利用空间位置，减少占地面积。

④输送生产率高，可降低物料的装卸成本。

⑤在输送过程中可以同生产工艺结合起来，进行干燥、冷却、分选及混合等操作。

气力输送的缺点如下。

① 动力消耗较大。

②管道以及与物料接触的构件易于磨损。

③对输送物料有一定限制，不宜输送易于成块黏结和易破碎的物料。

在常规的动压气力输送装置中，其动力消耗较大及工作构件磨损较快的主要原因在于单位空气流中所含的物料量较少，而输送气流速度却很快（10 ~ 30m/s）。另外，对易碎的物料也难以输送。

气力输送分类：在食品工厂中，目前广泛采用的是使散体物料呈悬浮状态的输送方式或称动态输送。对于这种形式，按其工作原理可分为吸送式、压送式、混合式和循环式。

1. 气力输送原理

一些企业在大米与小麦的输送选择中，也有选择风力或气力输送装置的，在这里也简要地做一下介绍。

采用较高的气流速度和较低的固气比，输送距离可达数百米。输送气体常采用空气或氮气，动力一般由罗茨风机提供，物料在管道中呈悬浮状态。输送方式分为压送（正压）式和吸送（负压）式。压送式输送主要特点为输送量大，输送距离长，操作稳定。吸送式输送主要特点为可从低处（或散装处）、多点向高处、一点输送。压送和吸送可进行组合，以满足特殊输送要求，适用于多点供料、单点出料的输送方式。物料输送速度高于悬浮速度，适合输送粉末物料。一般采用负压输送方式。

气力输送系统设备主要有风机、压缩机、旋转加料器、卸料器、关风器、换向阀、滑板阀、旋风分离器、气流滤尘系统和仪表等，如图 3－13 所示。风机是吸粮机的关键部件，风机的设计、选择直接影响到吸粮机的性能。目前，风机的选用主要是涡流风机和罗茨风机两种。涡流风机的特性是低风压高风量，在大米的输送过程中，风速较高，大米对管壁的撞击力较大，由此产生的问题是大米的破损率较高，同时必须增加管道的壁厚和管径。罗茨风机的特性是高压力低风量，在输送作业时，风速较低，米粒或麦粒对管壁的撞击小，输送大米或麦粒的浓度比高，降低了破损率，还可以减小管道的壁厚和管径，减轻操作者的劳动强度。

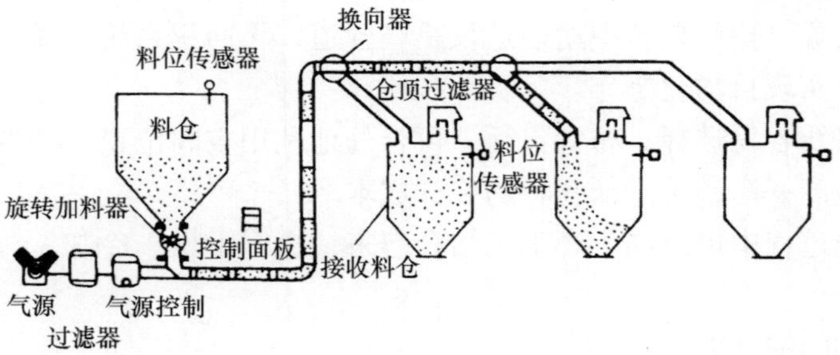

图 3－13 气力输送系统设备组成

2. 规格与选型

QLS30－50 移动式气力输送机是较为理想的多功能移动输送设备，可用于单独吸送、压送及吸压混合输送，通过简单的管道组合，即可水平、垂直、倾斜等全方位输送小麦、稻谷、玉米、大米及各种粒状物料。适用于粮库、粮油加工、酒类酿造等行业散装、散卸、入仓、出仓作业，特别适用于大型粮库的倒仓、补仓、堆高等特殊作业。

技术参数如下。

（1）主机尺寸：2325mm×1310mm×1765mm（长、宽、高）。

（2）质量 900kg。

（3）使用环境：除雨天露天作业时需作防护外，无特殊需要。

（4）最大输送量 30～50t/h。

（5）输送管内径 ϕ166mm。

（6）管内空气流速 25m/s。

（7）最大水平吸距 30m。

（8）最大扬程 28m。

（9）风机：风量 1950m^3/h；风压 28MPa；转数 4100r/min；功率 37kW。

（10）关风器：容积 29L/r；转数 61r/min；摆线减速机型号 XWY3－23－1.5。

五、酿造设备

黄酒酿造的生产工艺一般要经过洗米、浸米、蒸饭、发酵、榨煎、陈化等过程，其间包括洗米浸米设备、蒸煮设备、制曲设备、酒母设备、发酵设备、压榨煎酒设备以及陈化设备等，我们将在下面的章节中做详细的介绍。

（一）洗米浸米设备

在精白米中还附着大量的米糠和尘土，为了将其除去，要进行筛米或洗米，洗到淋出的水无白浊为止，以免影响米的精白度。我国酿造黄酒工艺除了极少数工厂采用洗米机外，一般都是洗米和浸米工序同时进行的。日本制造清酒的过程是先进行洗米后将米浸渍，洗米用自动式洗米机或回转圆筒网式洗米机，有的厂还使用特殊泵（如固体泵），兼有洗米和输送米的作用。

传统法的浸米设备大都用缸或坛，绍兴瓦缸每缸可浸米300kg左右。但目前不少厂已改用浸米池、浸米罐，这样既可节省场地和降低劳动强度，又可提高劳动生产率。

新工艺黄酒生产，大多在厂房最高设置浸米罐，用真空负压提升大米，或用弹簧泵输送入浸米罐，采用保温浸米。也有的厂因为厂房的基建条件差，将浸米罐放在底层，这样就需将浸渍后的大米用斗式提升机输送至蒸饭机。

浸米罐一般采用敞口短胖形的圆筒、锥底铁罐。浙江省轻工业研究所的试验表明，采用厌氧浸米，能促进乳酸菌的迅速繁殖，提高浸渍后米的酸度，有利于黄酒酿造。因此，应设计小口密闭的罐型，或上口可开启式的罐型。

浸米罐上部为圆柱形，下部为圆锥形的铁制或钢制容器，其主要由溢流口、筛网、出米口及排水口等部分组成，如图3－14所示。先在浸米罐中放好水，然后由气流输送设备将大米送入浸米罐中。用压缩空气对所浸大米进行较大气力的搅拌翻动，最终使米粒均匀分布于罐内。罐的锥底装设了沥水用的筛网5，以便排水时阻止米粒的排出。锥底侧面设出米口3，打开排料阀，浸渍大米就自行滑下排出一部分，剩余的大米要人工耙出。罐上部侧面装设溢流口2，以作大米漂洗除杂排水之用。

目前，最新设备是会稽山绍兴酒股份有限公司年产4万吨黄酒机械化车间中所采用的小锥角、自卸米式的浸米罐，提高了劳动生产率，改善了工人的操作环境，也保证了生产过程中原料的卫生与洁净。

（二）蒸煮设备

现阶段蒸煮设备正处于不断开发改进的过程中。除传统的蒸桶以外，新的工艺和新的设备正在不断出现并相互促进。例如连续式蒸饭机不仅有卧式、立式，还有卧式加压连续蒸煮的、立卧式结合加压连续蒸煮的，也有立式加压间歇蒸煮的。对于原料米，蒸煮设备有蒸煮整粒米的，也有浸渍后先磨碎成粉然后蒸煮液化的。

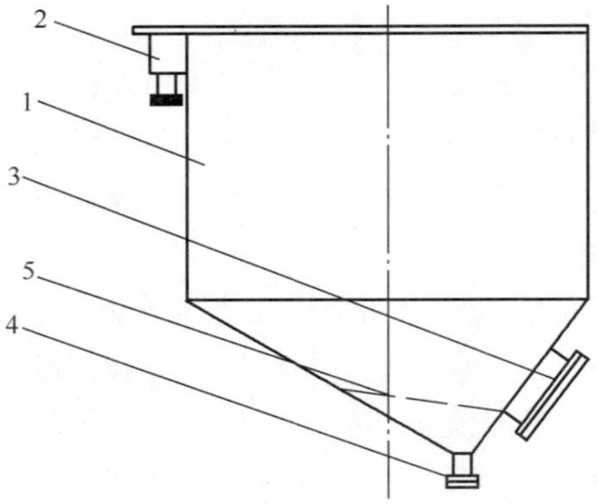

图 3-14 浸米罐结构示意图

1—筒体 2—溢流口 3—出米口 4—排水口 5—筛网

1. 卧式（横式或称网带式）蒸饭机

为了降低劳动强度和提高生产效率，随着黄酒生产工艺的发展和提高，各个工序单元的机械设备不断被进行改进和完善，1966 年原轻工业部发酵所在无锡酒厂试点，推广使用卧式（或称横式或网带式）连续蒸饭机，现在卧式蒸饭机已在黄酒生产中不断得到完善，目前蒸饭机和冷饭机相连已成为黄酒生产的必用设备。

（1）设备构造 如图 3-15 所示，主要由蒸饭机和冷饭机两部分组成。

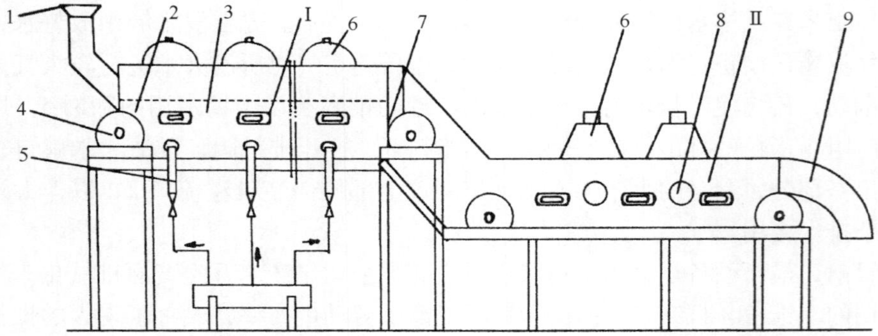

图 3-15 卧式连续蒸饭机示意图

Ⅰ—蒸饭机 Ⅱ—冷饭机

1—进料口 2—米层 3—不锈钢网带 4—鼓轮 5—蒸汽管

6—排汽筒 7—米层调节阀 8—鼓风口 9—出料口

蒸饭机：它主要由接米口、鼓轮、不锈钢网带、蒸汽管、排气筒等部分组成。

①进料口 1：主要是用来贮米接米，与筒体成一定的角度。

②鼓轮 4：鼓轮由电动机带动，从而带动不锈钢网带的移动。

③不锈钢网带 3：主要是使米层随着不锈钢网带的移动及蒸汽的加热变成米饭，在蒸饭过程中必须注意不锈钢网带走向，严防左右窜动，若有走偏应及时调节，允许偏差范围为 5mm。

④蒸汽管 5：把蒸汽从汽包中引入蒸饭机。

⑤排汽筒 6：主要是把米层上的余热废汽排出室外。

（2）冷饭设备　目前冷饭设备有两种：一是风冷式，二是水冷式。风冷一般采用鼓风机排冷，水冷则采用喷水淋冷。如遇气温高时还要采用投料降温，保证落罐温度的措施应采用冷媒的板式换热器。冷饭机主要由冷风装置（或喷水装置）、鼓轮、不锈钢网带、出料口等部分组成，如图 3－15 所示。

（3）使用操作工艺　卧式蒸饭机的操作是将浸渍的白米，经水冲洗淋干后（也有采用只沥干浸米水，不用清水冲洗的带浆蒸饭工艺）。从进料口 1 的一端进入蒸饭机，通过米层高度的调节板 7 控制米层的厚度为 20～40cm，大都为 25cm 左右。由于不锈钢网带的缓慢向前方移引，各蒸汽室输出的蒸汽将网带上的米蒸熟成米饭，网带移引的时间为 20～33min，大都在此 25min 左右。熟饭经过蒸饭机后进入冷饭机，在冷饭机中由鼓风机排冷，经出料口 9 排出，再依次加曲，加酒母输送前酵罐发酵。为了便于达到米饭的膨化要求和控制米饭的软硬程度，一般在蒸饭机的近中部处设有喷淋热水和搅拌装置，以便在蒸非糯米的原料时，因途中追加热水喷淋，并进行搅拌翻动，有利于促使饭粒再次膨胀。蒸饭机前部米层上的余热废汽经排汽筒 6 排空放至室外。风冷管送入空气和蒸饭机尾部余热废汽经尾部的排气筒排空，也放至室外。

（4）卧式连续蒸饭机的优缺点　卧式蒸饭机糯米和粳米都可以用于蒸煮且蒸煮效果较好，而立式蒸饭机不能蒸糯米。但卧式蒸饭机存在结构复杂、造价较贵、蒸汽和电能消耗都较大、机件和输送不锈钢网带容易损坏以及操作较麻烦等缺点。由于不锈钢网带加工制作较为困难，浙江台州地区为提高早籼米蒸饭质量，增加网带上蒸汽的有效孔率，改善网带非孔眼部位积液引起的底层烂饭，一度改用尼龙网带代替，虽使用期较短，但制作过程中替换方便。

（5）卧式蒸饭机的操作要点

①开车前必须检查各传动部件是否完好，减速机油位是否正常，如油位不足需加 20#机油，米斗滑轮与槽钢导轨接触处应加润滑脂，并检查各辅助工具是否备齐。

②开蒸饭机时，应先合上空气开关，接通电源，按下调速电机按钮，然后慢慢调节高速开关，使高速指针在 200r/min 以内，使钢带走动 1～5min，无逃边（钢带无明显走偏）等不良因素方可投入正常生产。此时要求严格控制电机转速，最高不得超过 900r/min。

③在蒸饭机运行中，必须定人定岗注意钢带走向，严防左右跑偏，若有走偏及时调节，允许偏差范围5mm。钢带边如有裂缝应及时请机修工焊接。

④定期清除蒸饭机气室内污物，定时排除汽室蒸汽积水，及时清除米斗坑积水并搞好蒸饭机的卫生，避免杂菌污染后给第二次蒸饭带来异味。

2. 立式蒸饭机

为了解决卧式连续蒸饭机存在的缺陷，在1978年无锡轻工业学院（现江南大学）参照日本资料，在上海试制了一台米的容量约定450kg的单汽室立式连续蒸饭机，从此开创了采用立式连续蒸饭机的新途径。

（1）单汽室立式连续蒸饭机　单汽室立式连续蒸饭机对蒸煮糯米效果很好。通过实践证明，它比卧式连续蒸饭机有更多的优点，如结构简单、制作容易、造价低、能源消耗低以及操作简便等。

①构造：设备的构造及其特性如图3－16和表3－3所示。设备主要由筒体和出料器组成，具体结构放在操作中一起说明。

表3－3　设备的特性（以某厂为例）

名称	高度与直径	米容量	蒸米量	加热方式	材料
立式连续蒸饭机	圆筒直径750mm，锥体底部直径约400mm；筒体总高度（圆柱加圆锥）=1300+500=1800mm	约450kg	糯米约定2000kg/h；粳米为1000～1400kg/h	蒸汽从夹层的蒸汽孔眼进入筒体内，蒸汽孔眼为ϕ2mm × 350个均匀分布	一般用2～3mm不锈钢板，也可用4～5mm铝板

②设计要求：防止米饭的黏壁，筒体部分必须选用光滑的或涂上耐高温的树脂的材料，尤其是夹层的蒸汽孔眼，要求加工平滑。

生产能力同设备的容量和蒸煮时间有关，而各种米的蒸煮时间是一定的，设计的容量又与筒体的直径和高度有关，因此，若要提高设备的生产能力，可适当增大筒体的直径和高度。据日本的资料介绍，为了使蒸汽在圆筒内的米饭各部分能均匀供给，圆筒的直径不能大于1m，米层的厚度一般为1～1.5m，米层过高必需多处进入蒸汽。

为了便于出料和有效地利用蒸汽，筒体底部要逐渐缩小，形成圆锥体。控制α角度（见图3－17）的大小十分重要，α角度要求大于70°，才能保证米饭按顺序下落。α过小，靠近圆筒周边的米饭流动不畅，影响蒸饭质量，甚至由于中间部分米饭流动过快，发生米不熟的现象。多次试验证明，米饭能否顺序流动是立式连续蒸饭机蒸煮成败的关键。圆锥体部分的D_2/D_1一般为0.5～0.6。

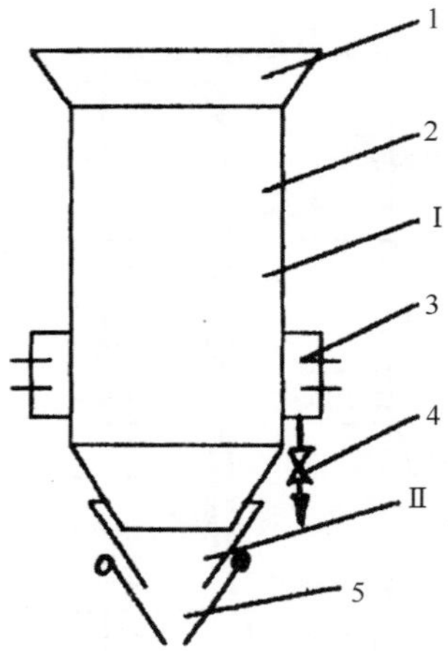

图 3-16　立式连续蒸饭机示意图

Ⅰ—筒体（包括圆柱和圆锥部分）　Ⅱ—出料器
1—料斗　2—温度计　3—夹层（蒸汽加热）
4—放冷凝水阀　5—出料控制门

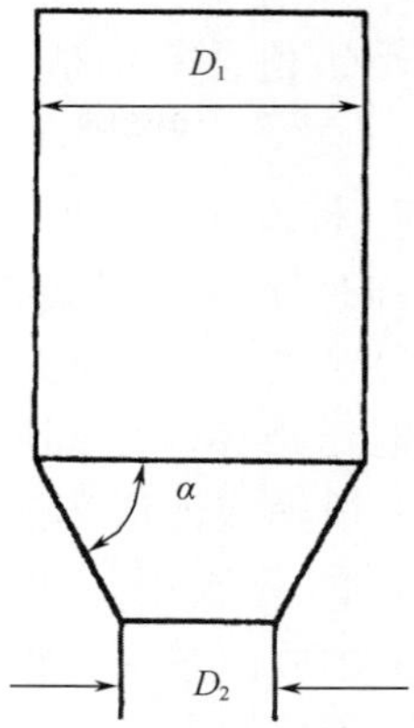

图 3-17　立式连续蒸饭机筒体部分

为了使筒体内的米饭很好地按顺序向下流动和清洗方便，圆筒内应尽量不设置管件。

为了防止靠近圆筒周边长米饭的黏糊，蒸汽进入夹层的蒸汽孔眼前，必须放尽蒸汽中夹带的冷凝水。筒体外部应围上绝热材料。

③操作方法：先关闭出料门，将浸渍好的米，经过沥干浆水或用清水冲洗和淋干后，从立式蒸饭机的料斗中加入，一般将米加到温度计处为止。然后用蒸汽加热，先开阀，放尽冷凝水，送入蒸汽使米加热。待底部出料口冒汽数分钟后，上部米层的温度也达到95℃以上，筒体内部的米已蒸熟，就可开启出料门，同时向料斗加米，由于米饭的重量和周边冷凝水的润滑作用，米饭顺利地自然落下，从出料口排出，开始连续蒸煮。大米不断地从上面均匀加入，米饭从出料口连续输出，筒体内保持一定的米层。最初出来的米饭若有夹生，可返回料斗重新蒸煮。蒸煮过程中，视米饭的质量和温度计的温度变化，及时地调节出料口的大小或蒸汽量，蒸汽压力一般保持在0.08MPa左右。出料口大小调节好后，不宜经常关闭，特别是将出料口关闭或关得过小，底层的米饭受压挤紧，会影响米饭的顺利流动。蒸饭结束后，应将蒸饭机立即洗刷干净。

（2）双汽室立式蒸饭机　单汽室用于蒸煮粳米和籼米效果很差，这是由于它缺乏追加热水促进第二次膨化的条件而且总高度较低，由上而下的流程很短，因而总的加热蒸饭的时间不足，蒸煮后饭粒生硬，米饭的质量不符合黄酒发酵的工艺要求。因此1979年以后，上海和浙江在无锡轻工业学院设计原型的基础上，相继设计了两种双汽室立式连续蒸饭机。

一种是总高度达到 2750 ~ 3800mm，米容量达 1t 的双汽室立式连续蒸饭机，其构造如图3 - 18所示。

另一种是串连两台高度仅 2000mm 的双汽室立式连续蒸饭机，在这两台立式蒸饭机的连接处有的用绞龙输送连接，中间喷加热水；有的用泡饭桶或泡饭车连接，将第一台输出的熟饭用热水迅速浸泡后，立即排放出热水，输送入第二台立式蒸饭机复蒸，达到追加热水促进饭粒第二次膨化的目的。

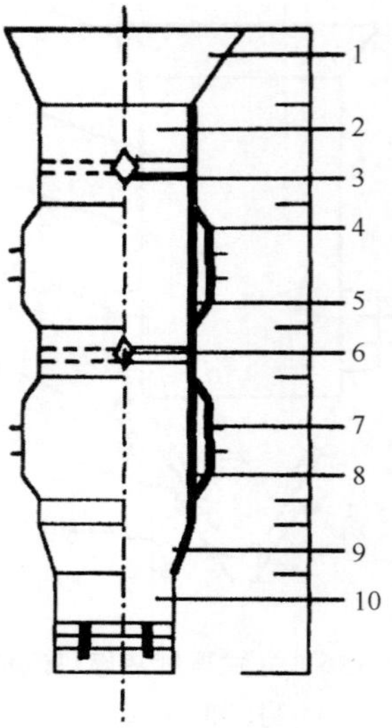

图 3 - 18　双汽室立式蒸饭机剖视图

1—接米口　2—筒体　3、6—菱形预热器　4—汽室　5、8—汽眼　7—下汽室　9—锥形出口　10—出料门

蒸饭速度：正常情况 15 min 即可蒸熟。

工作压力：一般工作压力为 0. 147 ~ 0. 196MPa。

①使用操作工艺：进料前，先关闭出料门，放尽汽室冷凝水，然后将浸渍好的大米，经冲洗沥干后，将米送入接米口，一般加到筒口为止，然后开蒸汽阀，使蒸汽从汽室夹层的汽眼进入筒体穿透米层。若蒸糯米，只开下面汽室和上面菱形预热器；而蒸粳米则开上下汽室及上下菱形预热器，蒸煮 15min 左右，待底部出料口冒气几分钟后，饭已蒸熟，即可开启出料门出饭。同时从加米口继续加米，使筒体内保持一定米层，连续蒸煮，连续出饭。在蒸煮过程中视米饭的质量和蒸汽的产出量变化情况，可及时调节出饭量的大小。正常情况下，保持 0. 147MPa 左右蒸汽压力，蒸出的米饭质量较好，出饭率为 140% 左右。

双汽室立式连续蒸饭机对于米饭的蒸煮过程，大体可分成如下三个阶段。

第一阶段：米从料斗到筒体上部插温度计处，使筒体中部蒸饭的蒸汽向上排放，起余热利用的作用，所以属于预热阶段。

第二阶段：从温度计往下到下汽室最底下一排汽眼为止，是蒸饭的主要加热部分，称为蒸煮阶段。

第三阶段：从下汽室的汽眼以下到锥形出口，是米饭的后熟阶段，这一段为焖饭的过程，对促进米饭膨胀和进一步糊化有一定的作用。

②双汽室立式蒸饭机的主要优点

糯米、粳米均可蒸煮，但以蒸粳米为好，蒸糯米以浸米时间不超过 2 天的为好。蒸饭质量稳定，无生米、烂饭，达到了蒸饭熟而不烂、软而不糊、内无白心的要求。

能源消耗少，蒸汽几乎全部被利用，可以比卧式蒸饭机节约煤耗20%～30%。

无传动装置，可节省动力。

构造简单，材料省，造价低廉。

操作简单，不易损坏，移动方便。

占地面积小，该蒸饭机占地面积$2m^2$，而一台卧式蒸饭机需占地$12m^2$。

一些常年生产粳米酒的企业，也有采用串联二台立式蒸饭机的，以达到将粳米完全蒸熟的目的。上述这些蒸饭的设备，各有其优缺点，也存在一些有待改进提高的地方，需要人们继续不断地探索。

（三）制曲设备

1. 块曲成形设备

（1）概述　块曲的成形又称踏曲（压曲）。其目的是将曲料制成砖形的曲块，便于搬运、堆叠、培菌和贮存。在传统黄酒生产中，块曲的成形是先将一只长106cm、宽74cm、高25cm左右的木框平放在比木框稍大的平板上，先在框内撒上少量麦屑，以防黏结，然后把拌好的曲料倒入框内摊平，有的上面先盖上草席，有的直接用双脚踩实，用脚踩实成块后取掉木框，用刀切成12个方块。此操作劳动强度大，生产效率低，在机械化黄酒生产中采用了麦曲压块机取代人工操作。

（2）麦曲压块机　麦曲压块机是根据麦曲的生产工艺要求，模拟人工踩踏麦曲设计的，其特点是动力小、用人少（只需2～3人）、产量大、效率高，适用于各类麦曲黄酒的制曲生产，其占地面积小、机器维修方便。

①麦曲压块机的结构及工作原理：麦曲压块机的运动主要由机构运动和麦曲的流程所组成，如图3－19所示，机构运动是由电动机带动链轮，再由凸轮连杆机构把链轮的圆周运动转为压锤的上下运动，将麦料压成块状。麦料由进料口1进入压模2，压模由链带3带动，经挡块4把凸出的麦料推平，然后由压锤5将麦料在压模中压实，再由压锤7将曲块压出到输送带，最后人工把曲块堆放好。

②技术性能与主要参数，见表3－4。

表3－4 麦曲压块机性能技术参数

型号	曲块尺寸/mm	主机尺寸/mm	压制次数	配备动力/kW	机器重量/t	生产能力/(kg/h)
10J特大	300×200×70	2600×900×2000	7	4	6	3200
10J甲	240×157×70	2600×900×2000	9	4	5	3000
10J乙	240×157×70	2600×860×1500	7	3	3.5	2690
10J丙	220×135×60	2600×860×1200	6	3	2.5	2500

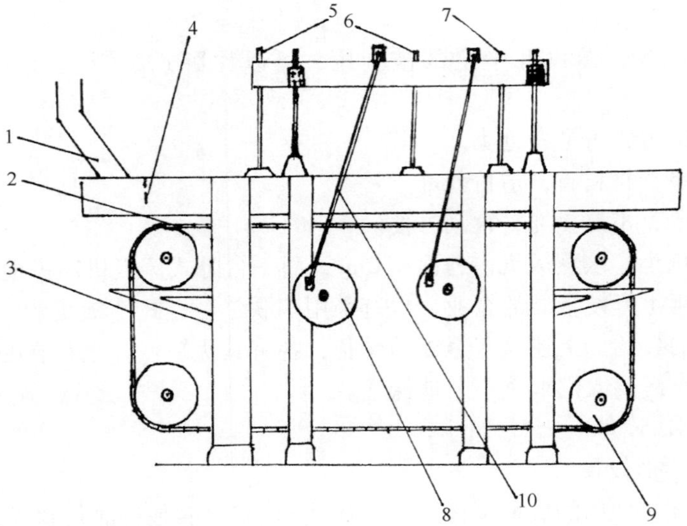

图 3-19 麦曲压块机示意图

1—进料口 2—压模 3—链带 4—挡块 5~8—压锤 9—链轮 10—连杆

(3) 麦曲压块机的操作要点

①为了保证安全使用和延长寿命，开车前必须全部检查各种螺旋是否有松动现象。

②开车前检查曲锤和曲模是否对位（须人工空转主机）。

③开车前润滑各部位，全部注入润滑油。

④检查电机转向是否与大皮带轮上的方向一致，严禁开倒车。

⑤在工作中，料、水要配合均匀，机械自动平模，曲模和曲槽要经常用水清洗，如不经常使用，停放期间，要擦洗干净，各润滑部位要注入润滑油封闭保养。

⑥开车前要检查离合器部分是否有松动和错位。

2. 通风制曲

通风制曲大多又专称纯种麦曲与纯种红曲，是用人工的接种方法把经过纯种培养的糖化菌种，接种在小麦或大米原料上，在一定环境条件下，使其大量繁殖而制成的黄酒糖化剂。目前，菌种多采用黄曲霉、米曲霉和红曲霉。与自然培养酒曲相比，纯种曲具有酶活力高、液化力强、用曲量少和适合机械化黄酒生产的优点，但其不足之处是还不能完全像自然培养曲那样，赋予黄酒特有风味，还需要进一步研究完善。

(1) 纯种麦曲　纯种麦曲的种类，按原料处理方法的不同，可分为生麦曲、熟麦曲和爆麦曲；按培养方法不同，可分为帘子曲和通风曲。各厂可根据具体条件和地方习惯而选择适当的制曲方法。为了适应黄酒的机械化生产的需要，纯种麦曲的生产，多数采用厚层通风的制备方法。通风制曲具有下列优点。

①改善制曲工人的劳动条件，降低劳动强度，并且能够提高劳动生产率，降低成本。

②节约培养室的面积，提高了厂房利用率。

③设备简单，简化了操作，节约了工时，便于管理，通风制曲的曲箱用水泥、钢材制成，目前也有采用不锈钢作为内衬的，以便于消毒灭菌。

通风制曲的主要设备就是风机与曲池。曲池为长方形，长∶宽＝3～5∶1，根据曲池长宽比的不同，池底有5～10度的坡度，以便送风。每一曲池，一般单独设置培养曲房，以便于控制曲池内物料的品温与湿度。池底的送风装置有循环风与新风的区别，以保证培养的顺利进行，风量根据物料品温进行调整。曲池装置如图3－20所示。

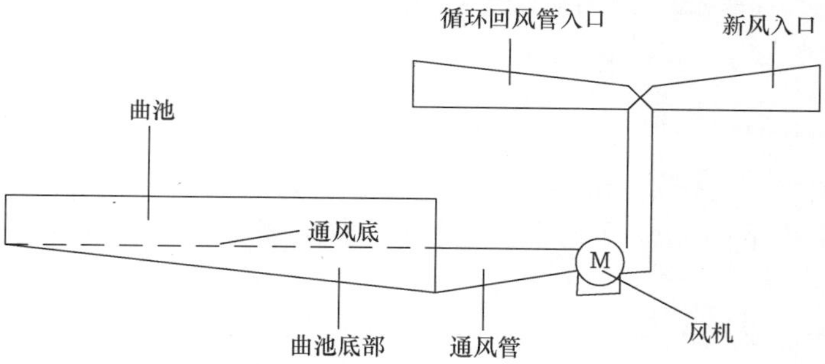

图3－20　厚层通风制曲曲池示意图

（2）纯种红曲：纯种红曲的通风培养，其原理与麦曲的纯种通风培养基本相同，只是在一些环节上和培养的细节上有区别。如原料为粳米，蒸饭后饭粒需全部分离，不得黏连在一起。因此，进入曲池前，需要有专门的振动筛进行筛选，以保证每一饭粒均分散。

3. 圆盘制曲机

圆盘制曲机是从酿造酱油的制曲机上借鉴过来的，它由宁波阿拉酿酒有限公司首先使用于黄酒的纯种制曲，取得了极大的成功，也为中国黄酒借鉴其他设备提供了实例。具体如下图3－21所示。

（1）结构组成　CM－10型圆盘制曲机（Disk Starter Propagation Machine）是在日本单层曲室式圆盘自动制曲机基础上，结合国内实际生产工艺而设计制造的。该机机械化、自动化程度高、食品卫生好、占地面积小，是酿造行业中固体制曲的先进设备。CM－10型圆盘制曲机主要由外驱动的回转圆盘、翻曲机构、进料出料机构、通风空调系统、保温机体等部件组成。

（2）特点

①制曲室内物料接触部位均采用不锈钢制作，其受杂菌感染少、清洗方便、

图3-21　圆盘制曲机实物图片

使用寿命相对较长。

②翻曲机采用特殊结构的搅拌叶片，翻曲均匀。

③回转圆盘平面度、圆度可依制作水平做到较为精确，很少有小麦掉入转盘下。

④根据所制麦曲菌种要求的不同，可个性化设定温度自动控制、自动报警系统。

⑤圆盘制曲机工作过程中的温度、湿度等均由记录仪自动记录。

（3）主要技术参数（表3-5）

表3-5　圆盘制曲机技术参数

参数/型号	CM-6	CM-10	CM-11
回转曲床直径/mm	6000	10000	11000
曲床有效面积/m^2	27.62	77.2	93.85
每次制曲量/kg（混合干料）	约3000	约10000	约13000
制曲时间/h	24~44	24~44	24~44
制曲温、湿度	按需调节	按需调节	按需调节
装机功率/kW	22.6	50	60.2
曲床转速/（r/min）	0.143	0~0.1	0~0.09
外型尺寸/mm	10430×8190×5600	14200×12000×6850	13600×11600×4750
设备总重量/kg	约8000	约48600	约56000

4. 自动化制曲生产线

最新制曲装备的技术已经有质的提升，目前国内已有全自动智能化的生麦曲制作装置。现将会稽山绍兴酒股份有限公司的自动化生麦曲制作工艺作一简要介绍。

（1）自动化工艺制曲工艺流程　会稽山绍兴酒股份有限公司是目前黄酒行业自动化制曲的唯一生产企业。制曲工艺与传统块曲生产工艺基本相同，但曲料培养和干燥室采用了自动化智能控制设备，小麦预处理也采用了机械设备，制成的麦曲质量与传统人工踏曲基本无异。图 3－22 是自动制曲工艺流程图。

小麦→过筛→破碎机→拌料机（水↓）→装箱→曲料培养室（保温、保湿、通风↓）→干燥室（通风降温、干燥排湿↓）→成品出曲→麦曲储存仓（备用）

图 3－22　自动制曲工艺流程图

（2）设备流程

小麦→倒料斗→斗式提升机→振动筛→斗式提升机→破碎机→润麦拌料机→曲料装箱机→曲箱堆码机→自动通风、干燥室→成品曲→自动倒箱出曲机→螺旋输送机→投料使用

这里的所有设备连接均采用输送带与机械传动装置，整条流水生产线上只有少数几个辅助工，几乎看不到操作工，真正实现了自动化与智能化，极大地提高了劳动生产率和麦曲质量的稳定性。图 3－23 左边是生麦曲生产流水线，右边 8 间是生麦曲的培养室。

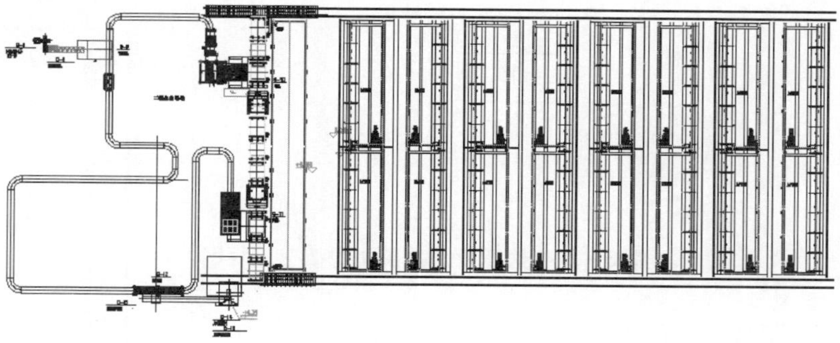

图 3－23　生麦曲自动生产流水线平面布置示意图

（四）酒母设备

酒母，原意为“制酒之母”。掌握酵母菌的特性，创造一定的环境备件，通过逐步繁殖、培养，为黄酒生产提供优良发酵剂，这种酵母菌扩大培养的过程，

生产上称之为酒母的制备。目前，黄酒酒母的培养方式，大体上可分为两种类型：一是传统的自然培养法，如绍兴酒及仿绍酒的酿造，是用酒药通过淋饭酒醅的制造繁殖培养酵母的；二是用于大罐发酵的纯种培养酒母，是由试管菌种开始，逐步经过扩大培养，增殖到多量而成为纯种培养酒母，又因制法不同分速酿双边发酵酒母和高温糖化酒母两种。

培养纯种酒母的设备。

纯种酒母是用纯种培养的方法制备的黄酒所需的酒母，它包括速酿双边发酵酒母和高温糖化酒母。

（1）培养速酿双边发酵酒母的设备　培养速酿双边发酵酒母的特点是水、米饭、糖化曲和三角瓶纯种培养的种子液一起下罐，由糖化曲将米饭进行糖化，同时培养酒母，其工艺流程如图3－24所示。

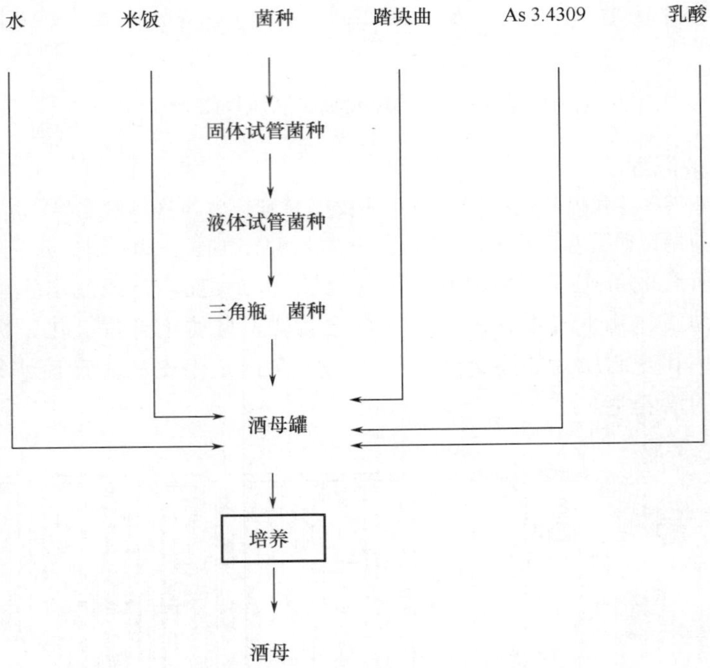

图3－24　速酿双边发酵酒母工艺流程图

根据工艺图可知其所用的设备包括无菌室、高压消毒器等通用培菌设备及酒母罐。现将酒母罐介绍如下。

酒母罐一般采用圆筒体和锥底形，材料为普通钢材，罐盖用铝平盖。夹层采用冷却水冷却，罐内涂生漆。安装位置为锥底高于前酵罐1m左右。

酒母罐容量与大罐所需要的酒母接种量成整数配比。一般采用一只酒母罐的酒母接种于一只前酵罐，以利配料正确。

酒母罐的要求是便于调节温度，清洗消毒，便于人工开耙。

（2）培养高温糖化酒母的设备　高温糖化酒母的特点是采用大米高压糊化，以稀醪60℃ 糖化，经灭菌降温后，进行接种培养。其优点是采用稀醪，对细胞膜的渗透压低，有利于酵母在短期内迅速繁殖生长，能以优势抑制杂菌的生长。这种酒母醪，杂菌少，酸度低，致死率几乎为零，酵母细胞健壮，发酵旺盛，产酒快，质量有保障。其工艺流程如图3－25所示。

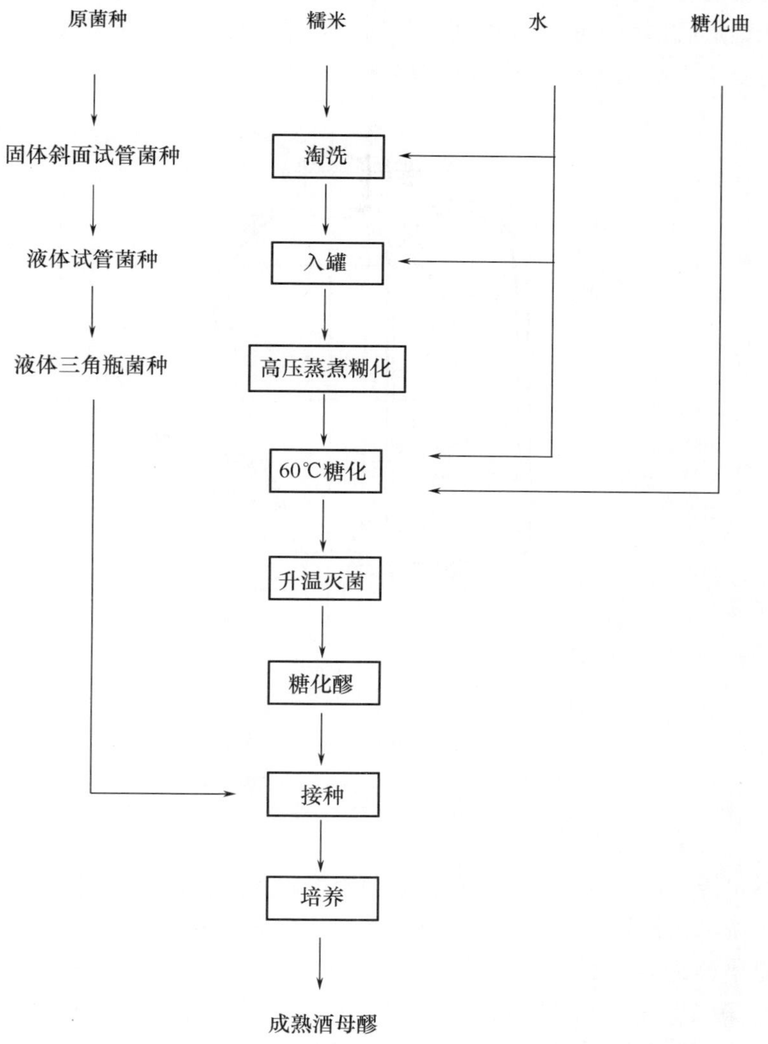

图3－25　高温糖化稀醪制酒母工艺流程图

根据工艺图，我们着重介绍高压蒸煮锅和酒母罐。

①高压蒸煮锅：通常采用锥形蒸煮锅，其形态结构如图3－26所示。

它是用钢板制成的圆柱、圆锥体综合形式，上部是圆柱形、下部是圆锥形，用焊接方式制成。材料可采用 Q235B 钢，锥体用法兰连接，以便于检修和更换。蒸煮锅承受压力大多数在 0.302 MPa 左右。蒸煮锅上面的部件有加料口 1、排气阀 2。锅耳 3 是用来安装锅体的固定器件，加料口盖以自由向上盖为好，当锅内压力升高时，加料口的密封更为可靠。加料盖的材料也用 Q235B 钢。因锥形锅壁常被沙石磨损，故经常放入的盖板盖住下部还有取样器 4、加热蒸汽 5，再下面是醪液排出室和排醪管。这种形式的蒸煮锅比较适宜于对整粒原料的蒸煮，其蒸汽是从锥形底部引入的，并可利用蒸汽循环搅拌原料，因此蒸煮醪的质量很均匀，同时由于下部是锥形，蒸煮醪放出比较方便。

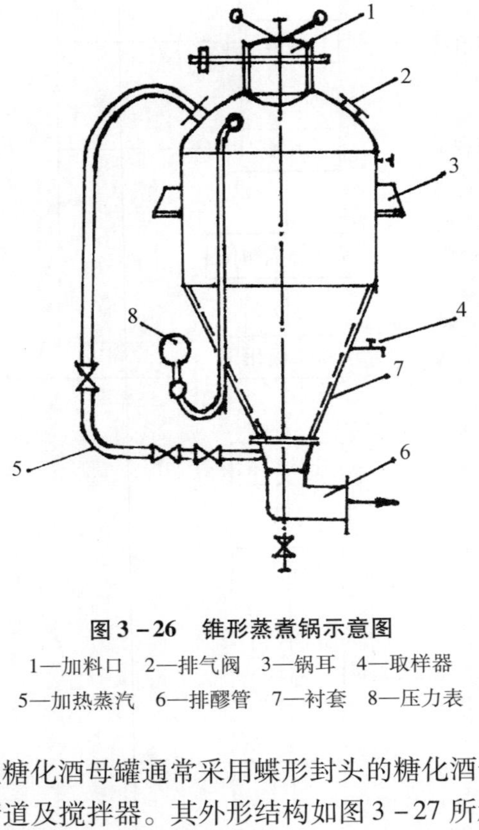

图 3－26　锥形蒸煮锅示意图

1—加料口　2—排气阀　3—锅耳　4—取样器

5—加热蒸汽　6—排醪管　7—衬套　8—压力表

②酒母罐：高温糖化酒母罐通常采用蝶形封头的糖化酒母罐，装有夹套或蛇管冷却系统和蒸汽管道及搅拌器。其外形结构如图 3－27 所示。

酒母培养罐为铁制圆桶，因其通风要求不高，所以罐体直径与高之比近于 1:1。底部呈蝶形或锥形，顶部多采用平盖且可启动。有的封头采用蝶形或锥形，罐体密闭。罐上部设搅拌器，转速为 80～100 r/min，内设加热或冷却蛇管，其冷却面积为醪液容积绝对值的二倍。有的罐底部设无菌空气吹管，效果也很好，不但省去了动力消耗，还减轻了车间噪声。另外，罐体底部设有排醪管，侧面还装有冷水与蒸汽进出口管。

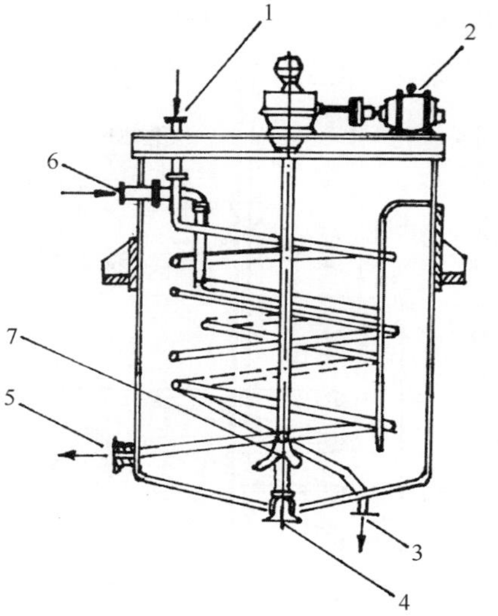

图 3-27 高温糖化酒母罐示意图

1—进冷却水 2—电动机 3—蒸汽冷凝液出口
4—排醪口 5—冷却出水口 6—蒸汽新口 7—搅拌器

（五）发酵设备

黄酒酿造中最主要的设备之莫过于发酵设备了。采用传统工艺酿造黄酒时，使用陶质的缸、坛发酵，这主要是因为缸、坛具有耐腐蚀，能及时排出二氧化碳，吸入新鲜空气的透气功能。但又因其单位容积小，生产黄酒需要很多的缸和坛，存在占地面积大，不易管理和繁重的体力劳动等的缺点，所以新工艺酿造黄酒都采用大罐（或大池）发酵。为实现机械化和自动化控制黄酒生产，大容器发酵必定是我国黄酒的发展方向。

近年来，机械化黄酒生产的发酵设备向大型、室外、联合的方向发展，迄今为止，如中国绍兴黄酒集团等大型黄酒生产企业，先后开始采用前酵罐达 $65m^3$，后酵罐超过 $120m^3$ 的大型发酵设备，目的是由于大型化，使酒质量均一化；由于生产酒的罐数减少，使生产合理化，降低了吨酒生产土地资源的占有。

下面主要介绍机械化黄酒生产的发酵罐。

目前使用的大型发酵罐主要是立式罐，由于发酵罐容量的增大，清洗装置也有很大的改进，随着食品卫生要求的不断提高，大型的发酵罐开始采用 CIP 自动清洗系统。

1. 发酵罐的结构及工作原理

酵母将糖转化为酒精，欲获得较高的转化率，除满足酵母生长和代谢的必要工艺条件外，还需要一定的生化反应时间，在生化反应过程中将释放出一定数量的生物热，若该热量不及时移走，必将直接影响酵母的生长和代谢产物的转化率。因此，发酵罐的结构必须首先满足上述工艺要求，此外，从结构上还应考虑有利于发酵液的排出，设备的清洗、维修以及设备制造安装方便等问题。

一般发酵罐筒体为圆柱形，底盖和顶盖均为蝶形或锥形，如图 3 -28 所示。

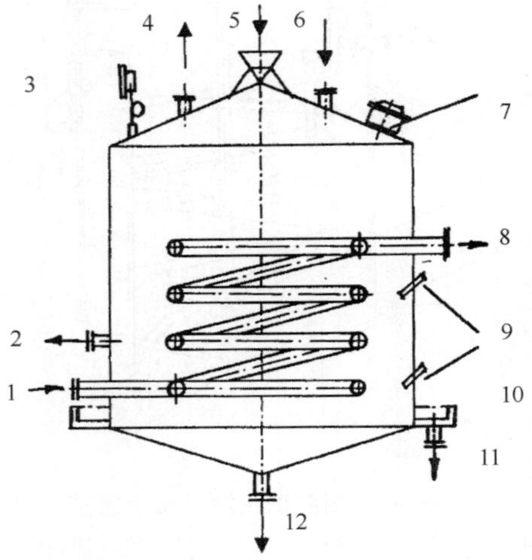

图 3 -28 发酵罐

1—冷却水入口 2—取样口 3—压力表 4—CO_2 出口 5—喷淋水入口
6—料液及酒母入口 7—人孔 8—冷却水出口 9—温度计 10—喷淋水收集槽
11—喷淋水出口 12—发酵液及污水排出口

黄酒受传统生产的影响，在发酵过程中大多采用敞口式发酵的形式。但以科学的管理与低碳环保的角度出发，黄酒在发酵过程中，为了回收二氧化碳气体及其所带出的部分酒精，发酵罐宜采用密闭式。罐顶可装有进入孔、视镜及二氧化碳气体出口回收管、进料管、接种管、压力表和测量仪表接口管等。罐底装有排料口和排污口。罐身上下部装有取样口和温度计接口，对于大型发酵罐，为了便于维修和清洗，往往在近罐底也装有进入孔。

发酵的冷却装置，对于中小型发酵罐，多采用罐顶喷水淋于罐外壁表面进行膜状冷却；对于大型发酵罐，罐内装有冷却蛇管或罐内蛇管和罐外壁喷洒联合冷却装置，为避免发酵车间的潮湿和积水，要求在罐体底部沿罐体四周装有集水槽。采用罐外列管式喷淋冷却的方法，具有冷却发酵液均匀、冷却效率高等优点。

发酵罐的洗涤，过去均由人工操作，不仅劳动强度大，而且二氧化碳气体一旦未彻底排除，工人入罐清洗会发生中毒事故。近年来，发酵罐已逐步采用水力喷射洗涤装置，从而改善了工人的劳动强度，提高了操作效率。因为黄酒发酵采用敞口式自然发酵，没有严格的无菌要求，只要发酵正常，发酵罐的冲洗用清洁的自来水就可以了。如出现超酸罐甚至酸败罐，则应严格进行杀菌，可用 CIP 清洗液或湿热蒸汽等杀菌措施。

水力洗涤装置如图3－29所示。它是由一根两头装有喷嘴的洒水管组成，两头喷水管弯有一定的弧度，喷水管上均匀地钻有一定数量的小孔，喷水管安装时呈水平，喷水管借活接头和固定供水管相连接。它是借喷水管两头喷嘴以一定的喷出速度而形成的反作用力，使喷水管自动旋转，在旋转过程中，喷水管内的洗涤水由喷水孔均匀喷洒在罐壁、罐顶和罐底上，从而达到水力洗涤的目的。对于 $120m^3$ 的酒精发酵罐，采用 $\phi36mm$ 的喷水管上开有 $\phi4\times30$ 个小孔，两头喷嘴口径为 $\phi9mm$。

这种水力洗涤装置，在水压力不大的情况下，水力喷射强度和均匀度都不理想，以致洗涤不彻底，大型发酵罐尤为明显。因此，可采用高压强的水力喷射洗涤装置，如图3－29（b）所示。它是一根直立的喷水管，沿轴向安装于罐的中央，在垂直喷水管上按一定的间距均匀地钻有 $\phi2\sim4mm$ 的均布小孔，孔与水平呈20°，水平喷水管借活接头，上端和供水总管、下端和垂直分配管相连接，洗涤水压为0.6～0.8MPa。水流在较高压力下，由水平喷水管出口处喷出，使其以48～56r/min自动旋转，并以极大的速度喷射到罐壁各处。而垂直的喷水管也以同样的水流速度喷射到罐体四壁和罐底，因此，约5min时间就可完成洗涤作业。洗涤水若用废热水，还可提高洗涤效果。

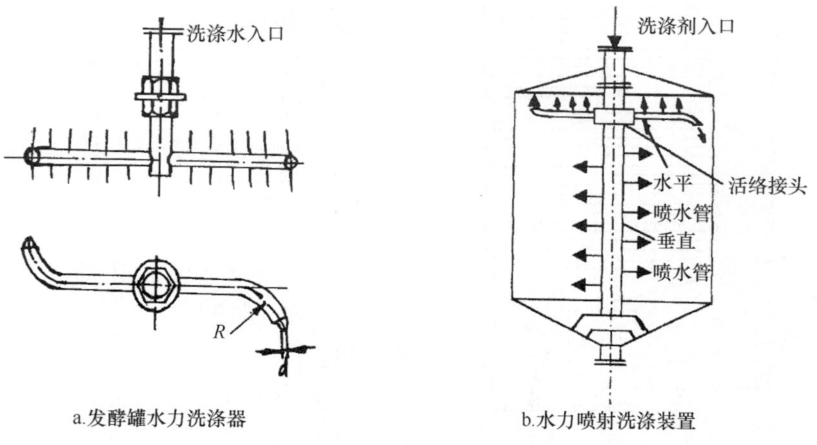

a.发酵罐水力洗涤器　　b.水力喷射洗涤装置

图3－29 水力洗涤装置

2. 发酵罐罐数的确定

对于间歇发酵，发酵罐罐数可按下式计算：

$$N = nt/24 + 1(\text{个}) \qquad (2-1)$$

式中：N——发酵罐个数（其中一个备用）（个）

n——每24h内进行加料的发酵罐数目（个）

t——一次发酵周期所需时间（h）

3. 前酵罐的分类

(1) 按罐型可分为瘦长形和矮胖形两种。瘦长形的罐，直径与高度之比，一般为小于1∶2.5左右。有利于发酵醪液对流，使发酵醪自动翻腾，目前较为普遍使用。

(2) 按罐口型可分为直筒敞口式和焊接封头小口可密闭式两种。如采用压缩空气输送醪液，应采用后者。

(3) 按冷却方式可分为内列管冷却式、外夹套冷却式和外围导向带冷却式三种。外夹套冷却式的冷却面积最大，冷却的速率较高，但冷却水利用率不高。也可采用三段夹套式，分段落进水管与出水管按照罐体的上、中、下三段不同控温要求使用冷却水。目前大多采用外围导向冷却，其优点是能合理使用冷却水，但冷却面积比夹套冷却减少，冷却的速率也要低一些。也有一些企业借鉴啤酒生产企业的冷却办法，采用成品的米勒板作为冷却外围夹套，提高冷却水的利用率。

4. 外围导向冷却前酵罐（图3-30）

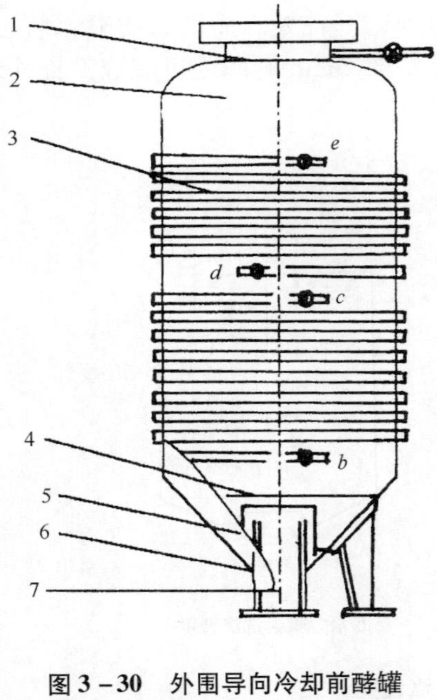

图3-30 外围导向冷却前酵罐

1—进料口法兰 2—上封头 3—筒体 4—下封头 5—加强封头 6—出料口法兰 7—支架

(1) 容积为15m^3，其中酒醪容积为13m^3。

(2) 数量为20只（每只投大米4t，前酵时间4d，灭菌周转1d）。

(3) 材质为筒体与下封头可选用厚4mm的不锈钢（1Cr18Ni9Ti），而上封头是选用Q235B钢，厚8mm，制成后内涂生漆，外涂防锈漆。

(4) 筒体的直径2000mm，高4500mm，锥高600mm。

(5) 外围冷却分上、下两段，共23圈，冷却面积9.8m^2。

(6) 外围冷却槽钢选用Q235B钢或不锈钢。

(7) 冷却水进口管内径为ϕ25.4mm。

(8) 冷却水出口管内径为ϕ38.1mm。

(9) 压缩空气进口内径为ϕ12.7mm。

(10) 压力试验为罐内压0.196MPa，保压15min，冷却带内压0.588MPa，保压15min。

(11) 前酵罐保温原多采用钙塑泡沫板加铅丝六角网再涂轻体石棉泥制成保温层，现在最常采用聚氨酯现场发泡，外包彩钢板或不锈钢薄板，以避免冷却水浪费。

5. 后酵罐

后酵罐一般采用碳钢板制作，现大多也采用不锈钢材质，型式都采用瘦长形，目前在黄酒生产企业中后酵罐一般采用30～125m^3。

后酵罐的容量设计，目前国内有几种方法和观点：一是将两罐前酵醪合并于一只后酵罐中，后酵罐的容积应比前酵罐大一倍，如前酵罐为15m^3，则后酵罐应为30m^3；二是四只前酵罐醪，合并于一只后酵罐中，使前后酵罐容积之比达1∶4，这在中国绍兴黄酒集团公司第三酿酒厂已投入生产。这两种方法的优点是大罐比小罐节约建筑面积和单罐造价；三是后酵罐的容积，应和前酵罐相同，以一罐前酵对一罐后酵，以便于工艺和计量管理；四是有人提出，既然前酵和后酵容积相同，可以省去输醪，采取"一酵到底"，在一只罐中发酵，直至成熟，不要分前酵罐和后酵罐。这在实践中原来会遇到两个问题：一是落饭溜槽距离加长，使饭在空气中染菌机会增多，而且饭粒也容易回生老化。二是黄酒发酵的关键在于前酵。因此，为了集中管好前酵，前酵罐不宜分散，而应集中排列，以利于管理。目前随着输送技术的发展与计算机技术的发展，饭水混合也可直接输送，且管理采用计算机所见即所得的视窗化管理模式，黄酒发酵采用一罐法的时代必将到来。

后酵罐的控温问题有三种形式：一是内装列管冷却，对降低醪液中心温度的速率比较理想；二是外围导向冷却，为了迅速降低醪液中心位置的温度，应与压缩空气搅拌相配合；三是将整个后酵间安装空调设备，控温效果好，但制冷量大，冷源利用率低，因此成本较高，基本上已淘汰。

综上所述，对后酵罐的罐口直径可以采用与前酵罐同样的罐形和结构，也可以采用大于前酵罐一倍或两倍或数倍的容积。后酵罐的罐口直径可以比前酵罐小一些。

6. CIP清洗系统

发酵罐的容量正在逐步增大，尤其是大容量的后发酵罐大部分安装在室外，原来的清洗方法已不适用，必须采用自动化的喷洗装置。而采用较多的是CIP清洗系统。所谓CIP系统，是Clean In Place的简称，意即内部清洗系统。

图3－31是两个容量为80m^3、安装于室外的发酵罐的CIP清洗系统的连接流程。因大罐建在室外，所以连接的管道要长而且主管的管径必然要大，一般为Φ150mm。如果在大罐中加澄清剂，会在罐底形成沉渣层，故在罐的出料处设一沉渣阻挡器5，同时为了能放尽罐底的存液，出料处应是一双重出口6。沉于罐底的沉渣固形物具有一定的经济价值，应该回收，所以在洗罐时要尽可能少用水冲出沉渣，以免稀释。这两个罐具有倾斜的平底，双重出口安装于倾斜底的低处，罐顶有喷洗液进口及通气管4的出口。

图3－31表示出大罐与酒进出站13、清洗剂分配站12及CIP循环单位之间的关系。酒进出站是供醪液进入管、酒输出管及清洗液返回管之间的连结，是一

块固定活络连接的孔板，它低于罐出口的位置，由橡皮管与清洗液返回管线相连结。CIP 循环单位设在酒库内，包括微型开关 7（控制清洗液的进出）、控制盘 8、CIP 供应泵 9、污水泵 10、水箱 11。控制盘通过仪表来控制清洗液的温度、水位及罐的充满与放空等程序。清洗液进出阀和通气管上的通气阀 15 的控制与 CIP 系统的控制装置是有关系的，所以可在清洗操作开始前先将通气阀开启。清洗液返回管线的位置是在通气管末端之下，这样可以在 CIP 清洗操作时保证通气管也能得到有效的清洗。通气阀位置应在罐内的清洗液的液位之上，可防止清洗后由于罐的冷却而造成真空，因为它可以无阻地补入空气。通气管下部还具有压力调节阀 14。CIP 清洗工作程序是自动控制进行的，从控制盘上可以通过仪表记录下温度、压力及时间等参数。

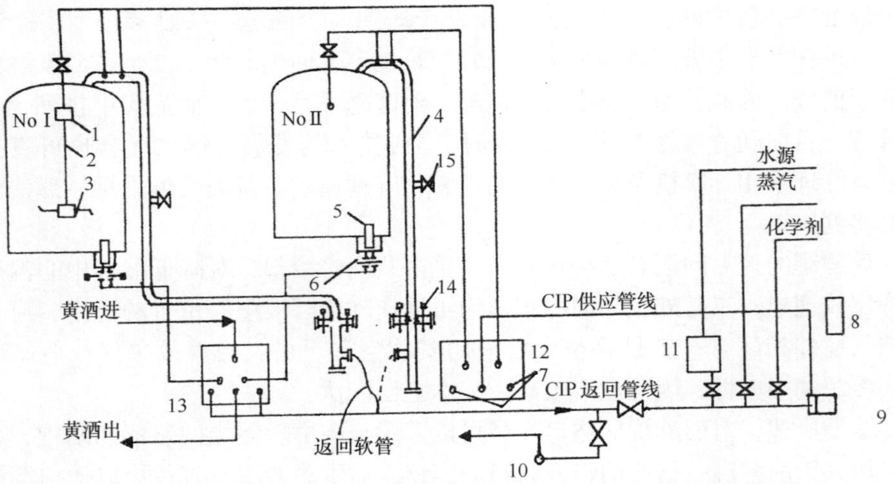

图 3-31　大型发酵罐与产品输送站及 CIP 清洗管的连接流程

1—固定喷头　2—滑动接头　3—回转喷头　4—通气管　5—沉渣阻挡器　6—双重出口　7—微型开关　8—控制盘　9—CIP 供应泵　10—污水泵　11—水箱　12—清洗剂分配站　13—酒进出站　14—压力调节阀　15—通气阀

整个清洗程序分 7 个步骤。①预冲洗：在罐底的沉渣放了一半之后进行，每次预冲洗的时间为 30s，进行 10 次，是通过回转喷嘴进行的。每次冲洗之后要有 30s 的排泄时间，主要排去底部的沉渣。②在罐底被冲干净后，用足量的水充入 CIP 的供应及返回管线，改变系统进行碱预洗，自动地将清洗剂加入供水中，使清洗剂成为一种氯化了的碱性洗涤剂，其总碱度为 3000 ~ 3300mg/L，用这种碱液循环 16min。在此期间 CIP 供应泵吸引端注入蒸汽，使清洗液温度维持在 32℃ 左右。③中间冲洗：用 CIP 循环单位的水罐来的清水进行 4min 冲洗。④从气动器来的空气流入罐顶的固定喷头，然后进行三次清水的喷冲，每次 30s，从罐顶沿罐的四周冲洗下来。⑤进行碱喷冲：用总碱度为 3500 ~ 4000mg/L 的氯化碱液进行喷冲，碱液的温度为 32℃左右，喷冲循环 15min。⑥用清水冲洗，将残留于罐表面及管线中的碱液冲洗干净。⑦最后用酸性水冲洗循环，以中和残留的碱性，放走洗水，使罐保持弱酸状况。至此完成了全部清洗过程。

进行大型罐清洗工作的关键设备是喷嘴（也称喷头）。喷嘴分两种：一种是固定喷嘴，位于罐的上部；一种是回转喷嘴，位于罐的下部。

固定喷头位于罐顶下 1.2m 处，回转喷嘴位于罐底以上约 2.4m 处。固定喷头是一种低压的球形喷头，在进行基本操作之前用特殊的回转喷嘴除去罐底的固形物残渣。固定喷头位于50mm 的清洗液供应管上，在喷头圆柱体部位联合一套管型阀，以控制清洗时从喷孔出去的清洗液的流量，也可以控制进入底下回转喷嘴中清洗液的量。通过活管接（也称滑动接头）用几根 50mm 的管子来支承回转喷嘴，它带有推动喷嘴，其位于回转喷嘴的伸长臂上，当喷嘴在聚四氟乙烯轴承上回转喷洗时，产生一种对罐底残渣刮冲的作用。这两种喷嘴都是不锈钢的，能自我清洗。回转喷嘴转速约为 35r/min。这两种喷嘴清洗液的流量为 750 L/min。

上述 CIP 系统为固定式，它可与一个至数个发酵罐连接，罐数越多，连接越繁杂，使用管线也越多。为此，目前也有使用活动 CIP 系统的工厂。CIP 清洗液供应及返回管线不作固定的连接，CIP 循环单位与大罐洗液进出口临时连接成循环系统。这样，一台 CIP 循环单位可用于数个发酵罐而不需使用众多的固定的连接管线。但操作劳动强度较大，自动化的程度也会受到影响。

（六）压滤设备

1. 概述

早在 19 世纪中期，压滤机中的间歇式加压过滤机为人工装卸料，既笨重又落后，工人劳动强度大。第二次世界大战后，随着化学工业的发展，人们开始了自动压滤机的研制。于是 1958 年第一台自动压滤机研制成功，从此大大改变了压滤机的面貌，应用也广泛了。20 世纪 60 年代后期研制出带压榨的过滤机，降低了滤饼的含水量，提高了过滤机的能力。近年来，由于环境保护和资源再利用的需要，对过滤机的应用越来越广泛。现已应用在食品工业（制糖工业、啤酒工业、油脂工业、黄酒工业）、金属冶炼工业、颜料和染料工业、采矿工业、石油工业、医药工业及所有的化学工业生产中。它具有以下优点。

（1）单位过滤面积占地少。

（2）对物料适应性强。

（3）过滤面积的选择范围宽。

（4）过滤压力高，滤饼湿含量低。

（5）结构简单，容易操作，故障少，维护保养方便，机器寿命长。

（6）因为是滤饼过滤，所以可得到澄清的滤液，固相回收率高。

（7）过滤操作稳定。

2. 压滤机的分类

压滤机分为间歇式和自动式两种，目前应用最多的为自动式压滤机。有四种分类方法。

(1) 按滤室的构造分类，有凹板型（称单式，又称厢式）和板框型（或称复式）压滤机。

(2) 按滤板的排列方式分类，分为卧式和立式。滤板与地面垂直，并且沿水平方向重叠排列的为卧式；滤板与地面平行，并沿垂直方向重叠排列的为立式。

(3) 按滤布的安装方式分类，分为滤布固定式和滤布行走式。

(4) 按有无压榨机构分类，可分为压榨式和无压榨式。

我国生产的板框过滤机，已经标准化、系列化。其规定代号如下：

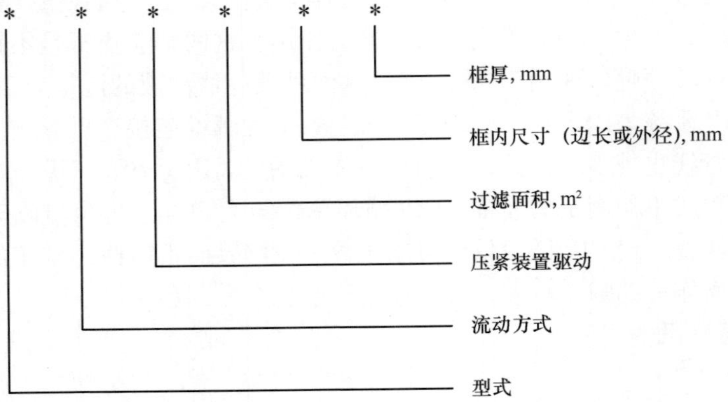

3. 一般结构

压滤机以板框式最为普遍，它是由许多块滤板和滤框交替排列而成。板和框架在支架上，一端固定另一端可以让板框移动。板和框之间隔有滤布，用压紧装置自活动端向固定端方向压紧或拉开。黄酒企业最常用的压滤机其结构如图 3－32 所示。该机由固定封头、滤板、压板、活动封头及机架组成。

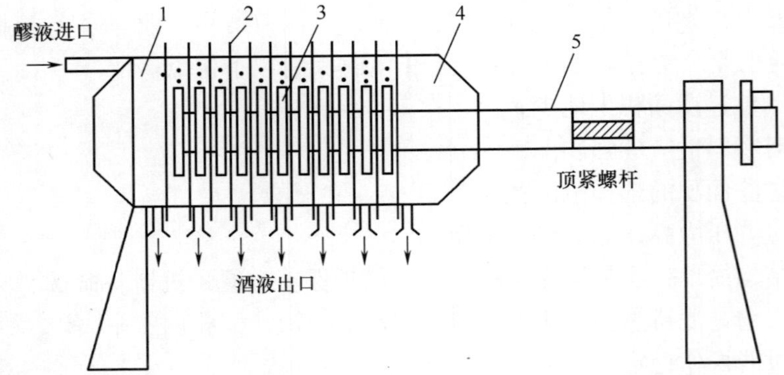

图 3－32 压滤机结构示意简图

1—固定封头 2—滤布 3—滤板 4—活动封头 5—机架支承横梁

4. 板框压滤机各种材质比较

表3－6是板框压滤机各种材质比较表，可供选用时参考。

表3－6　各种滤板材质的比较

材　质	特　征	问　题
木材	（1）价格便宜 （2）加工容易 （3）重量轻	（1）寿命短 （2）由于吸水而发生腐蚀、变形造成滤液泄漏 （3）表面出现劈裂
铸铁	（1）结实 （2）价格便宜	（1）比重大 （2）受滤液腐蚀
铸铁上包覆橡胶 铸铁上包覆树脂	（1）结实 （2）较难被腐蚀	（1）重量大 （2）价格高 （3）由于衬里上有时有针孔，所以里面的铸铁受到滤液的腐蚀
不锈钢	（1）结实 （2）清洁 （3）不易受腐蚀	（1）价格高 （2）重量大
FRP（玻璃纤维增强树脂）	（1）耐腐蚀 （2）重量轻	（1）容易发生裂纹 （2）价格高
PP（聚丙烯）	（1）耐腐蚀 （2）价格便宜 （3）重量轻	（1）强度弱 （2）因强度问题，过滤容积小 （3）不能用于高温过滤

5. 黄酒酿造过滤中的压滤机

我国黄酒压滤工具长期以来是采用杠杆式的古老木榨。木榨有结构简单，造价低廉，平日不用时可拆散堆放不占场地等优点。但也还存在着不少缺点：首先是压榨时间长，一般榨一次要20～24h；其次是生产能力低，每榨每天只能出酒1t左右，所以一个大厂需用木榨数十台或数百台，使用时占地面积大，还要很多劳动力搬运酒醅；另外是劳动强度大，上榨时要灌酒袋，每榨需灌酒袋150只左右，每袋重17.5kg，压榨石每块40kg，每榨12块，每次操作举得比头高，重达500kg，搬上搬下很费力，而且不安全，容易发生事故。为此，全国各地酒厂在有关部门配合下，开展了榨机的改革和研究试验工作台，取得了显著的成绩。先后试制成功了水压机、螺旋压榨机、滑轮牵引机和板框式气膜压滤机（气囊加压法板框式压滤机）等，已投入生产。经多年来实践证明，板框式气膜压滤机比较理想，它具有性能良好，操作方便，生产能力大和出酒率高等优点。目前全国各地黄酒厂已普遍采用。木榨基本上已被淘汰，只是产量小、规模不大的乡镇企业还在使用。但板框式气膜压滤机仍然采用间歇操作，如装框、出糟和拆洗等仍需手工进行操作，劳动强度仍很大，耗用动力多，耗电量大，成本核算比较高。如何借鉴柠檬酸的真空吸滤技术，将连续式的分离装置应用到黄酒榨滤技术上，将是一种全新的技术进步。

下面以黄酒企业普遍使用的徐州创元机械制造有限公司的明流式压滤机和暗流式压滤机为例进行详细说明。

黄酒压滤机是一种膜式充气压滤机，是厢式带隔膜、滤室可变的充气加压过滤机械。它的流液方式，分明流和暗流两种。明流方式就是酒液在压滤机压榨酒醪的过程中，酒液直接向下流入接料盘中，汇集后再流入酒池中。这种流液方式的优点是压榨出来的酒液流出速度较快，目前，国内黄酒企业所使用的压滤机，普遍采用的这种流液方式。这种流液方式的缺点也很突出，压滤机在榨酒的过程中，因为流出的酒液暴露在空气中，所以酒精挥发明显，不仅酒液的酒精度下降，又污染了空气环境并明显存在食品安全隐患；同时，由于明流时均采用滤布外挂在压滤板的外面，滤布普遍发黄甚至发黑，很不卫生。而暗流方式，就是让酒液通过压滤机的内部流液通道，从机器外部与之相连接的管道中流入贮酒罐内，这种流液方式，是该公司近年最新研发的专利产品，由于该压滤机采用了嵌入式内置滤布，酒液管道输送、大过滤面积、是封闭式环保型的黄酒压滤机。该压滤机实现了在酒醪进入压滤机后到酒液流出的全过程完全与外界及空气隔绝，榨酒过程中酒液无泄漏、酒精无挥发、环境无污染，滤布既干净卫生、又杜绝了食品安全隐患，从而实现高效、低碳、环保生产。

该类压滤机是机、电、液一体机，由固定封头、活动封头、塑压滤板、橡胶隔膜、滑杠和液压压紧机构组成。液压压紧机构由液压站、油缸以及电控系统组成。如果需要具有自动拉板功能，增加一套自动拉板的机械系统和液压系统即可。

目前，江苏徐州创元机械制造有限公司生产的膜式充气黄酒压滤机的品种主要有两种规格：一种是 ϕ820 膜式充气压滤机，一种是 ϕ1000 封闭型膜式充气压滤机。过滤板全部采用增强聚丙烯，无毒、无味，食品级材料。整机有普通型和不锈钢包覆型两种。

（1）ϕ820 主要技术参数　XAZG 型压滤机的主要技术参数如表3－7 与表3－8 所示。

表 3－7　ϕ820 膜式充气压滤机的主要技术参数

规格型号	XAZG70/ϕ820	XAZG65/ϕ820	XAZG54/ϕ820	XAZG36/ϕ820	XAZG20/ϕ820
过滤面积/m^2	70	65	54	36	20
滤板片数	75	71	61	41	23
容室容积/m^3	0.75	0.7	0.56	0.38	0.21
滤板材质			增强聚丙烯		
滤板外径/mm			820		
进料压力/MPa			≤0.4		

续表

规格型号	XAZG70/ϕ820	XAZG65/ϕ820	XAZG54/ϕ820	XAZG36/ϕ820	XAZG20/ϕ820
充气压力/MPa	≤0.6				
液压最大顶紧压力/MPa	16				
电机功率/kW	1.5				
主机外形尺寸（长×宽×高）/m	7.0×1.1×1.38	6.4×1.1×1.38	5.7×1.1×1.38	4.5×1.1×1.38	3.5×1.1×1.38
质量/t	4.1	3.4	3.1	2.5	2.0

（2）ϕ1000 封闭型主要技术参数

表 3-8　ϕ1000 封闭型膜式充气压滤机主要技术参数

规格型号	XAZG80/ϕ1000	XAZG100/ϕ1000	XAZG110/ϕ1000	XAZG120/ϕ1000	XAZG150/ϕ1000
过滤面积/m^2	80	100	110	120	150
滤板片数	51	63	69	75	93
容室容积/m^3	1.35	1.65	1.8	1.95	2.4
滤板内径/mm			1000		
滤板外径/mm			1080		
进料压力/MPa			≤0.4		
充气压力/MPa			≤0.6		
液压最大顶紧压力/MPa			20		
电机功率/kW			3		
主机外形尺寸（长×宽×高）/m	5.9×1.3×1.6	6.3×1.3×1.6	6.7×1.3×1.6	6.9×1.3×1.6	7.8×1.3×1.6
质量/t	5.0	5.4	5.8	6.2	7.5

（3）工作原理　当压滤机工作时，由液压站供高压油，油缸的活塞杆向前运动；当前进压力大于活动封头运行的摩擦阻力时，活动封头缓慢地压紧塑板；当压紧力达到液压站的溢流阀设定的压力值时，塑压滤板被压紧，溢流阀开始卸荷；切断电机电源，压紧动作完成。由于在油缸端部装有液压锁，液压系统自动保压。然后，发酵后的酒醪用泵或用带压料罐往压滤机机内打料。液体流出方式，如果采用暗流过滤方式，每块压滤板的下方有一到两个液流通道孔，酒液从压滤板的液流通道和固定封头下方的液流管道连成的一个液流通道中流出。如果采用明流方式，酒液从压滤板的下方流液孔直接流入接料盘中。卸糟时，启动电机，按“退回”电钮，换向阀换向，活动封头开始退回。活塞杆带动活动封头退回后，即可卸糟。

①液压系统和电气原理：液压系统由液压和泵站两部分组成。其液压原理如图3－33所示，电气原理如图3－34所示。

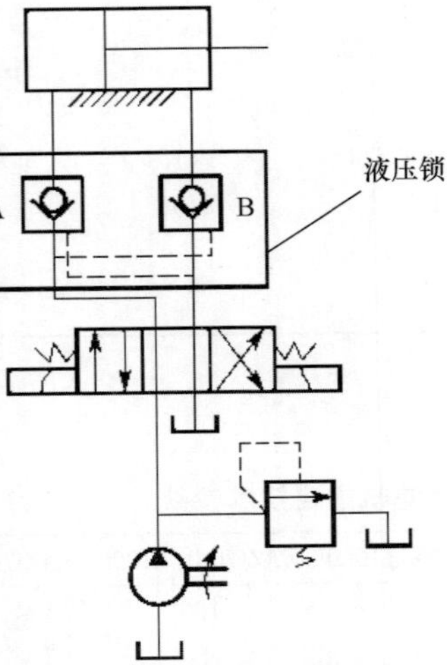

图3－33 液压原理图

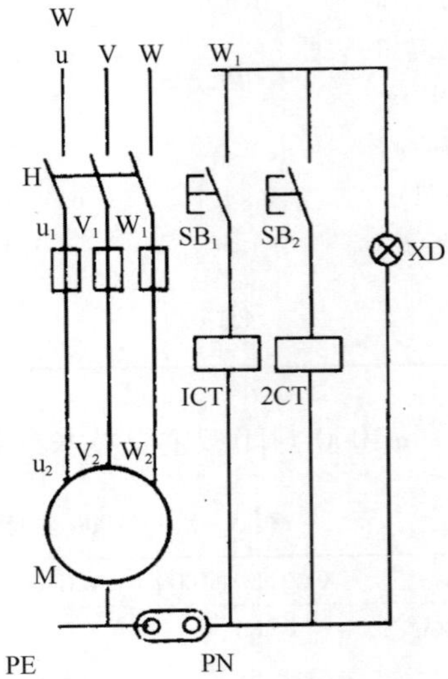

图3－34 电气原理图

液压机起顶紧和退回作用，泵站提供压力油控制液压机工作。为了保证锁紧迅速、准确，在换向阀切换到中位时单向阀芯应立即回到阀座上，利用锥面密封锁紧，这就要求液控单向阀的控制活塞复位，即控制油油口通回油箱。双向锁紧回路采用H形中位机能换向阀能满足这一要求，中位机能还可采用Y型。若采用M型，就达不到迅速锁紧的要求。

②压滤原理：液压机活塞杆推动活动封头前进，压紧滤板和压板，与固定封头形成一个密闭的过滤容器。把被过滤物料以滤板上部的暗通道输入这个容器的各个滤定内，固形物即被滤布截留，液体则穿过滤布顺滤板及橡胶膜的沟槽流进流液孔排出。进料完毕，再由固定封头下部的进气孔通入压缩空气，迫使压板及封头上的橡胶膜鼓起，从而进一步挤压出滤饼中残存的液体，达到强制过滤的效果。压滤原理如图3－35所示。

（4）操作要求 准备工作如下。

①检查压滤板排列的顺序是否按照第一块头板，然后是滤板、压板的顺序排列的。

②滤布安装要合适，压滤板的密封面上滤布不能有褶皱。

③检查各种密封胶圈是否安装到位。

④关闭进料阀和进气阀。

⑤打开流液管道和排气阀。

操作步骤如下。

①顶紧：接通电源开关，启动油泵，按油泵“前进”按钮，活塞杆向前移动，推动活动封头将压滤板顶紧，待油缸压力表上显示顶紧压力时即可。

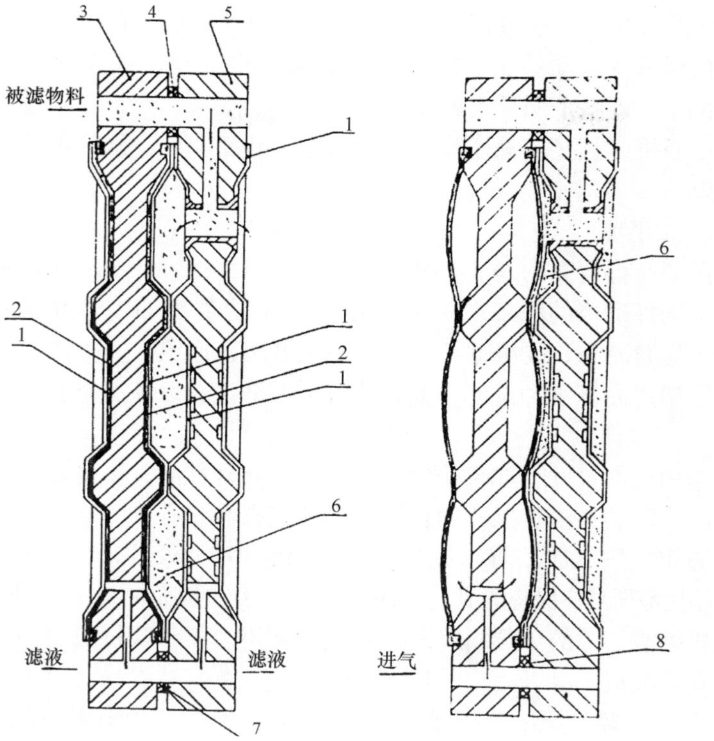

图 3－35　充气压榨原理图

1—滤布　2—橡胶膜　3—压板　4—进料胶圈　5—滤板　6—物料　7—出液胶圈　8—进气胶圈

②进料：顶紧后，打开固定封头端的进料阀，开始进料（阀要逐步打开、逐步地加大进料），进料压力控制在 0.4MPa 以下。待到出液口流液渐少时，说明压滤机内滤渣已经很多，可以停止进料。一次进料结束后，根据压滤的情况，还可在充气压榨后再多次进料，直至滤室内进不去料为止。

③进气：关闭进料阀和排气阀，打开进气阀，用压缩空气通过大栅板挤压滤渣，出液很少时，再关闭进气阀，打开进料阀和排气阀，反复数次，直至基本不出液为止。

④卸糟：首先关闭进气阀，打开上吹液阀，用机内余气吹进料口残料。如果流液方式是暗流方式，需要吹净流液孔中残液时，关闭上吹液阀，打开下吹液阀，吹净流液孔中的残液。然后，启动油泵按住油缸“退回”按钮，活塞杆带动活动封头退回到原始位置后，松开按钮即停。

如果，使用自动拉板压滤机时，启动自动拉板系统中的“前进”按纽，拉板小车前进执行自动拉板动作。在拉板过程中，如需紧急停止时，可拉住机器侧面紧急停止开关绳，拉板动作即可停止；松开紧急停止开关绳后，拉板动作马上恢复。如需让拉板小车拉板动作完全停止时，按自动拉板系统的“停止”开关即可。在间隙拉板过程中进行卸渣。清理完所有滤渣后，拉扳小车会自动退回原始位置，拉板系统自动停止。按总电控系统中的“停止”按钮，整个机器系统全部停止工作，即整个循环也就结束了。

普通压滤机，直接按顺序拉开压滤板进行卸渣即可，直至卸渣完毕，压滤整个循环结束。

（5）注意事项

①为保证获得清亮的滤液，又要提高过滤速率，且便于滤饼的剥落和滤布的清洗，必须选择适当的滤布，一般选用301－6涤纶滤布或240滤布，也有的企业选用663尼龙滤布，要根据各自企业的发酵工艺而定。

②应定期用高压水冲洗滤布或将滤布拆下清洗，以免滤布孔隙堵塞而影响过滤效果。

③滤布的长度尺寸，如果采用明流方式滤布外挂时，应加放收缩量，以定型后滤布超出橡胶膜边缘，又不盖位下部的流液孔和气孔为宜；如果采用嵌入式内置滤布，滤布在按图加工前，要先进行预收缩和定型处理，然后再缝制滤布。

④油箱用液压油应保持清洁，无杂质和水分，数量应充足，并应定期更换液压油。

⑤无压缩空气源的单位，应配备空气压缩机，其产气量应不少于0.3m^3/min，压力达到0.7MPa。

（6）常见故障、原因及排除　表3－9为常见故障、原因及排除一览表。

表3－9　常见故障、原因及排除一览表

故　障	可能原因	排除方法
滤液浑浊	（1）滤布破损 （2）滤布选择不当 （3）开始进料压力高	（1）缝补滤布或更换 （2）更换合适滤布 （3）控制开始进料压力，逐步上压
顶紧时油缸活塞杆后退压力下降快	（1）液压锁失灵，锁内进脏物或阀芯锈蚀 （2）油缸内密封圈磨损，油缸内泄漏 （3）油箱内油太少有气	（1）清洗液压锁，消除阀芯锈斑 （2）更换液压锁 （3）更换活塞密封圈 （4）将油箱加满油
喷料	（1）顶紧压力偏低 （2）进料压力偏高 （3）橡胶密封件老化失效	（1）加大顶紧压力 （2）按要求压力进料 （3）更换橡胶密封件
拉板小车行走速度变快或慢	（1）单向节流阀失灵 （2）控制拉板系统的液压溢流阀失灵	（1）清洗或更换节流阀 （2）清洗更换溢流阀
液压泵噪声大活塞杆不动	（1）液压油中含蜡较高，油液成糊状 （2）油箱吸油口有异物堵塞，吸油不畅 （3）油中有水，油液皂化，气温较低时油液凝固	（1）更换品质较好，含蜡低的液压油 （2）打开油箱，清除吸油口异物 （3）更换液压油，杜绝水进入油箱内

第三节　精密过滤设备

一、过滤技术简介

过滤技术是在传统技术基础上发展起来的一门新兴的学科。一般来说，过滤是一种分离气体或液体中悬浮的或溶解的粒子的技术。过滤需由一定的过滤介质和相应的辅助设备（过滤器等）来完成。过滤技术的发展，主要表现在过滤介质和装置的不断改进和更新，应用领域的不断扩大和深入，操作技巧的不断改进和提高。所谓过滤就是通过机械与滤材结合的方式将酒中不符合产品要求的成分除掉。它包括能见到的杂质、悬浮物或者为了达到某种要求而除掉的其他成分，甚至是酒中存在的微生物与微量元素。过滤也是随着科学技术的进步而不断发展的，从深层过滤到表面过滤再到现在的复合层过滤、滤膜过滤与超滤、反渗透等。

（一）深层过滤

深层过滤器具有纤维状、颗粒状或烧结的基体，基体上形成不规则的微孔状结构。黄酒上深层过滤最有代表性的就是棉饼过滤、硅藻土、聚丙烯、人造丝纤维素、玻璃纤维、烧结金属、陶瓷等及一些用不同纤维交织叠加在一起作为滤材的过滤介质（图3－36）。

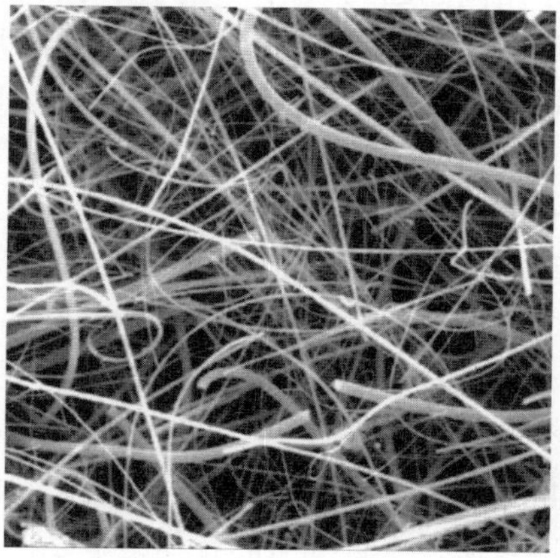

图3－36　深层过滤示意图

深层过滤器纳污能力强，也能过滤出比额定孔径大小的大部分杂质。深层过滤器一般比滤膜过滤器便宜。

（二）微孔过滤

微孔过滤就是液体流经一个微孔介质如滤膜过滤器时除去大小范围在

0. 025 ~ 10. 0μm 的杂质的过程。虽然微小颗粒可以使用非滤膜过滤器或深层材料如纤维状介质除去，但只有滤膜过滤器，能精确确定微孔的大小，从而保证定量截留。

滤膜也可用于切向流的过滤，可对诸如葡萄酒、黄酒或啤酒之类液体进行提纯，以去除其中的颗粒物质，如细菌、酵母菌或动物细胞。

微孔过滤包括表面过滤和膜过滤。

表面过滤的滤材具有以下的几个特征：一是薄（一般小于1mm）；二是很窄的孔径分布，也就具有了较好的截留率；三是较精确的聚合物结构，几乎无纤维释放；四是具备深层过滤器和微孔滤膜过滤器的中间性质。

（三）膜过滤

膜过滤中的过滤膜可以看成是几何结构规则的多孔基体。通过筛分机制，颗粒被阻挡在其表面或滤膜厚度方向上某个区域内。大于微孔的所有颗粒的微生物体均可被过滤出来。

二、黄酒过滤设备

黄酒的过滤设备可包括为酒糟分离设备和酒液清滤设备。酒糟分离设备在前面已经讲过，这里不再重复。这里所说的过滤技术特指酒液过滤，严格地说是指清酒液、成品酒的过滤。当我们将经过压榨后的酒液，进行长年贮存时，必须经过除菌工序，目前最为简单和最为常用的是加热灭菌。如果说为了能得到优质的陈年老酒，依目前的技术用高于巴氏灭菌一定温度的加热杀菌是可以的，但是，如果是将陈年酒重新过滤灌装，改成瓶酒小包装，则再采用第二次高温灭菌，就会损失陈年老酒的固有风味，这一严重影响中国黄酒风味口感的处理方法已受到越来越多的关注和研究。下面从黄酒成品陈化需要的过滤、瓶酒小包装需要的过滤和无菌过滤三方面进行介绍。

（一）大容器成品酒的贮存过滤

黄酒为了达到陈化的目的，一般要经过一定时间的贮存，使新酒那种辛辣粗糙的口感能得到改善，那么进入陈化容器前的过滤就是一个必须十分注意的环节。

以前，黄酒厂统一使用的是铜质石棉棉饼过滤机，它使黄酒从大坛包装变为小容器包装成为可能，能过滤掉人目视所能看到的悬浮物，一般在半年时间内不会出现较多明显的沉淀，为黄酒的瓶装小包装起到重大作用。然后，随着人们物质文化水平的不断提高，对食品的要求进一步严格，对给人体会造成影响的物质或介质的使用限制也越来越苛刻，而原来的棉饼过滤机，因为其石棉会对人体健康造成比较严重的影响，所以国际上已禁止将石棉直接应用于食品的过滤。那么，寻求一种能适应黄酒特殊需要的过滤介质或过滤设备，是所有黄酒厂共同所要解决的问题。以下根据不同的材质，介绍可用于黄酒生产的过滤设备。

1. 立式硅藻土过滤机

硅藻土过滤机首先是在啤酒工业中开始应用的，由于其过滤质量远高于棉滤机且无毒性，后被白酒、黄酒、葡萄酒等酒类企业广泛应用。硅藻土过滤机有不同的内部结构和不同的外部形式，但其基本原理是相同的，即利用硅藻土的微孔、微粒及一定的吸附性，阻截和吸附酒液中的杂质。以扬州润明轻工机械有限公司的 LTG $-5m^2$ 立式硅藻土过滤机为例。

设备过滤流程示意图如图 3 -37 所示。

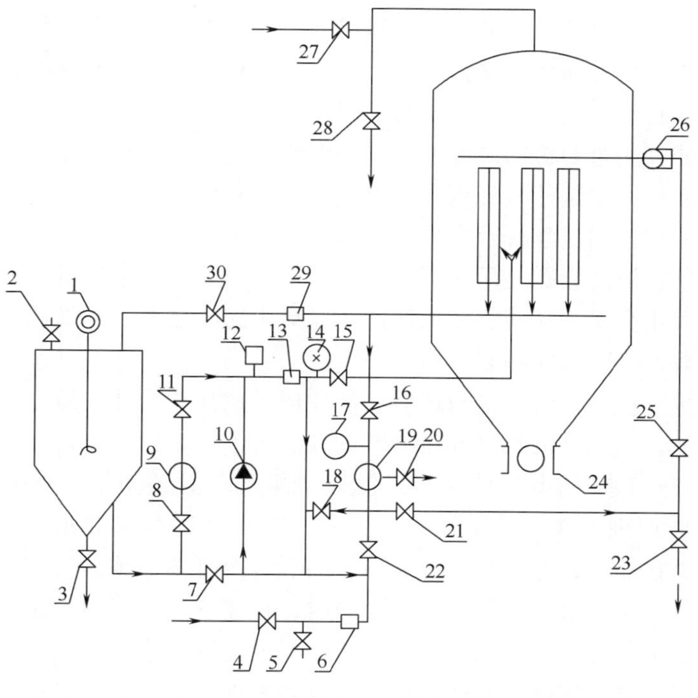

图 3 -37　立式加压硅藻土过滤机流程示意图

1—搅拌机　2—进水阀（Ⅰ）　3—排污阀　4—进料阀　5—进水阀（Ⅱ）　6—视镜　7—混合液进口阀　8—计量泵进口阀　9—计量泵　10—输液泵　11—计量泵出口阀　12—安全阀　13—视镜　14—压力表　15—输液泵出口阀　16—清洗止回阀　17—压力表　18—清洗阀　19—视镜　20—取样阀　21—出液阀（Ⅰ）　22—内循环阀　23—出液阀（Ⅱ）　24—排渣阀　25—清洗阀（Ⅱ）　26—清洗减速机　27—进气阀　28—排气阀　29—视镜　30—外循环阀

（1）主要技术参数

过滤面积：$5m^2$

处理量：3 ~4t/h

最大工作压力：0.6MPa

筒体材质：304（0Cr18Ni9）

滤叶材质：304

物料进出口口径：DN35

进、排气口口径：DN15

CIP 清洗口口径：DN35

排渣口口径：DN80

外型尺寸：长 × 宽 × 高 = 2800mm × 1200mm × 2100mm

整机质量：约 1.5t

（2）结构　LTG 型立式加压叶滤机组，主要由机壳、滤叶、清洗装置、搅拌系统、计量泵、输液泵等组成。

机壳：机壳是由筒体、上下封头组成的，上封头与筒体为法兰加密封圈密封连接，下封头直接与筒体焊接抛光。上封头顶部有压力表、安全阀，筒体有出液管、进气排气管、清洗导向管，下封头焊有进液管、回收管、排渣管等。

滤叶：滤叶是过滤机的关键部件，由框架、滤网、压板、支承头、固定块等组装和焊接成的，安装于机壳内，其组装质量和密封性能要求较高。滤叶的固定是靠一根锁紧轴，通过丝杆及螺母压紧滤叶的固定块来实现的。

清洗装置：清洗装置是两根带有喷孔的不锈钢管，焊接在机壳上部，位于锁紧轴两旁的固定套管，从套管伸入筒内，横穿于滤叶之上，并加以密封，外装有阀门，与水源通，清洗时不必开启封头。

搅拌系统：搅拌系统是由减速机、搅拌槽、搅拌轴及叶轮组成的，用来搅拌硅藻土混合液，为滤叶的预涂和过滤时的硅藻土添加装置。

计量泵、输液泵：是用来计量正常过滤时硅藻土的添加量和输送酒液的动力设备。

（3）过滤原理　在一个密闭的机壳内，装有多片不锈钢滤叶，用来支承和黏附硅藻土，过滤前，先进行酒与硅藻土的混合液打循环预涂。当输酒泵向过滤机输入口输入一定的硅藻土与酒的混合液时，在输酒泵的压力作用下，流向滤叶网，滤网对流动的混合液会产生一股阻流，形成滤网两边的压差，混合液中的硅藻土逐渐吸附于滤叶表面，几经循环，使滤叶表面形成一层具有相当过滤能力的硅藻土涂层（称为预涂层），转入应滤酒液，酒液经过滤叶的过滤层流入内腔，经出口流出清酒。

（4）操作方法

①准备工作：对该机滤槽、滤叶、包括搅拌筒及所有管道进行清洗。接通管道，检查各部件以保证无泄漏。关闭系统所有阀门。接通电源，确认电机、输料泵的转动方向。根据本次需要过滤的酒量，配制相应数量的混合液，该系列过滤机，一般情况下的用土量为：

预涂用土	1～1.2 kg/m^2
酒土比例	9:1
粗细比例	1:1
添加用土	1～1.5kg/t 酒

②预涂：将搅拌槽内按比例配制好的硅藻土与酒的混合液充分搅拌均匀。开启进气阀，使机内备有不大于0.07MPa的压力，然后关闭气阀，开启进料阀、回流阀、输酒泵出口阀和清洗止回阀，借助料罐的压力，向机内开始送料，并开启放气阀，使机内保持0.05~0.07MPa的压力，当从出液视镜中见到酒液时，即开启混合液进口阀，关闭进料阀、回流阀，启动输酒泵，送入满足预涂用的混合液，根据刻度定量送入，掌握液位。混合液送入后，立即开启进料阀，关闭混合液进口阀，继续补充预涂液，直至排气阀有酒液时，再排放10s左右时间的气泡，然后关闭排气阀，待压力上升至0.5MPa左右时，关闭进料阀、开启循环阀，开始循环预涂。在循环过程中，应注意循环压力和压差，一般保持进压0.35MPa左右，压差0.05MPa左右为宜。整个预涂过程需10~15min。只要从视镜中见到清亮透明的酒液（浊度为0.3~0.45 EBC），即为预涂成功，可转入正常过滤。

③过滤：预涂与过滤的衔接关键是开、关出口阀、进料阀和循环阀。以尽可能快的速度，打开出口阀、进料阀，马上关闭循环阀。做到过滤机内压力没有明显下降，如果，压力下降明显，滤液不够清亮，则需重新预涂，直至所滤酒液清亮为止，再转入正常过滤。正常过滤时，开启计量泵进出口阀门，启动计量泵，始终不断地缓缓添加硅藻土混合液，否则会影响过滤周期和生产效率。正常过滤时添加的硅藻土量，以每吨酒添加量与总过滤量进行计算，然后调节计量泵，达到相应的添加目的。

④停机：经过一段时间的使用，积聚在滤层中的杂质，会随着过滤量的增加而增加，过滤层中的硅藻土含量与杂质的比例已不能达到有效的比例范围，滤层的微孔绝大多数被堵塞，使过滤压力增高，流量明显下降至极小，此时必须及时停机。

⑤停机操作：首先停计量泵和输酒泵，迅速关闭出口酒阀，其次再关闭其他阀门。接通回收罐管道，开启进气阀及回收罐管道的阀门，将余酒用气送入回收罐（气压不超过0.07MPa），余酒排空关闭各阀门。排出搅拌槽余液，清洗搅拌槽，洗净后加满净水备用。分别打开计量泵和输酒泵的进出口阀以及清洗阀，先启动计量泵，用清水排除混合液后关机，并关闭进出口阀。再启动输酒泵和清洗电机，进行对滤槽、滤叶清洗并同时开启排渣阀，边清洗、边排渣，直到滤渣排净。关闭排渣阀，继续向滤槽灌满清水，然后开循环泵、循环阀，循环10min，将水放净，清洗完毕。清洗完可根据不同情况进行消毒灭菌。

⑥注意事项：凡间隔时间不是很长，用完后用清水浸泡滤叶即可。以防滤网被上些胶黏物质堵住网孔，影响过滤效率。正常使用一个月左右也应彻底清洗，洗除黏附在滤网上的杂质。彻底清洗时，须用含碱2%~5%，60~68℃的热碱水用输酒泵输入滤槽，打入过滤机罐内，浸泡滤网半小时以上，后用泵循环10~15min，排放碱液，再用清水循环排放2~3次即可再次使用。

2. 以硅藻土为基质的微孔陶瓷过滤机

目前一些硅藻土过滤器材厂生产的GZP系列过滤机，其过滤介质采用以硅藻土为基质加以瓷黏土通过烧结成型作为一种高效滤材，其外形如饼盘状，像一个个白砂轮，再通过密封连接件的组合和不锈钢的外壳，装配成过滤效果较好的过滤器。以吉林省四平市京平过滤器材厂的GZP系列过滤器为例（可参照后面的“德国Sartorius公司的圆盘深层层叠式过滤器”，结构完全一样，只是过滤介质不同而已）。

以硅藻土为基质的微孔过滤陶瓷，又称固体硅藻土。最早应用于石油化工行业中的液体和废水处理中的过滤介质，后由于其使用寿命长、过滤质量较好，被广泛应用到其他的液体过滤器中，如制药、食品饮料、制胶、糖浆、酒类等行业。GZP系列过滤机，是由一组或多组硅藻土过滤盘组成，以不锈钢空心轴连接，结构简单、操作方便。停机后可随时开机过滤，不必再循环预涂硅藻土，硅藻土使用量小，并设有反冲装置，根据过滤情况可随时进行反冲洗。由于其过滤孔径在0.1~2.0μm，且过滤元件的SiO_2含量不小于85%，几乎没有其他物质溶解在酒中，很适宜于一般黄酒的除浊。又因其具有一定的强度，可在小于140℃，正反向压力小于0.5MPa的条件下使用。此类过滤机的最大特点是过滤介质寿命较长，硅藻土使用量小，生产成本较低。表3-10所示为此类过滤机的技术参数。

表3-10 GZP系列过滤机技术参数表

过滤机编号	过滤精度/μm	过滤面积/m²	过滤流量/(t/h)	耐温/℃	工作压力/MPa	
					正向	逆向
GZP21-5	0.2~2.0	5	2.6~6	140	0~0.4	0~0.5
GZP21-10	0.2~2.0	10	6~15	140	0~0.4	0~0.5
GZP21-30	0.2~2.0	30	24~35	140	0~0.4	0~0.5
GZP21-50	0.2~2.0	50	40~55	140	0~0.4	0~0.5
GZP32-3	0.2~2.0	3	2.4~3.5	140	0~0.4	0~0.1
GZP40-5	0.2~2.0	5	2.6~6	140	0~0.4	0~0.05
GZB60-40	0.2~2.0	40	30~45	140	0~0.4	0~0.05
GZB40-12	0.2~2.0	12	8~14	140	0~0.4	0~0.05
GZX08-0.5	0.1~0.5	0.5	0.3~0.6	140	0~0.5	0~0.5
GZX08-0.1	0.1~0.5	0.1	0.06~0.15	140	0~0.5	0~0.5

GZP系列过滤机操作程序：首先，将过滤机充满净水，检查各密封紧固件部位是否有渗漏或松动，然后开启自吸泵用水循环，为防止滤液中的胶黏杂质黏附

在过滤盘上，加入 0.3 ~ 0.5 kg/m^2 硅藻土助滤剂，使其在过滤表面形成 0.4 ~ 0.5mm 的防护层，有利于反冲洗时将黏附在过滤盘表面的胶黏杂质冲洗掉。循环结束后，关闭进口循环阀，同时开启滤液进口阀，用滤液顶出过滤机中的循环水，待从过滤机出口的视镜杯中观察到循环水已排净并开始滤出清液时，关闭出口循环阀，同时开启清液出口阀进行正常过滤。如在过滤时因故停机，则只需关闭进出口阀门即可，开启时也只要打开进出口阀门、启动自吸泵即可。当过滤时出口流量不足正常的 2/5 或罐体压力表与出口压力表的压差大于 0.25MPa 时，应用净水或滤出的清液进行反冲洗，反冲洗的压力应高于原压差，以 0.3 ~ 0.4MPa 为好。反冲洗时，关闭滤机滤液的进口阀与出口阀，打开反冲洗阀和排污阀，开启自吸泵，以净水或清液进行反冲洗，待排污阀中流出的液体无杂质时，反冲完成。重新开始过滤操作。

GZP 系列过滤机最大的操作通病是，操作人员不注意过滤压力的变化，而导致过滤介质滤盘的破裂。也正是这一原因，使一些企业对其产品质量产生怀疑。

GZP 系列过滤机的缺点：此类过滤机也存在着些缺点，如反冲洗的间歇性会影响正常的生产秩序；反冲时排污阀排出的污物杂质与硅藻土，没有收集装置，会污染环境；系统中缺少过滤效果的在机检测或监督检测等。

3. 袋式过滤器

液体袋式过滤系统简介：上海微滤净化技术有限公司推出的瑞元 RBF 液体袋式过滤器与德国乐博（LOEFFLER）公司的液体袋式过滤系统（Filter bag systems for liquid filtration）同属一种封闭式的过滤系统，分为单袋式、双袋式、多袋式等多种形式（图 3 - 38、图 3 - 39），其工作原理都是压力过滤。整套袋式过滤器包括三个部分：过滤容器壳体、支撑网篮和过滤袋。活动磁棒、排液球瓶、活性炭篮为该系统的可选择性配件。只是德国乐博公司的产品其制作更为精良，但价格也更高。然而，袋式过滤器的关键点是过滤器的密封性能和过滤袋的质量，因此国产的袋式过滤器显得更有竞争力。

袋式过滤器的原理是把要过滤的酒液从被支撑网篮支撑的过滤袋顶部流入，这使得液体在整个过滤表面均匀分布，以便整个过滤介质中流动分布是一致的面没有紊流的负效应。酒体从过滤袋内流向袋外，滤出的颗粒杂质被截留在过滤袋内部，使得更换过滤袋时不致污染下游的液体，同时也便于过滤系统的清洗。设计在过滤袋内的提手使得过滤袋更换更加快捷方便。

液体袋式过滤器使用的注意事项如下。

（1）袋式过滤器的进出口安装方向应保证液体从里向外流出过滤袋，脏物被留在过滤袋内部。必须保证过滤器进出口方向的正确性。

（2）过滤袋使用前应用消毒液或热水浸泡，然后小心放置于网篮中，长时间停机不用或进行水管线消毒时，可将过滤袋取出放置于消毒液或碱液中浸泡处理。

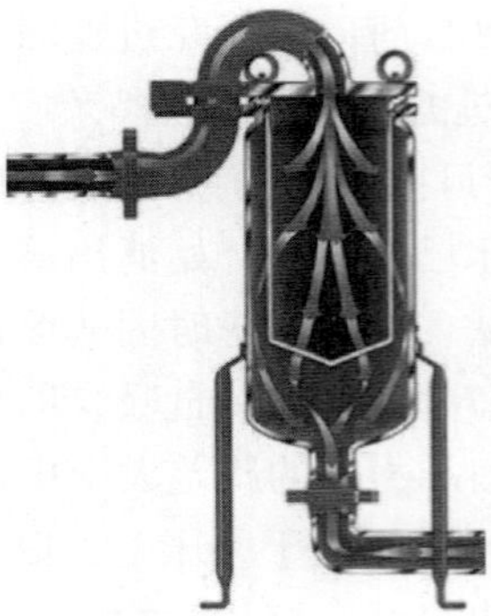

图 3－38 单袋顶入式过滤器 RBF－1BS02

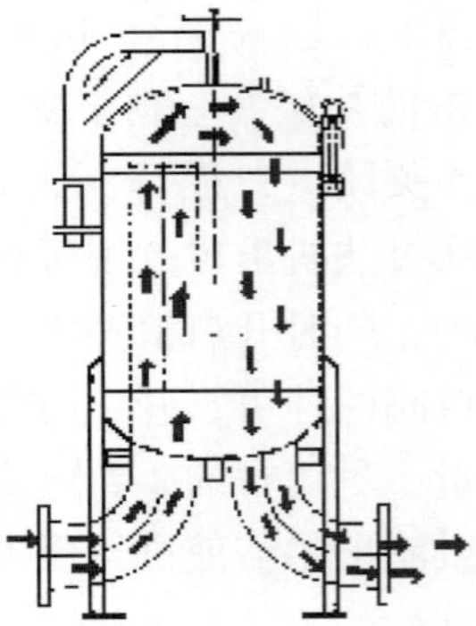

图 3－39 多袋示意图

（3）必须保证所用过滤袋底部与网篮底部接触，以免过滤袋底部破损。

（4）过滤器中装好过滤袋，开始工作时一定要先关闭下游阀门、打开排气阀，再缓慢打开上游阀门，待水或酒将过滤器中空气排净方可关闭排气阀，然后开启下游阀门，以免由于压力瞬间上升而损坏过滤袋。更换过滤袋时必须检查过滤袋底部是否破损以找出问题所在。

（5）过滤袋更换压差　当过滤器进出口压差达到 100MPa 时或达到一定的过滤量时，则需更换新的过滤袋。定时检查过滤袋使用情况，保证及时更换过滤袋，以防止过滤袋太长时间使用造成内部纤维迁移。

袋式过滤器的使用优点如下。

（1）有效保护昂贵精密过滤器：由于过滤袋本身成本低，一旦发生突然堵塞现象，所发生的费用非常低，避免了昂贵高精度过滤器的损耗。

（2）丝网支撑网篮开孔率高，保证了过滤系统体积小、流量大，提高了过滤袋实际使用面积，延长了使用寿命。

（3）顶入式的设计使得过滤袋的更换方便快捷，均匀分布的流线使截留在过滤袋介质中的杂质分布均匀。

（4）高强度支撑网篮有效支撑过滤袋，防止纤维迁移，保证了高效率的过滤，也保证较高的过滤袋机械强度。

（5）过滤袋内可安装专用磁性过滤器或活性炭、硅藻土，以去除铁性杂质或吸附有机物。

（6）标准规格的支撑网篮适合所有标准尺寸的过滤袋，使得过滤袋互换性强。

袋式过滤器的缺点如下。

对较浑浊的酒体，过滤时压力会升高得较快，如若使用则需要采用双套并联。一套清洗时，另一套可正常使用。另外，进口的滤袋成本也较高。

袋式过滤器操作使用说明如下。

过滤器在开盖换袋时要先打开过滤器下游管线的排污阀及顶部的排气阀以卸掉过滤器的残压。

（1）关闭进出口阀门，切断液流。打开排气阀以确保排去残压。有排污阀的过滤器请打开排污阀。

（2）松开顶盖紧固羊眼螺栓，打开滤器顶部，多袋滤器可转动手轮抬高顶盖，并将其转向一边，以便抽除过滤袋。抽去脏的过滤袋。

（3）新的滤袋装入过滤袋支撑网篮中（已安装在滤器内），务请保证过滤袋外表面与支撑网篮内表面贴合紧密。

（4）检查支撑网篮上下端面的O型密封圈的位置是否准确，O型圈安放在支撑网篮和滤槽（过滤器壳体）之间，滤袋的密封圈应放置在支撑网篮的密封凹槽内。小心关闭顶盖，注意不要碰撞。

（5）羊眼螺栓复位后用手带紧，按顺时针方向用转矩扳手逐个紧固螺母，要采用对角旋紧螺母，保证每个螺母受力均匀。

（6）打开排气阀，微启过滤器进口阀，让待滤液体慢慢充满过滤器直至从排气阀溢出为止，然后关闭排气阀。慢慢地将进口阀打开到全部位置，再慢慢地将出口阀打开至全部位置。仔细检查滤器的密封情况。

（7）当过滤袋上下游压差最高达到200MPa（20℃）时，应考虑更换过滤袋。一般过滤袋更换压差控制在50～100MPa或酒液过滤量800t/只，以保证过滤器的流量，并防止过滤袋压差过高而导致过滤袋中截留的脏物漏出。

（8）过滤高黏度液体如黏胶时，在更换过滤袋的同时也要清洗过滤袋支撑网篮。对于采用不锈钢丝网或纤维毡的过滤袋（与支撑网篮焊接在一起），只需定时连同网篮一起清洗。

过滤孔径2μm以下的袋式过滤器，就是硅藻土过滤机后的硅藻土捕集器。

（二）商品酒大包装的过滤

目前国内许多生产过滤设备的企业，均在生产膜过滤器，但国产膜因膜技术方面的难题，还不能生产绝对的除菌膜，但一些著名厂家生产的精滤设备与以前的棉滤机过滤相比，则明显具有清澈度高的优点。以下介绍上海微滤净化技术公司，美国的CUNO、PALL、Millopore、Minntech，德国的Sartorius的精滤设备。

1. Zetaplus层叠式过滤器

从20世纪70年代开始，欧洲对含有致癌作用的石棉过滤介质寻求替代品，美国CUNO公司适时开发出了用木质纤维加无机助剂，以带正电位树脂经特殊工艺制成了成型的固体滤材，称Zetaplus。这种过滤介质可制成层叠式结构或纸板式结构。目前已有众多公司提供同类产品，如美国Millipore、德国BECO等，在葡萄酒、果酒等酒类过滤中广泛应用。

（1）Zetaplus过滤器及滤芯的结构（图3－40、图3－41）。

（2）Zetaplus过滤原理　从过滤理论上说，过滤精度要求越高，滤材的组织密度必然越高，从而获得较小的孔径或间隙。如此一来精度升高，压差也随着升

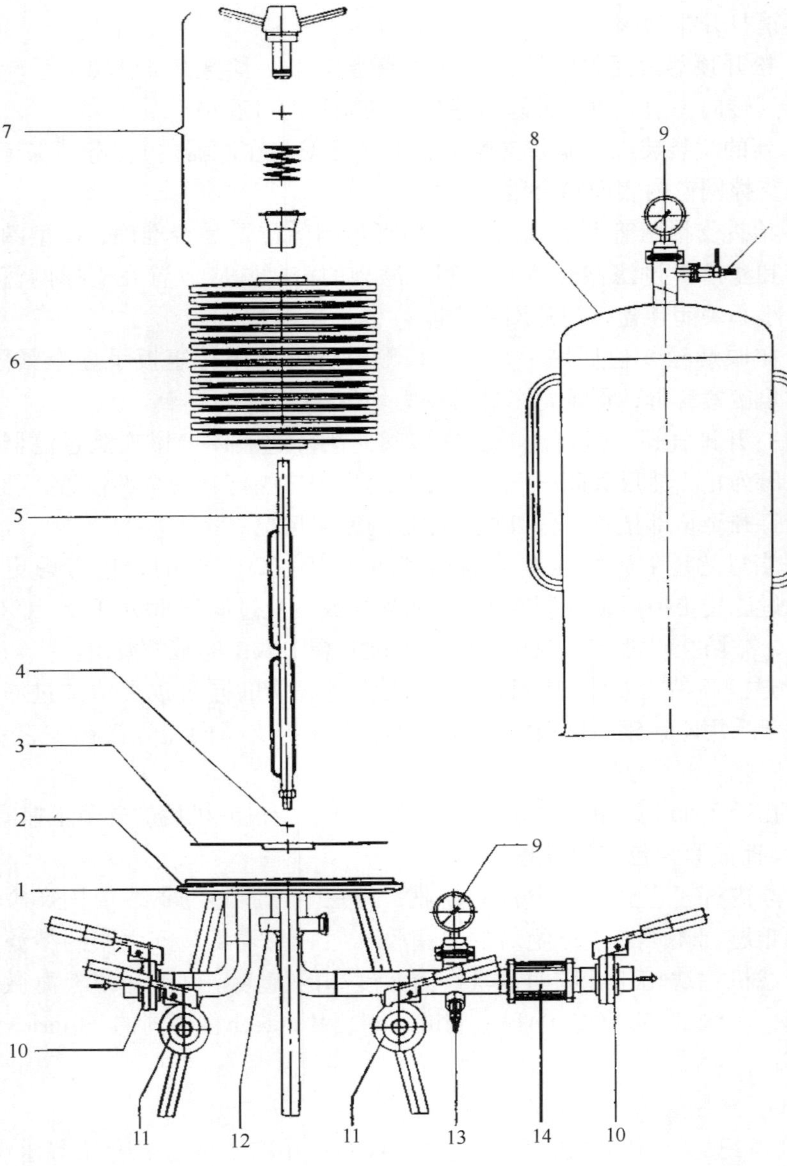

图 3-40 过滤器结构图

1—底座 2—底座垫圈 3—底座垫 4—固定垫片 5—紧固螺杆 6—滤芯 7—滤芯紧固件 8—滤器外壳 9—压力表 10、11—进出口蝶阀 12—卡箍 13—排空（料）阀 14—视镜

高，过滤的流速也就小了。Zetaplus 滤材上层孔径较大，随着滤材本身深度的增加其孔径逐渐变小。因此，大的杂质颗粒被阻挡在表面，小的颗粒随其粒度的大

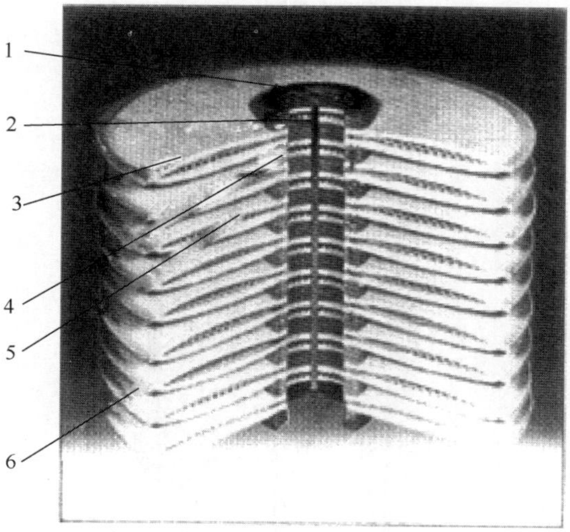

图 3-41　滤芯结构图

1—垫片　2—不锈钢条　3—Zetaplus 带正电滤材
4—聚丙烯间衬　5—聚丙烯导流盥　6—热胶封

小不同而被拦截在不同深度上，从而较好地保证了稳定的流速和较大的容污能力。

自然界中存在各种污染杂质，尤其是有机杂质几乎都带负电荷，因此CUNO公司开发滤材的带电技术。其原理是用热固性树脂固着纤维和助滤剂，由于其官能团的电子云分布特性，在一定溶液环境中附着在纤维表面的树脂即呈一定的正电性，于是颗粒物、微生物、胶体、病毒及内毒素在滤材“迷宫式”的通道中低速流动时就被吸附在纤维表面。

（3）Zetaplus 的优点和缺点

优点：操作简单，完全的密闭系统，可实现无菌过滤；卫生级器材；占地面积小；可进行完整性检测。

缺点：由于其过滤手段采用的是“迷宫式”的过滤线路，因此堵在迷宫里的微粒很难被反冲出来，故使其使用的寿命受到了一定的影响。

2. 德国 Sartorius 公司的圆盘深层层叠式过滤器

（1）结构外形如图 3-42 所示。

（2）产品特点　Sartorius 的圆盘深层过滤器，是由纯净的硅藻土、珍珠岩和纤维素等助滤剂经特殊的加工工艺制作而成的。其特殊的结构是由外向内逐渐变细的，因此可逐层截留液体中的杂粒，具有良好的机械稳定性，无卫生死角，全密闭。

（3）技术参数与产品规格　见表 3-11、表 3-12。

图 3 – 42 德国 Sartorius 公司的圆盘深层层叠过滤器外形图

表 3 – 11 Sartorius 的圆盘深层过滤器 Sartocell 的技术参数表

	澄清过滤（C）	精滤（F）	除菌过滤（S）
标称孔径/μm	11	1.5	0.5
	6	1	0.3
	4		0.2
尺寸	12″直径/1.9m²/10″高/16 片		16″直径/3.6m²/10″高/16 片
过滤器杀菌	85 ~ 90℃热水杀菌 20 ~ 30min		110℃，50kPa 蒸汽杀菌 20 ~ 30min

注：表中 12″、10″等单位为英寸。

表 3 – 12 Sartorius 的圆盘深层过滤器 Sartocell 推荐使用参数表

过滤酒基	应用	适用产品	推荐流速/（L/h/m²）	推荐流速/（L/h/12″）	推荐流速/（L/h/16″）	最大压差/MPa
黄酒、葡萄酒	澄清	C8H/F4H	500 ~ 10000	950 ~ 1900	1800 ~ 3600	250
	除菌	S3/S5	400 ~ 500	760 ~ 950	1440 ~ 1800	120
		S7	300 ~ 400	570 ~ 760	1080 ~ 1440	120

续表

过滤酒基	应用	适用产品	推荐流速/(L/h/m²)	推荐流速/(L/h/12″)	推荐流速/(L/h/16″)	最大压差/MPa
起泡葡萄酒	澄清	C8H/F4H	500~10000	950~1900	1800~3600	250
	除菌	S3/S5	400~500	760~950	1440~1800	120
		S7	300~400	570~760	1080~1440	120
啤酒	精滤	C8H/F4H	200~300	380~570	720~1080	150
		F7H	150~200	285~380	540~720	150
	除菌	S3/S5	120~150	230~290	430~540	120
白酒	精滤	F7H	500~850	950~1500	1800~2900	280
		S3/S5	500~600	950~1150	1800~2200	280
说明	产品型号中的数字前面的字母“C”表示澄清过滤；“F”表示精滤；“S”表示除菌过滤。字母后面的数字表示过滤时的截留率“LRV”，数字后面的字母“H”表示性能为高					

Sartorius公司的圆盘深层过滤器，其优缺点与Zetaplus基本相同，这里不再赘述。圆盘式深层过滤器由于其操作简单，使用方便，使用寿命比微孔膜过滤器相对较长，因此也就受到一些企业的欢迎。

无论是Zetaplus还是Sartorius的圆盘深层过滤器，要延长其使用寿命，都必须在它的前面加上硅藻土或其他方式的预过滤，成为二级或三级的过滤系统，才能取得较好的效果。

3. 微孔膜过滤设备

微孔膜过滤设备就是利用微孔滤膜为过滤介质在压差作用下达到分离和浓缩目的的一种精密过滤技术设备，精密滤膜孔径范围一般为0.1~10μm，介于常规过滤和超滤之间。0.1μm以下孔径的滤膜，一般就应用于超滤设备。完整性膜过滤器能绝对去除酒液和气体中的细菌，符合FDA除菌过滤器规范中规定的细菌截留率达到10^7CFU/cm^{2}的要求。完整性膜的最重要特性是可以做非破坏性的完整性测试，并且这种测试方法与该膜对细菌的截留性能是具有相关性的。

大部分微孔滤膜的厚度在90~150μm，与深层过滤介质（如各种滤板）相比，厚度只有它们的十分之一，甚至更小。所以，对过滤一些高价液体或少量贵重液体来说，液体被过滤介质吸收而造成的液体损失将非常少。

高分子聚合物微孔滤膜为一均匀的连续体，过滤时没有介质脱落，从而能得到高度纯洁的滤液。过滤时，不会因压力增高（在允许范围内）而使大于滤膜孔径的微粒穿过滤膜，当过滤压力波动时也不致影响过滤效果。

无机微孔膜：它是近期备受重视的品种，如陶瓷膜、玻璃微孔膜、金属微孔膜等。无机微孔膜具有耐高温、耐有机溶剂、耐生物降解等优点。在高温气体分离和膜催化反应器、食品加工等行业中有良好的应用前景。选料、熔烧加压和特定条件下干燥是制备无机微孔膜的主要方法和关键因素。

微孔滤膜的截留机理因其结构上的差异而不尽相同。国内外多位专家通过电镜观察及一些方法的验证认为，微孔滤膜的截留作用大体可分为以下几种（图3－43～图3－46）。

机械截留作用：指膜具有截留比它孔径大或与孔径相当的微粒等杂质的作用，即过筛作用。

物理作用或吸附截留作用：如果过分强调过筛作用就会得出不符合实际的结论。除了要考虑孔径因素之外，还要考虑其他因素的影响，其中包括吸附和电性能的影响。

图3－43 机械截留作用

图3－44 桥架作用

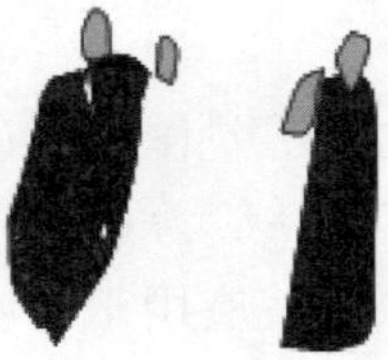

图3－45 吸附作用

图3－46 网络内部截留作用

桥架作用：通过电镜可以观察到，在孔的入口处，微粒因为桥架作用也同样可被截留。

网络型膜的网络内部截留作用：这种截留是将微粒截留在膜的内部而不是膜的表面。由上可见，对滤膜的截留作用来说，机械作用固然重要，但微粒等杂质与孔壁之间的相互作用有时较其孔径的大小更显得重要。表3－13是上海微滤公司的PVDF膜对细菌的截留效果。

表 3－13　典型 PVDF 膜的细菌截留效果

每 1cm² 截留值	PVDF 膜（0.45μm）	PVDF 膜（0.65μm）
Escherichia coli 大肠杆菌	>10⁷	
Lactobacillus hilgardii 乳酸杆菌	>10⁷	
Leuconostoc oenos 酒明串珠菌	>10⁷	
Saccharomyces cerevisiae 酿酒酵母	>10⁷	>10⁷

（1）膜过滤器的形状与结构　微滤膜从 20 世纪 80 年代末引进后，发展十分迅速。其滤膜大多采用纤维素酯类、再生纤维素、聚酰胺、聚偏四氟乙烯、聚丙烯、聚碳酸酯及改性聚砜等材料，微孔膜由于本身性脆易碎、机械强度差，因而在实际使用时，必须将其衬贴在有一定强度的材料上。一般滤膜的内外表面紧贴纤维过滤布，以增强过滤膜的强度，膜与保护布一起来回折叠成管状过滤筒，然后固定在平滑多孔的聚丙烯支撑架内，每个过滤器就由若干个辊式过滤筒组成。

（2）过滤系统　微孔过滤膜因孔径很小且随着孔径的减小，过滤膜的价格相应地升高，尤其是进口的过滤膜，如孔径小于 0.5μm，目前标准 30cm 的筒式过滤芯价格均在 2000 元人民币以上。因此，为了降低成本、延长过滤膜的使用寿命，一般在使用过滤膜作为精滤或除菌过滤时，往往不是单一地使用一个过滤器，而是采用多个不同孔径的过滤器组成一个过滤系统，以求既降低过滤成本又提高过滤效率，同时也可延长过滤膜的使用寿命。多个过滤器的配合使用，称为过滤链，如何优化过滤链涉及到二个问题，一是尽可能低的成本；二是尽可能好的过滤效果。黄酒的利润率并不是很高，过滤成本是必须考虑到的问题，前面已有说明，通常越精细的过滤器材价格也越昂贵，要保证后道过滤的使用经济性，需要前置保护过滤器，一般采用多级过滤链组合才能达到比较经济又保证质量的目的。而前置过滤器是否能起作用，使用成本如何也关系到整个过滤链的使用成本，选择合适的过滤链对于黄酒过滤工艺的经济性是非常重要的，而从大量可供选择的过滤器中挑选出最佳过滤方案是一件十分重要的工作。根据膜孔逐渐堵塞的模型，运用外推的方法，可预测过滤的表现，从而能够设计、优化和放大过滤系统，使黄酒企业能获得最合适的过滤链，或者说设计一套较适宜的过滤系统。

第四节　灭菌设备

一、概述

黄酒企业作为食品行业之一，在其生产过程中应严格控制杂菌的感染。灭菌可利用热或化学药物及电磁波来杀死微生物；也可用机械方法，例如过滤、离心分离、静电方法除去微生物。但在发酵工业中，大量培养液的处理广泛应用蒸汽加热的方法。在实验室中有效的 X－射线、β－射线、紫外线和超声波辐射对大量培养液的灭菌也不适用；而 γ－射线在某些方面可用，特别是在食品工业常用它来灭菌。

本节讨论应用蒸汽加热灭菌，蒸汽加热灭菌可分为间歇灭菌和连续灭菌。间歇灭菌（分批灭菌）是将培养液放在发酵罐中，用蒸汽加热达到预定灭菌温度后，保持一定的时间，然后冷却到发酵温度。这种灭菌方法不需单独灭菌设备，操作简单，但加热和冷却所需时间长，这就延长了发酵罐的使用周期，使养分也受到破坏。连续灭菌已被广泛采用，其优点为：可采用高温短时间，使养分的破坏较少，从而提高了生产率；蒸汽负荷均匀，便于自动控制；因总的灭菌时间较间歇灭菌短，缩短了发酵罐的周期，降低了劳动强度。

实验证明，固体培养基的灭菌时间比液体培养基要长，液体培养基需 100℃ 灭菌 1h，固体培养基则需要 2～3h 才能达到同样的灭菌效果。其原因在于液体培养基灭菌时，热的穿透除传导作用外还有对流作用，固体培养基则只有传导作用而无对流作用，况且水的传热系数比有机固体物质大。

二、新工艺黄酒生产中的灭菌设备

黄酒生产中的灭菌设备主要是煎酒器，目前部分工厂已经采用了高效的自动控制板式热交换器作为煎酒设备。采用薄板式热交换器进行消毒灭菌，使黄酒的消毒灭菌从传统的间歇操作变成连续操作。

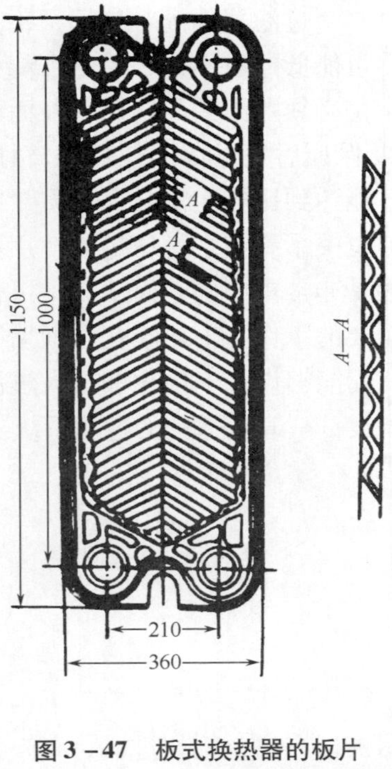

图 3－47　板式换热器的板片（人字形波纹）结构

灭菌的操作过程是经过滤机过滤的生酒，用泵输入热交换器进行灭菌。如有预热设备的，则需先流入预热器；如若大坛灌装，灭菌后的热酒应趁热进行灌装。

（一）板式换热器

板式换热器具有传热效果好、结构紧凑等优点，是新型换热器的一种。在温度不太高和压力不太大的情况下，应用板式换热器比较有利。

板式换热器由传热板片、密封垫片和压紧装置三部分组成。作为传热面的板片可用各种不同的金属（如不锈钢、黄铜、铝合金等）薄板压制成型。由于板片厚度一般仅 0.5～3mm 其刚度不够，通常将板片压制成各种槽形或波纹的表面，如图3－47 所示为人字形波纹板。这样既增强了刚度以防止板片受压时变形，同时也增强了流体的湍动程度，并加大了传热面积。每片板的四个角上各开一个孔，板片周边及孔的周围压有密封垫片槽。密封垫片也是板式换热器的重要组成部分，一般由各种橡胶、压缩石棉或合成树脂制成。装置时先用黏结剂将垫片贴牢在板片密封槽中，孔的周围部分槽中根据流体进入板面之间通道的作用，将若干块板片按换热要求板间距形成了流体通道。借助板片四角的孔口与垫圈的恰当布置，使冷、热流体分别在同一板片两侧的通道中流过并进行传热。除两端的板外，每一板片都是传热面。采用不同厚度的垫片，可以调节通道的宽窄。

图 3－48 表示板式换热器中冷热流体的流向。板片数目可根据工艺条件的变化而增减。

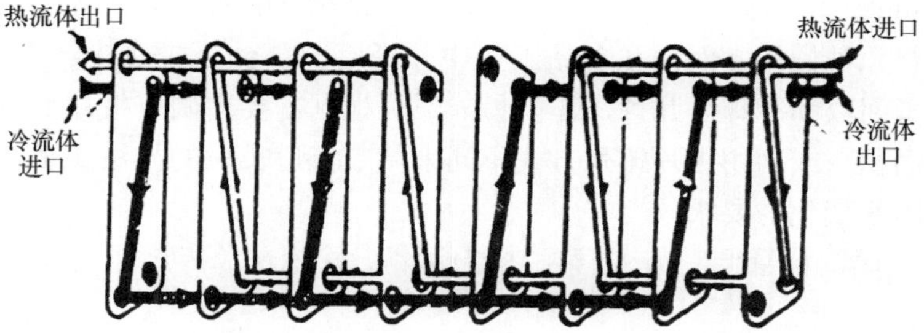

图 3－48　板式换热器流向示意图

图 3－49 是板式换热器的外形结构示意图，可大致清楚其整个外形。

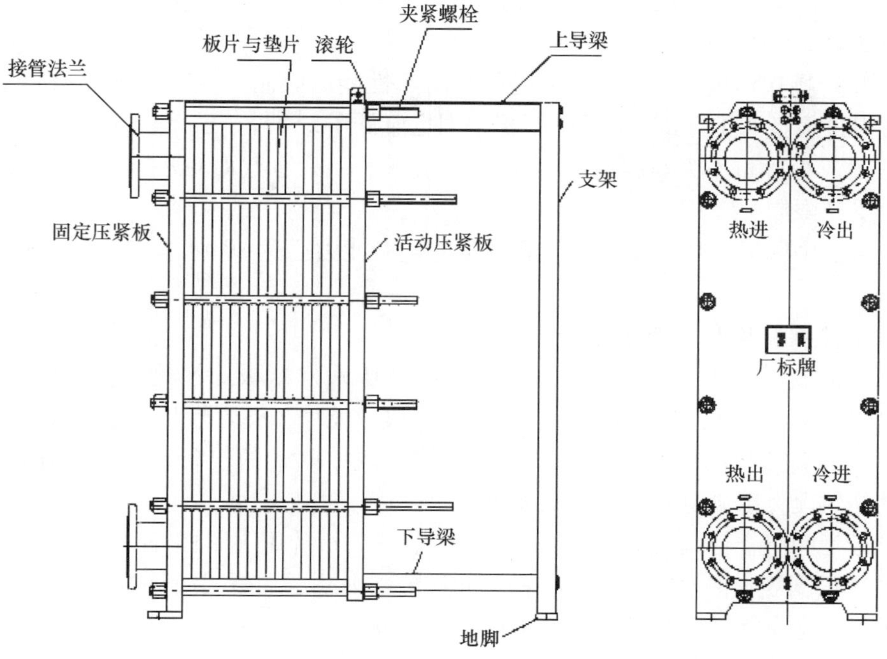

图 3－49　板式换热器的外形结构

板式换热器目前广泛应用于食品、轻工和化学等工业。

板式换热器的主要优点如下。

（1）传热系数高。例如水对水之间的传热，K 值为 1500～4700W/（m^2·K），在列管式换热器中 K 值一般为 1100W/（m^2·K）。这是由于在板式换热器中有波纹或沟槽，可在低流速下（例如对人字形板片）即达到湍流，故传热系数高，而阻力损失并不大。此外，污垢热阻也较小。

（2）结构紧凑，单位体积设备提供的传热面积大。板间距为 4～6mm 时，常用的板式换热器每 1m^3 体积可具有 250m^2 以上的传热面积，而列管式换热器一般为 40～150m^2，操作灵活性大。只要在适当位置安设中间隔板，可以在同一设备中同时进行几种操作。例如在食品工业中，可用同一台板式换热器来进行灭菌、加热、热量回收和冷却等几种操作。另外，可根据需要用调节板片数目的办法来增减传热面积，或利用板片排列方式不同来调节流道长短的办法，来适应冷热液体流量和温度变化的要求。

（3）金属消耗量低。与列管换热器相比，每平方米传热面金属消耗量可减少约一半。

（4）板片加工制造、检修以及清洗都比较方便。

板式换热器的主要缺点如下。

（1）允许的操作压力比较低。因受垫圈种类和垫圈沟槽结构的限制，压力过高容易渗漏，同时也受板片刚度的限制，操作压力一般低于 1.5MPa，最高不超过 2MPa（表压）。

（2）操作温度不能太高。因受垫片耐热性能的限制，如对于合成橡胶垫圈，操作温度应低于 130℃，对压缩石棉垫圈也应低于 250℃。

（3）处理量不大。因两板间距离仅几毫米，流通截面较小，流速不大，处理量受到限制。

目前中国绍兴黄酒集团的煎酒设备的生产能力已达 10 t/h（机型为 BP_2A_2－J－6）。

1. 主要结构和工作原理

夹板式（J、JZH 系列）与顶杆式（d、SH 系列）板式换热器，主要由固定板（机头）、活动板（压框）、立柱、上下轴、板片、夹紧螺杆（顶杆式为顶紧装置）、滚轮装置与夹管件组成。带有保温片或中间片的设备，将板片分隔成独立的换热段，以满足各种工况的要求。

板片的组合，是由流程图确定的，组装后的板片用夹紧螺杆（顶杆式用顶紧装置）压到规定的压紧尺寸。物料与介质分别由泵送入板式换热器，并在板片两侧进行热量交换。由于 BP2 板片开头波纹形状为平直波纹，因此流体在流道中流动时以一定的速度不断地改变流向形成很大的湍流，从而使传热得到强化，提高了传热效率。

中间片的设置，可以使一种物料同时在换热器内进行加热与冷却。进行热量回收以节约能源消耗。如物料在加热后需在设备中进行保温（保温时间不大于15s），此时可在流程中设置保温片，以满足物料加热杀菌的工艺需要（若另需保温设备，可增加保温管、保温缸）。

为确保物料与介质在换热器中不会因泄漏而在板片内相互串流，因此，板片胶垫上开有信号孔。当一种流体从第一道密封泄漏时，即从信号孔中流出，以便用户能及时发现并进行及时地维修，更换胶垫。

成套设备除了换热器主机外，其他部件如平衡槽、回流、温度控制均由仪表箱进行自动控制与连续记录，以便监视生产过程和检查物料的杀菌质量。还有的部件，可安装在外包不锈钢的底平台上。

对物料进行加热杀菌的热介质，可视用户需要采用热水或低硬度蒸汽，其温度、压力、流量应满足流程图技术参数要求。物料或介质温度与流量的改变，均会导致物料杀菌温度或最终温度随之受到影响，因此设备的正常运行，必须靠外界的条件来保证。

2. 主机主要技术参数

板片波纹形式：平直波纹

单板展开换热面积：0.24m^2

最高工作压力：夹板式 0.5MPa

顶杆式 0.3MPa

最高工作温度：丁腈橡胶 120℃

三元乙丙胶 150℃

设备最大组合换热面积：

J 型（夹板式）：3～25m^2，最大：40m^2

JZH 型（夹板式）：5～25m^2，最大：50m^2

D（SH）型（顶杆式）：5～25m^2

3. 成套设备的自动控制和操作

成套设备在生产过程中物料加热杀菌温度的控制，均由仪表箱中的自动平衡记录仪动圈式温度批示调节器、DF－1 伺服放大器以及蒸汽管路上的电动偏心调节阀和物料管路上的电动回流阀的自动作用来完成。自动、手动操作旋钮与各泵的启闭按钮均装在仪表箱面板上，用户可根据生产情况选择。

（1）温度自动控制主要由测温元件（铂热电阻）根据物料温度的变化来控制电动偏心调节阀的闭或开，以此来调节系统蒸汽的供给量。测温元件一般安装于板式换热器保温片或物料出口处的角尺管上；记录仪则用以批示和记录物料的杀菌温度并根据物料温度的变化来控制物料的回流、送出以及高温时自动报警。

（2）换热器主机在操作过程中，由于蒸汽压力的变化或物料流量、温度的差异都会引起物料加热、冷却温度的变化，因此，会出现低温回流、正常送出以及高温报警等现象。以上情况的出现，仪表箱都会作出相应的动作并自动调节到正常的工作状态，使物料温度（记录温度）在 ±2℃ 内变化，严格控制物料加热杀菌正常进行。

①低温：当物料温度低于设定的杀菌温度时（即低于记录仪设定温度的下限），仪表箱“回流”指示黄灯亮并控制回流阀换向，物料回到平衡槽或其他贮存罐重新进行加热杀菌。

②正常：物料温度达到设定的杀菌温度时（即在设定温度的上、下限之间），仪表箱“正常”指示绿灯亮，物料即正常送出。但从“回流”到“正常”的瞬间，为了防止在换热器中的不合格物料混入，故装有延时装置，使其仍然回流。延时回流时间在产品出厂时调整为大于 15s，以确保送出物料符合要求。

③高温：当物料温度高于记录仪设定温度的上限时，仪表箱“高温”指示红灯亮，并讯响报警以引起操作人员注意，此时因物料已达到杀菌要求，故仍继续送出。

（3）除了工艺要求用手动操作之外，仪表箱上的控制开头均应拨到“自动”“自控”位置，否则设备不能进行自动控制。设备的操作应按下列顺序进行。

① 设备的启动，首先开启仪表箱电源开关，并设定加热温度上下限。

a. 打开热水系统上的进水阀与管路上的截止阀，注水入热水器，直至水从溢流管溢出为止，并关闭进水阀（采用蒸汽直接加热除外）。

b. 打开总蒸汽阀门（用户自装），调节蒸汽减压阀使蒸汽通过减压阀后的压力降到 0.4MPa 左右。

c. 先以水代物料，并注水入平衡槽，启动热水泵与物料泵（采用蒸汽加热仅启动物料泵），注意应缓慢打开截止阀。

d. 当设备处于自动、自控状态时，物料即开始加热。此时由于物料尚未达到设定的温度而开始回流，随着电动偏心调节阀的开启，物料温度逐渐上升，仪表箱黄灯转绿灯直至红灯亮报警；电动偏心调节阀随之关闭，温度逐渐下降，再从红灯转绿灯甚至黄灯亮报警。经过几个周期的波动，物料温度逐步被控制在设定的范围之内，说明系统调节符合要求。此时记录的曲线应在 ± 2℃ 间变化，甚至更小。在调整时，可以调节动圈式温度批示调节器的设定值，使其输出电流，随着实际温度偏离设定值的程度而变化，然后再由伺服放大器驱动电动偏心调节阀进行调节，直至记录曲线符合工艺要求为止。

e. 当记录曲线符合要求后，即停止向平衡槽注水，等水放完后立即打开送料阀门送入物料。待出口管的物料中无水迹时，再把合格的物料送至贮料缸，设备即进行自动运行。

设备在运行过程中，操作人员应经常注意是否稳定、平衡槽内是否断料、电动偏心调节阀与回流阀以及各仪表的工作是否正常，如有故障应及时排除。

②设备的停机顺序。

a. 关闭蒸汽总阀门。

b. 关闭热水泵与物料泵（采用蒸汽加热仅关闭物料泵）。

c. 关闭电源总开关。

（二）列管式灭菌器

列管式灭菌柜是由列管式水浴灭菌槽发展过来的，将原来高能耗、低效能的水浴灭菌池（槽），改进为高效能、低能耗的封闭式螺旋列管式灭菌设备。而螺旋列管式灭菌设备是从套管式列管灭菌装置中改进而来的。

螺旋折流板换热器是近年来提出的一种新型换热装置，由于其流动与传热优势得到了日益广泛的应用。实践证明，这是一种比套管或传统垂直弓板折流和杆折流列管式换热器有更大优势的换代产品，其主体设计思想是将数块扇形板布置成与换热器轴线成一定倾斜角度排列的近似螺旋形，使流体呈螺旋状流动。常见的设计形式是每块折流板占壳程横截面的 1/4，且首尾相接。这种结构的换热器能有效降低壳程压力损失，流动死区小、不易结垢并且流体的湍动效果有所加强，有利于强化传热，如图 3－50 所示。

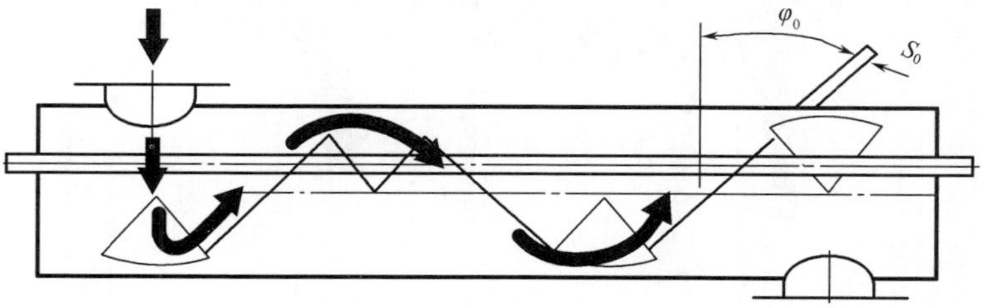

图 3－50　螺旋折流管示意图

1. 性能

螺旋列管柜式灭菌器适用于大坛黄酒的灭菌与小包装瓶酒的热灌装灭菌。灭菌温度可控制在 80～95℃，热效率大于 92%。蒸汽冷凝水 70℃左右预热冷酒，连续灭菌每小时处理量有 800～9000kg 各档规格。

2. 特点

（1）可采用分段加热法，使高温区受热时间适当缩短。

（2）安装环境要求低，人工操作方便，清洗简单快速。

（3）黄酒流程采用 1Cr18Ni9Ti 不锈钢材料。

3. 技术参数

某企业的 GMJ 型列管式的热器的参数如表 3－14 所示。实样图如图 3－51 所示。

表 3-14 GMJ 型列管式的热器的参数表

参数＼型号	GMJ-0.8	GMJ-2	GMJ-4	GMJ-5	GMJ-8	GMJ-10
处理量/（kg/h）	800	1600	3500	4500	8000	9000
蒸汽流量/（kg/h）	60	150	300	400	600	750
供汽压力/（MPa/cm^2）	0.1	0.2	0.3	0.3	0.4	0.6
配泵流量/m	≥2.0	≥5.0	≥10.0	≥15.0	≥20	≥25
配泵扬程/m	≥25	≥25	≥30	≥30	≥30	≥30
外形尺寸（长×宽×高）/m	1.7×0.6×0.8	1.7×0.6×0.9	2×0.8×1.1	2×0.8×1.1	2.2×1×1.1	2.4×1×1.1
机器质量/kg	110	300	700	800	1200	1350

图 3-51 列管式灭菌器实样图

第五节 陈化设备

各类黄酒的生产中，其生产工艺都规定了一定的贮存期。黄酒是由粮食经过发酵而成的非常复杂的液体，刚酿制出来的酒各成分的分子很不稳定，分子之间的排列又很混乱，因此必须经过贮存。贮存的过程，也就是黄酒的老熟过程，通常称为“陈酿”。因为新酒都有口味粗糙、香味不足、不柔和、不谐调等缺点，如果要改善这些缺点，除了在工艺操作上加强管理而酿出好酒外，唯一的途径就是通过“陈酿”来提高质量。一般名优酒的贮存期要 3~5 年。

目前，黄酒还是用陶坛贮存为主（图 3-52），这主要是因为陶坛具有毛细孔，具有能及时排出二氧化碳、吸入新鲜空气的透气功能，使其在贮存过程中自然陈化。陶坛一般以三个或四个为一叠堆在仓库内。每年天热时或适当时间，应该翻堆一二次，就是把上层的酒坛移位翻到下层，下层又翻到上层，这是因为上层和下层之间空气流通的情况不一样，虽同在一间屋里，上面和下面的温度是不平均的，因此底层和上层的酒坛受温度高低影响也不一样。为了使仓库贮存的黄酒不致因上下层温度差别而造成陈酿程度不一引起质量不一致，所以工厂仍应进行定期翻堆的工作。另外还可利用翻堆机会，结合检查有无漏酒的情况，破碎泥头也可趁机拣出。如仓库条件许可的话，还应把通道边的酒翻到里面，把里面的酒翻到通道口来，以创造均匀的供氧条件和温度条件。因黄酒是低浓度酒，长期贮酒的仓库温度最好保持在5～20℃，过冷、过热都是不适宜的。过冷会减慢陈酿的速度，过热会使酒精挥发损耗以及发生浑浊变质的危险。所以贮存的仓库要通风良好、高大、宽敞、阴凉，堆叠好的酒应避免日光辐射或直接照射，酒坛之间要留一定距离以利通风和翻堆。

图3－52　采用传统陶坛贮存

采用陶坛贮存，让其自然老熟，其氧化、酯化反应速度都非常缓慢，所以自然老熟贮存周期比较长、酒库占用面积大、积压资金多、自然损耗也大，给黄酒贮存带来一定的困难，是提高黄酒质量的一大障碍。现在在机械化黄酒生产中已经采用了大罐贮酒技术（图3－53）。

针对如何完善大罐贮酒技术，如何缩短和加速黄酒老熟，近几年有不少科研单位正在研究和探索人工催陈的方法，并且已有一些进展。如江苏张家港酿酒有限公司采用300m^3不锈钢露天大罐贮存，为大罐贮存的实际应用开了一个好头，但还有许多技术问题需要研究与解决。如，采用不锈钢大罐贮存黄酒，应以多大

图 3－53　现代不锈钢大罐贮存

为佳？大罐贮酒的最适温度是多少？微氧陈贮的具体参数等，这都是当前黄酒生产上的一项重要科学研究课题。

第六节　其他通用设备

除上面介绍的一些酿酒设备外，还有一些通用的设备，作为酿酒师也应该有所了解与掌握，如各种液体输送泵、螺杆泵、往复泵等。

一、输液泵

1. 离心泵

（1）离心泵的特点　离心泵是使用最广泛的输送液体机械之一。它不但可以输送低、中黏度溶液，也可以输送含悬浮物或有腐蚀性的溶液。其特点为：转速高，体积小，重量轻，效率高，流量大，结构简单，性能平稳，容易操作和维修；不足是起动前泵内要灌满液体。液体黏度对泵性能影响很大，一般只能用于黏度近似于水的液体。流量适用范围：5～20000m^3/h，扬程范围在3～280m。

离心泵按其结构形式，可分为立式泵和卧式泵。

立式泵的特点为占地面积少，建筑投入小，安装方便。缺点为重心高，不适合无固定底脚场合运行。

卧式泵特点为适用场合广泛，重心低、稳定性好。缺点为占地面积大，建筑投入大，体积大、质量重。

立式泵有 CFL 立式离心泵、DL 立式多级泵、潜水电泵；卧式泵有 CFW 泵、D 型多级泵、SH 型双吸泵、B 型、IH 型、BA 型、IR 型等。用于输送不同种类的液体有清水泵、热油泵、耐腐蚀泵等，主要应用于含有少量微小固体颗粒的液体，温度在 -20 ~ 150℃，广泛应用于淀粉、化工、石油、食品、酿酒、合成纤维、医药等场合。

（2）离心泵的工作原理和基本结构　离心泵的工作原理如图 3 - 54 所示。泵轴上装有叶轮，叶轮上有若干弯曲的叶片，叶轮安装于蜗壳形的泵壳内，此外还有轴承、密封部件和支座等。

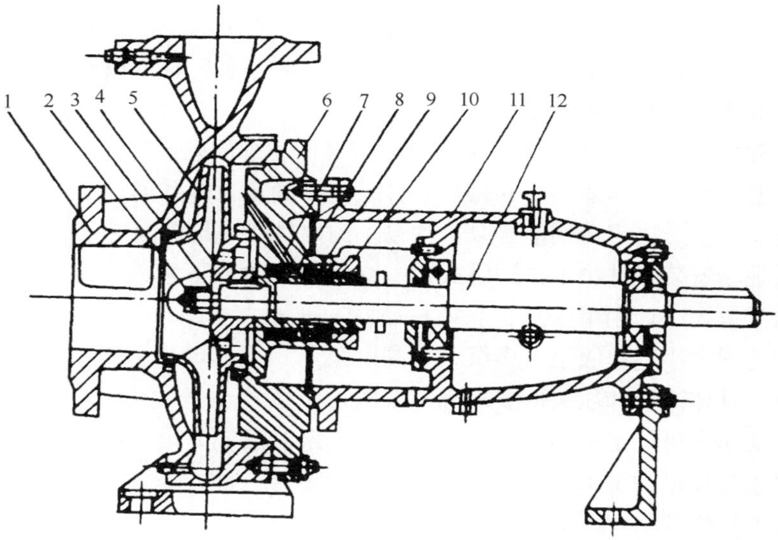

图 3 - 54　离心泵原理结构图

1—泵体　2—叶轮螺母　3—制动垫片　4—密封环　5—叶轮　6—泵盖
7—轴套　8—填料环　9—填料　10—填料压盖　11—轴承悬架　12—轴

离心泵多用电动机带动。在启动前，泵内要先灌满被输送液体；启动电机后，泵轴带动叶轮旋转，充满叶片之间的液体也随着一起转动，在离心力作用下，液体在从叶轮中心被甩向外缘的过程中便获得了能量，以很高的速度(15 ~ 25m/s）流入泵壳；然后，沿着横截面积逐渐扩大的叶轮和蜗形泵壳之间的空间向出口方向汇集，随着流道的扩展，液体速度逐渐下降，压力则逐渐升高；最后，经排出管流向输送管道。叶轮中的液体被甩出时，叶轮中心处便形成低压，在吸入侧液面与泵吸入口处之间的压差作用下，液体便经吸入管源源不断地流入泵内，以补充被排出液体的位置。只要叶轮不停地旋转，液体便不断地被吸入和排出。

叶轮是离心泵的心脏部件，离心泵之所以能输送液体，主要是靠高速旋转的叶轮对液体做功，即叶轮的作用是将原动机的机械能传递给液体。

若离心泵的吸入口位于吸液贮槽液面的上方，在吸入管路的进口处应装一单向底阀和滤网。底阀是防止启动前所灌入的液体从泵内漏失，滤网可以阻拦液体中固体物质被吸入而堵塞管道和泵壳。靠近泵出口处的排出管路上装有调节阀，以供开泵、停泵及调节流量使用。

离心泵的泵轴水平地支承在托架内的轴承上，泵轴的一端悬出，端部装有叶轮。为了减少离开叶轮的部分高压液体漏入低压区内，通常在泵体和叶轮上分别装有填料密封机构，其作用为减少泵内高压液体的外泄及外界空气的渗入。蔽式或半蔽式叶轮的后盖板上一般开有平衡孔，以平衡轴向推力。在叶轮和泵壳之间有时还装有固定不动的导轮。泵壳上方设有放气螺钉，目的是排出泵壳内的空气，排气后应当旋紧。泵壳下方设有放液孔，以便停泵后打开放空壳内液体，防止壳内贮液冻结而避免泵壳破裂。

（3）规格与选型　离心泵的选用，通常可按下列原则进行。

①根据被输送液体的性质和操作条件，初步确定泵的系列。

根据输送介质决定选用清水泵、油泵、耐腐蚀泵、屏蔽泵等。

根据现场安装条件决定选用卧式泵、立式泵（含液下泵、管道泵）等。

根据流量大小选用单吸泵、双吸泵等。

根据扬程大小选单级泵、多级泵、高度泵等。

②根据具体流量和压头的要求确定泵的可用型号。

采用操作中可能出现的最大流量作为所选泵的额定流量，如缺少最大流量值时，常取正常流量的1.1~1.15倍作为额定流量。

取所需扬程的1.05~1.1倍作为所选泵的额定扬程。

按额定流量和扬程，利用系列型谱图，初步选择一种或几种可用的泵的型号。

③校核和最终选型：按泵的性能曲线校核泵的额定工作点是否在高效工作区内；泵的汽蚀余量是否符合要求；若有几种型号的泵同时可选用时，则应选择综合指标高者为最终的选择。综合指标主要为：效率（高者为优）、汽蚀余量（小者为优）、质量（轻者为优）、价格（低者为优）（如表3-15）。

表3-15　离心泵的性能参数表

型　号	口径/mm	流量/（m^3/h）	扬程/m	转速/（r/min）	电机功率/kW
IS50-32-125	50	12.5	20	2900	2.2
IS50-32-160	50	12.5	32	2900	3
IS50-32-200	50	12.5	50	2900	5.5

续表

型 号	口径/mm	流量/（m^3/h）	扬程/m	转速/（r/min）	电机功率/kW
IS50－32－250	50	12.5	80	2900	11
IS65－50－125	65	25	20	2900	3
IS65－50－160	65	25	32	2900	5.5
IS65－50－200	65	25	50	2900	7.5
IS65－50－250	65	25	80	2900	11
IS65－50－315	65	25	125	2900	30
IS80－65－125	80	50	20	2900	5.5
IS80－65－160	80	50	32	2900	7.5
IS80－50－200	80	50	50	2900	15
IS80－50－315	80	50	125	2900	37
IS100－80－125	100	100	20	2900	11
IS100－80－160	100	100	32	2900	15
IS100－65－200	100	100	50	2900	22
IS100－65－250	100	100	80	2900	37
IS100－65－315	100	100	125	2900	75
IS125－100－200	125	200	50	2900	45

2. 螺杆泵

（1）螺杆泵的特点及应用场合　单螺杆泵是一种内啮合的密闭式螺杆泵，属转子式容积泵，即定子－转子构成的密封线，将吸入腔与压力腔隔开，使泵具有阀门的隔断作用。因此，具有吸入性能好、泵压稳、扰动小（运行中介质没有脉动、湍流和搅动），可以输送高黏稠介质及含有机械杂质和固体颗粒的浓缩物，也可以实现两相、三相介质的混输，泵量调节性能好，效率高且高效区宽等优点。当螺杆泵的尺寸一定时，可改变转数来改变其流量，一般采用调速装置来调速，合理转速为750～1500r/min。转速过高会引起螺杆与橡皮套的剧烈摩擦而发热损坏橡皮套，转速过低会影响生产能力。螺杆泵的吸入压头较高，接近0.12mmH_2O。排出压力与螺杆长度有关，一般螺杆的每个螺距可产生0.2MPa的压力；如果有3个螺距，那么排出压力可达0.6MPa。因此，可广泛用于原油、污油、矿浆、泥浆、水煤浆、化工和化纤浆液、胶水、涂料、糖浆、果酱、药品、黄酒酒醪液（带糟）等介质的输送。

（2）螺杆泵的工作原理和基本结构　当单线螺旋的转子在双线螺旋的定子孔内绕定子轴线作行星回转时，转子－定子之间形成的密闭腔就连续地、匀速地、容积不变地将介质从吸入端输送到压出端。

螺杆与橡皮衬套相配合形成一个个互不相通的封闭腔。当螺杆转动时，封闭腔沿轴向由吸入端向排出端方向运动，封闭腔在排出端消失，同时在吸入端形成新的封闭腔。螺杆作行星运动使封闭腔不断形成，向前运动以至消失即将液体向前推进，从而产生抽送液体的作用。为了保护橡皮套，泵不能空转，开泵前需灌满液体，否则橡皮套发热会使橡皮变为浆糊状，使泵不能正常运转。泵内的转子是呈圆形断面的螺杆，多用不锈钢加工制成，常用直径有29mm、40mm等。偏心距为3～6mm，螺距为50～100mm，定子通常是泵体内具有双头螺纹的橡皮衬套，橡皮套内径比螺杆直径小约1mm，这样可保证在输送料液起密封作用，对橡皮套的技术要求为硬度邵氏65～75°，耐磨性700、永久伸长率10%、拉断强度980～1470 N/cm^2、拉断的相对伸率30%，螺杆的螺距为橡皮套的内螺纹螺距的一半。螺杆在橡皮套内做行星运动，螺杆通过平行销联轴节（或偏心联轴器）与电动机连接来传动的螺杆泵，结构如图3－55所示。

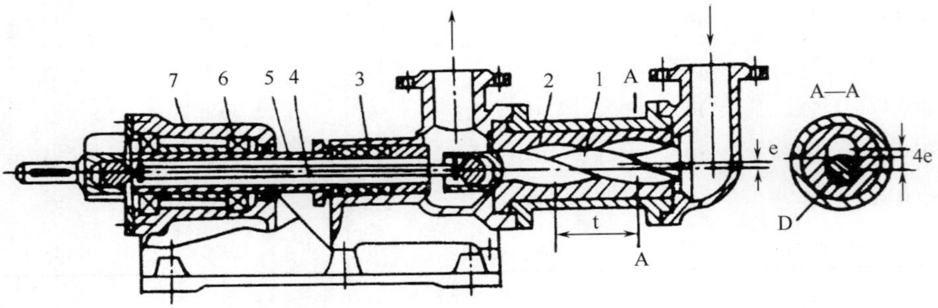

图3－55　螺杆泵结构图

1—螺杆　2—螺腔　3—填料函　4—平行销连杆　5—套轴　6—轴承　7—机座

（3）螺杆泵的规格与选型　见表3－16。

表3－16　螺杆泵的产品规格及性能参数

泵　型	流量/（m^3/h）	工作压力/MPa	减速器速比	YCT调速电机出轴转速/（r/min）	电机型号与功率
G30－2	～1	1.2	1:4.16	30～300	160－4A/2.2kW
G35－2	～2	1.2	1:4.16	30～300	160－4A/2.2kW
G40－2	～3	1.2	1:4.5	28～280	160－4B/3kW
G50－1	～4.5	0.6	1:4.5	28～280	160－4B/3kW
G50－2	～4.5	1.2	1:4.5	28～280	200－4A/5.5kW
G60－1	～6.5	0.6	1:5	25～250	180－4A/4kW
G60－2	～6.5	1.2	1:5	25～250	200－4B/7.5kW

续表

泵 型	流量/（m^3/h）	工作压力/MPa	减速器速比	YCT调速电机出轴转速/（r/min）	电机型号与功率
G70－1	~8	0.6	1:5.6	22～220	200－4A/5.5kW
G70－2	~8	1.2	1:5.6	22～220	225－4A/11kW
G85－1	~12.5	0.6	1:7	18～180	200－4B/7.5kW
G85－2	~12.5	1.2	1:7	18～180	225－4B/15kW
G85－4	~12.5	2.4	1:7	18～180	280－4A/30kW

3. 往复式泵

（1）往复式泵的特点及应用场合　往复式泵的流量只与泵本身的几何尺寸和活塞的往复次数有关；往复式泵的压头与泵的几何尺寸无关，只与泵体的机械强度和电动机的功率有关，可达到任何生产要求的压力。

往复式泵的安装高度也与当地的大气压、液体的性质和温度有关，故吸上的高度也有一定的限制，但泵内无需充满液体。往复式泵不能用管路阀门调节流量，一般采用回路调节装置。

往复式泵适用于小流量、高压力的场所，也适合高黏度液体。往复式泵的瞬时流量是不均匀的，单缸泵的流量脉动与活塞的加速度有相同的波形，多缸泵的瞬时流量等于同一瞬时各缸瞬时流量之和，缸数增多、脉动减小，奇数缸效果比偶数缸好。

（2）往复式泵的工作原理和基本结构　往复式泵是一种容积式泵。泵缸内活塞与阀门间的空间称为工作室。当传动机械带动活塞由左向右移动时，工作室容积增大，形成低压，可将贮液池内的液体经吸入阀吸入缸内。在吸入液体的同时，排出阀受排出管内液体的作用而关闭。活塞移至最右端（右死点），吸入行程结束。当活塞向左移动时，泵缸内的液体受挤压，压力增大，使吸入阀关闭而推开排出阀将缸内液排出。活塞移至左端时，排液结束，完成一个工作循环。活塞如此往复运动则可将液体交替地吸入并排出缸体，从而实现输送液体的目的，如图3－56所示。

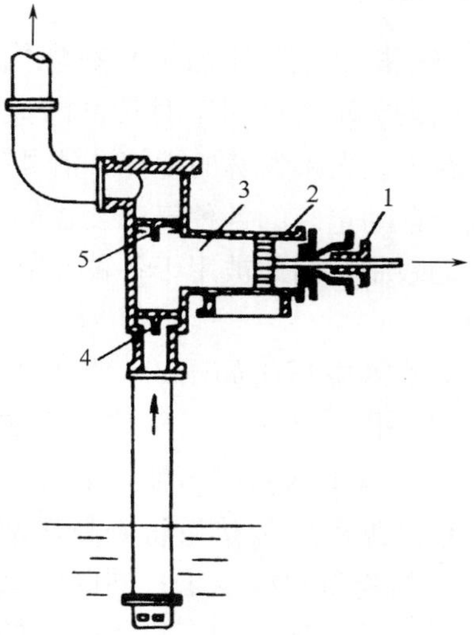

图3－56　往复式泵结构图

1—泵缸　2—活塞　3—活塞杆　4—吸入活门　5—排出活门

往复式泵的特点是靠活塞对液体直

接做功，将能量以压力能的形式直接传给液体，这与叶片式泵有着本质的区别。

（3）规格与选型　3S 系列三柱塞往复式泵：此系列产品设计合理，重量轻，运转平稳，噪声低，振动小，操作维修方便，质量可靠，能满足抽取液体的不同参数、不同规格的要求（表 3－17）。

表 3－17　3S 系列技术参数

系列号	进口压力/MPa	出口压力/MPa	理论排量	
			（L/min）	（m^3/h）
3S50 系列	0.02～0.10	5～50	6～110	0.36～6.6
3S75 系列	0.02～0.10	5～50	16～205	0.9～12.3
3S100 系列	0.02～0.10	5～50	36～381	2.2～22.84
3S125 系列	0.02～0.10	5～50	37～621	2.2～37
3S125A 系列	0.02～1.00	3～70	32～1314	1.93～78.8
3S175 系列	0.02～1.00	5～50	85～817	5.1～49
3S175A 系列	0.02～0.05	8～40	158～1001	9.5～60
3S175B 系列	0.02～0.05	6.3～40	196～1924	11.8～115
3S200 系列	0.02～0.10	6.3～50	255～3426	15.3～205

二、空压机

空压机（空气压缩机）在现代黄酒生产中是必不可少的，其用途也越来越广。原来空压机只用于对黄酒醪液进行酒渣分离；现在在浸米过程中对米的松动、新工艺大罐发酵的搅拌、清酒罐的勾兑搅拌、对瓶装酒气动装置的供气，甚至对全自动包装的各种气动装置都用到了压缩空气。压缩空气的压力可调，输送基本无限制，因此被用于各种环节。有人称压缩空气是仅次于电力的第二大动力能源。

老式的空压机如图 3－57 和图 3－58 所示，是一种活塞型的，由活塞气缸的反复动作，产生活塞气体容积被压缩。整机因为受机械挤压的影响，温度较高。活塞有单活塞与多活塞之分。后来对气缸盖与外冷风扇进行了一系列的改进，使活塞运转的热量得到较快散发，空压机的升温也没有原来那么高了，机械消耗的能量也减少了；同时，又通过采用高效舌簧阀，使排气量增大、阻力减小；另外，还增加了进气空气的过滤，增强气缸的进气能力，且有效地提高了排气量。通过不断的改进，活塞型的空压机无论从寿命还是能耗上均得到了大幅的改善。其具有移动方便、性能稳定、操作简单等特点，故仍然被许多企业所采用。

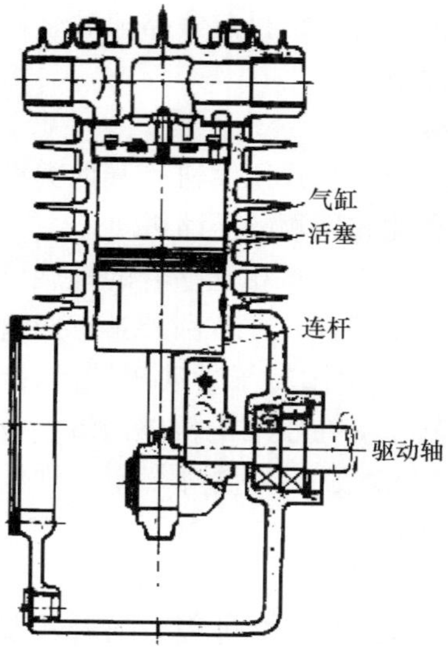

图 3 – 57　单活塞空压机结构示意图

图 3 – 58　双活塞空压机工作模拟图

因为活塞气缸型空压机固有的往复挤压运动有较大的噪音与振动，加上活塞要用润滑油润滑给气体带来污染，尤其是活塞环易受油污磨损，所以需要经常维修与更换易损件。虽然，现在一些合资企业也推出无油的罐载式活塞空压机（图 3 – 59），有的还表明无油静音，其实质是活塞式无油润滑空气压缩机气缸内的活塞环和填料装置内的填料均采用具自润滑特性的填充聚四氟乙烯作为密封元件。因此，气缸和填料装置无需注入润滑油润滑，正常情况下经过压缩后的气体基本纯净不含油污，无需增加除油装置。但是，该机的缺点是电机功率偏大，排气压力不够稳定，排气温度高，噪声偏大，检修工作量大，维修费用偏高。因此，食品行业还是逐渐停止使用。目前较为环保的是无油螺杆式空压机。这种空压机声音轻、供气卫生，又可实行无人值守，大大提高自动化程度。

图 3 – 59　移动式单罐活塞型空压机实样图

空压机还有离心式、螺旋式等不同形式，下面主要介绍目前食品酿酒企业广为使用的螺杆式空压机，尤其是无油螺杆空气压缩机。

（一）螺杆式压缩机基本结构

通常所称的螺杆式空压机即指双螺杆压缩机。与活塞式压缩机等其他类型的压缩机相比，螺杆压缩机的发展历程较短，是一种比较新颖的压缩机。

螺杆式压缩机的基本结构是在机体内平行地配置着一对相互啮合的螺旋形转子。通常对节圆外具有凸齿的转子，称为阳转子或阳螺杆，在节圆外具有凹齿的转子，称为阴转子或阴螺杆。阳转子与电动机连接，由阳转子带动阴转子转动。因此，阳转子又称为主动转子，阴转子又称从动转子。在压缩机机体两端，分别开设一定形状的孔口。一个供吸气用，称作吸气口；另一个供排气用，称作排气口。

1. 工作原理

螺杆式空压机的工作循环可分为吸气、压缩和排气三个过程。随着转子旋转，每对相互啮合的齿相继完成相同的工作循环。如图 3－60 与图 3－61 所示。

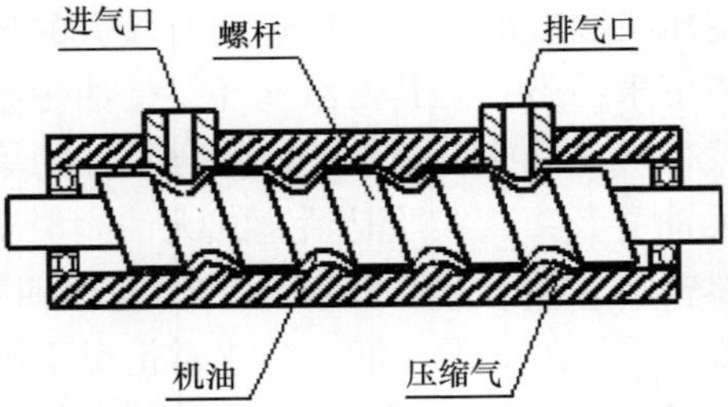

图 3－60　单螺杆压缩机工作原理示意图

图 3－61　单螺杆压缩机工作模拟图

（1）吸气过程　当转子转动时，主副转子的齿沟空间在转至进气端壁开口时，其空间最大，此时转子的齿沟空间与进气口的自由空气相通，外界空气即被吸入由阴阳转子及壳体组成的封闭腔内。当空气充满整个齿沟时，转子的进气端面转离了机壳的进气口，齿沟间的空气被封闭。

（2）压缩过程　随着转子的旋转，齿间容积由于转子齿的啮合而不断减小。

被封闭在齿间容积的气体占据的体积也随之减小，导致压力升高，从而实现气体的压缩过程。压缩过程可一直持续到齿间容积即将与排气口连通之前。

（3）排气过程 当齿间封闭容积与排气口连通后，压缩气体开始排出。随着齿间容积的不断减小，压缩气体被完全排出。

2. 双螺杆空压机的特点

（1）可靠性高 螺杆压缩机零部件少，没有易损件，因而它运转可靠，寿命长，大修间隔期可达4万~8万小时。操作维护方便。螺杆压缩机均采用自动化控制，操作人员不必经过长时间的专业培训，可实现无人值守运转。

（2）动力平衡好 螺杆压缩机没有不平衡惯性力，机器可平稳地高速工作，可实现无基础运转，特别适合做移动式压缩机，其体积小、重量轻、占地面积少。由于其星轮在螺杆两侧配置，从而使运行中作用于螺杆上的径向力相互抵消，作用于螺槽内的气体轴向负荷也相互抵消，再加上螺杆的两端有引气通道，故螺杆和星轮齿上受的气体力很小，产生的震动也很小。较以往用的老式空压机相比，螺杆压缩机在振动方面有较强的优越性能。

（3）噪声小 设备上下与四周采用隔声罩与消声海绵双重隔离，加上设备自身震动的微小和空压机站的合理设计，空压机组在满负荷运行时，站在空压机站外几乎听不到空压机运行产生的噪声。

（4）适应性强 螺杆压缩机具有强制输气的特点，容积流量几乎不受排气压力的影响，在宽阔的范围内能保持较高效率，在压缩机结构不作任何改变的情况下，适用于多种工况。

3. 螺杆压缩机的主要缺点

（1）造价高 由于螺杆空压机的转子齿面是一空间曲面，需利用特制的刀具在昂贵的专用设备上进行加工。另外，对螺杆式空压机油气桶的加工精度也有很高要求。

（2）不能适用于高压场合 由于受到转子刚度和轴承寿命的限制，螺杆压缩机只能适用于中、低压范围，排气压力一般不超过3MPa。

（3）不适用于小排气量场合 螺杆式压缩机依靠间隙密封气体，目前一般只有容积流量大于0.2m^3/min时，螺杆压缩机才具有优越的性能。

（二）螺杆式空压机安装和环境要求

安装空压机之前，安装人员要熟悉设备技术文件和有关技术资料，了解设备构造、性能和装配数据。

（1）空压机应安装在周围环境清凉、空气湿度低、灰尘少的地方。若必须安装在炎热或多尘的环境中，则要通过导管尽可能从清凉、少尘的地方吸取空气并尽可能降低空气的湿度。

（2）环境温度应低于40℃，如高于40℃应采取措施加强通风，以避免高温停车。

(3) 周围应留有一定空间，以便检修和拆装部件。

(三) 基础要求

(1) 因螺杆式空压机本身振动很小，空压机只需安装在质地较硬表面平坦的水平地面上。若加垫 8～15mm 厚的橡胶减振垫或木板对防震降噪更有利。

(2) 以机器上与地平面平行的加工面或底座平面作为基准，用水平仪测量水平，控制在 0.2mm 范围内较好。

(3) 管路安装

①与机器连接的管道，安装前必须将内部处理干净，不应有浮锈、熔渣、焊珠及其他杂物。

②气体管道和管件的最大允许工作压力应超过额定排气压力的 1.5 倍或 0.1MPa，两者取大值，且大于安全阀的调定压力。

③主管路应有一定的倾斜度，以利管路中凝结水集中排出。

④管路压力降不得超过空压机设定压力的 5%。配管管径不要任意缩小，如必须缩小或放大管径则必须使用渐缩管，否则，在接头处会形成紊流导致较大压力损失。

⑤若系统用气量波动较大，建议配备加装缓冲，这样可减少空压机负载运行次数。理想的配置型式为空压机→气水分离器→贮气罐→精密过滤器→干燥机→精密过滤器（图 3－62）。

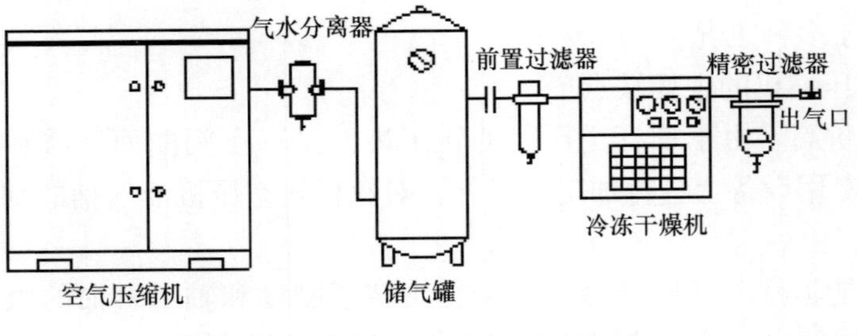

图 3－62 压缩空气系统示意图

⑥管路中尽可能减少弯头和各类阀门，以减少压力损失。

⑦用气设备多且较分散时，主管路应环绕整个厂房，这样，任何位置均可获得两个方向的压缩空气，减少压力降。支线管路必须从主管路上方引出，以避免管路中的凝结水流至用气输出端口。

无油螺杆压缩机不是说压缩空气本身不含油，而是在出气前经过了处理，使气体不含油。螺杆式空压机的主要部件为螺杆机头、油气分离桶。螺杆机头通过吸气过滤器和进气控制阀吸气，同时油注入空气压缩室，对机头进行冷却、密封以及对螺杆及轴承进行润滑，压缩室产生压缩空气。压缩后生成的油气混合气体排放到油气分离桶内，由于机械离心力和重力的作用，绝大多数的油从油气混合体中分离出来。空气经过由硅酸硼玻璃纤维做成的油气分离筒芯，几乎所有的油雾都被分离出来。从油气分离筒芯分离出来的油通过回油管回到螺杆机头内。在回油管上装有油过滤器，回油经过油过滤器过滤后，洁净的油才流回至螺杆机头内。当油被分离出来后，压缩空气经过最小压力控制阀离开油气筒进入后冷却器。后冷却器把压缩空气冷却后排到贮气罐供各用气单位使用。冷凝出来的水集中在贮气罐内，通过自动排水器或手动排出。

从使用效果看，螺杆式空压机（图3－63）具有活塞式空压机无可比拟的优点，不仅减轻了操作工的劳动强度，而且不用配备维修工，大大降低了维修费用。但是，要定期保养油气分离器、空气及油过滤器等，以保证其正常运行。现在更为先进的是采用变频电机，在机械保持良好的运转性能的前提下，做到节能降耗。

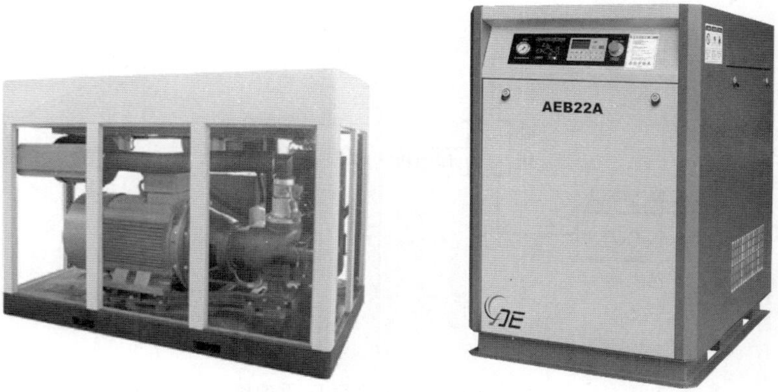

图3－63　螺杆式空压机实样图

三、制冷机

（一）人工制冷原理

人工制冷技术系采用下列物理过程（态变）来实现的。

1. 溶解

固体吸热后变为液体称为溶解。如1kg冰溶解变成水，可吸收334.94kJ热量。

2. 升华

固体吸热后直接变成气体的过程称为升华。在制冷中已经应用的主要是固态CO_2，即所谓“干冰”。这种干冰在0.1MPa下的升华温度为－78.5℃，每1kg干冰升华变成气体时，约需吸收573.59kJ热量。

3. 沸腾（蒸发）

液体受热达到沸点之后，即沸腾蒸发吸热，这时液体逐渐变成气体。制冷中应用最广的是氨和氟利昂 -12。

氨在 0.1MPa 下，沸点为 -33.4℃，此时，每 1kg 氨液沸腾，完全变成气体，需要吸收 1368.46kJ 热量。

氟利昂 -12 在 0.1MPa 下，沸点为 -29.8℃，此时，每 1kg 液态氟利昂 -12 沸腾，完全变成气体，需要吸收 167.35kJ 热量。

黄酒企业的人工制冷原先大多采用氨蒸发装置。

（二）氨制冷循环原理

氨液在 0.1MPa 下，吸热气化后，其低压低温蒸气必须设法恢复到液体状态，才能继续进行制冷。这就需要通过压缩机和冷凝器来完成。氨制冷循环原理如图 3 -64 所示。

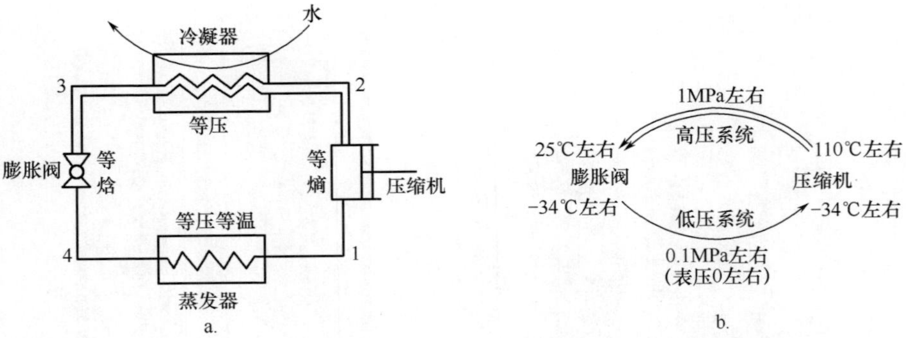

图 3 -64 氨制冷循环原理图

高压系统：压缩机→膨胀阀（图 b 以双线表示）

低压系统：膨胀阀→压缩机（图 b 以单线表示）

氨的低压低温蒸气，在压缩机内压缩成高压高温过热蒸气为等熵过程。如图 3 -64（a）中 1→2 所示。氨的高压高温过热蒸气，其温度高于环境介质（水或空气）的温度，其压力使氨蒸气能在常温下冷凝成液体状态。因而排至冷凝器时，经冷却、冷凝成高压的氨液，把热量传给冷却水，为等压过程，如图 3 -64（a）2→3 所示。高压液体通过膨胀阀时，因节流而降压，在压力降低的同时，氨液因沸腾蒸发吸热，而使其本身的温度也相应下降（只要降压足够，就可使其温度降低到所需要的低温），为等焓过程，如图 3 -64（a）3→4 所示。把这种低压低温的氨液引入蒸发器，蒸发吸热，发生冷效应，使周围空气及物料温度下降，为等压等温过程，如图 3 -64（a）4→1 所示。从蒸发器出来的低压低温蒸气重新进入压缩机，这样就完成了一次制冷循环。

（三）制冷剂及载冷剂

制冷剂：在直接蒸发式制冷系统中循环，通过其本身的状态变化，来传递热量的工质称为制冷剂（冷冻剂），如氨、氟利昂－12。

载冷剂：在间接蒸发式制冷系统中起传递冷效应的介质称为载冷剂（冷媒），如氯化钠水溶液、氯化钙水溶液、水、冰、冰盐等。载冷剂在蒸发器中被制冷剂冷却，然后再到冷却物料或冷藏库。

1. 对制冷剂的要求

（1）热力学上的要求　易于蒸发和液化，制冷剂的沸腾温度、凝固温度要低，冷凝压力不宜过高。单位产冷量大，制冷剂的蒸发潜热大，蒸气容积小。导热系数和散热系数大，以提高热交换器的传热效率。

（2）物理化学上的要求　制冷剂对金属不应有腐蚀作用。相对密度和黏度要小，使制冷剂在循环流动时阻力小。化学性质稳定，不燃烧，在压缩机所产生的高压高温下不分解，制冷剂与润滑油应当不起任何化学作用。

（3）生理学上的要求　制冷剂要无毒、无害。

（4）经济上的要求　制冷剂应易于购得，价格低廉。

2. 载冷剂

常用的载冷剂是氯化钠、氯化钙盐水，其冷却系统如图3－65所示。盐水在制冷机蒸发器中，将热量传送给制冷剂而被冷却，由盐水泵送到冷库中吸收热量。受热后的盐水返回蒸发器并循环使用。

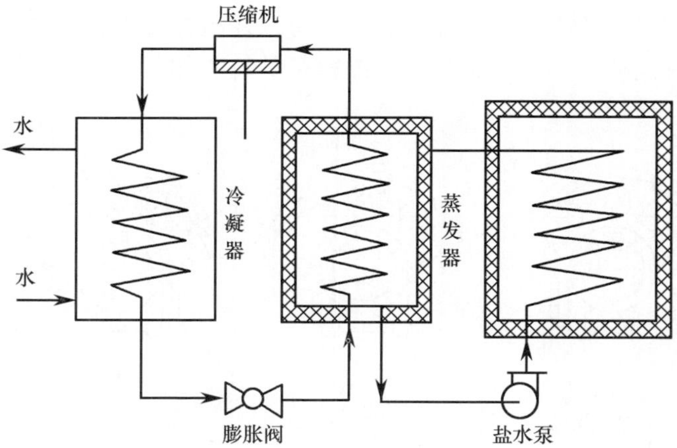

图3－65　间接蒸发式（盐水）制冷系统图

空气和水是最便宜和容易获得的载冷剂。空气的缺点是热容量太小；而水的缺点是凝固点高，只能在0℃以上使用。在0℃以下，通常都采用盐水作为载冷剂。

盐水作为载冷剂，其缺点是对金属有强烈的腐蚀作用，所以盐水系统的设备需要经常更换，增加盐水中抗腐剂或减少盐水与空气的接触面可以减弱盐水的腐蚀作用。

（四）制冷机械与设备

1. 制冷压缩机

压缩机是制冷机的主要机器，它的主要功能是吸取蒸发器中低压低温制冷剂的蒸气，将其压缩成高压高温的过热蒸气，这样便可推动制冷剂在制冷系统内循环流动，并能在冷凝器内把从蒸发器中吸收的热量传递给环境介质（空气或水），从而达到制冷的目的。

目前制冷工业上应用的压缩机，大多为活塞式压缩机。活塞式压缩机又可分为两种：①往复式压缩机的活塞在气缸里做来回往复直线运动，在冷库制冷方面多采用此种压缩机；②回转式压缩机是一个与气缸中心线成不同轴心的偏心活塞，活塞在气缸里做旋转运动，电冰箱等有采用此种压缩机。离心式压缩机，构造与离心泵类似，适用于大型宾馆的空调。螺杆式压缩机，构造与螺杆泵相似，是一种新型的制冷压缩机，近年来我国很多制冷机厂试制成功，性能尚好，制冷量和效率均达到设计要求。

压缩机可分为：卧式压缩机——气缸中心线为水平的；立式压缩机——气缸中心线与轴中线相垂直；V 式、W 式和 S（扇）式压缩机——气缸中心线相交、并与曲轴中心线成一角度。目前酿酒企业使用的大多为最后一种，即多采用 V 式或 W 式的压缩机。

2. V 式、W 式和 S 式压缩机

V 式、W 式及 S（扇）式压缩机，其字母表示气缸排列的形式，如图 3－66 所示。它是一种高速、多缸的现代型压缩机，其特点如下。

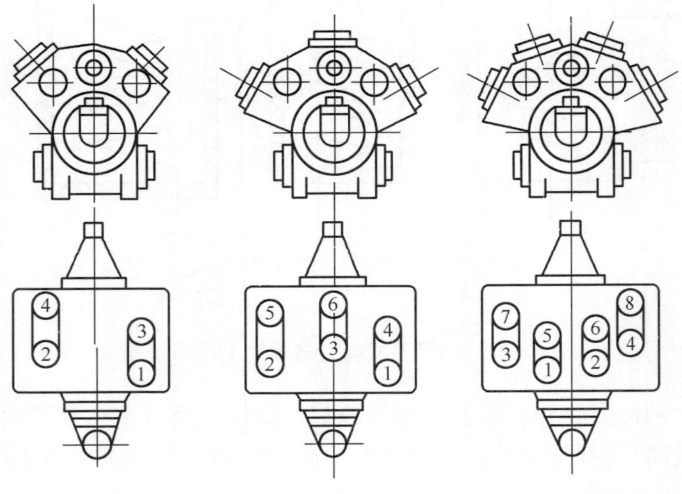

a. 双列V式　　b. 双列W式　　c. 双列S式

图 3－66　气缸的不同排列形式

（1）高速　指压缩机转速高，一般为960～1440r/min。转速高，能提高压缩机的产冷量，减少机器的尺寸及重量，节省材料。我国在压缩机制造中采用轻合金材料及其工艺上的进步，为提高压缩机的转速提供了有利条件。

（2）多缸　指一台压缩机的气缸数目多。目前我国较多采用2、4、6、8四种气缸数目。多缸压缩机的结构合理、布置紧凑，达到良好的动平衡性能。以不同气缸数目组成不同产冷量的压缩机，提高了产品的三化（标准化、系列化、通用化），便于制造、使用和维修。

（3）减负荷起动与能量调节　指对于气缸数多的压缩机，通过一套能量调节和卸载机构，使一部分气缸空载运转，达到调节产冷量的目的。按照对产冷量的需要，以手动或自动方式调整工作气缸数目，改变产冷量，节约电耗。另外，通过这套机构，压缩机能在空载或减载情况下启动。因此，即使是大型压缩机，也可用一般鼠笼式电动机启动，便于实现制冷机自动控制。

3. 冷凝器

冷凝器与蒸发器都是制冷机的热交换器，它们是制冷机四大主件中的两大件。冷凝器的作用原理是使高压高温的过热蒸气冷却，冷凝成高压氨液，并将热量传递给周围介质（水或空气）。

冷凝器按结构及冷却介质的不同，可分为壳管式、淋水式、双管对流式、组合式、蒸发式、气冷式等。冷凝器的种类虽很多，但具有相同的作用原理。这里只介绍我国黄酒酿造过程中最常用的冷凝器：淋水式冷凝器。

淋水式冷凝器如图3－67所示，由2～6组457cm×3.5cm无缝钢管的排管组成，每组有管子14根及中间氨液引出口5个，每一组排管的冷凝面积为15m^2。

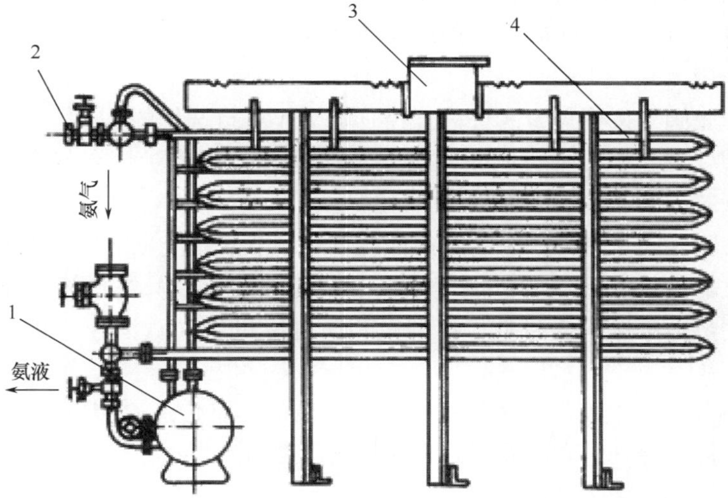

图3－67　淋水式冷凝器

1—贮氨器　2—放空气　3—配水箱　4—冷却排管

冷却水自顶部进入配水箱中，沿排管外表面顺流向下，水部分蒸发。氨气自排管底部进入，上升时遇冷而凝结，氨液在中部引出，流入贮氨器中。

为了减少管间的距离，蛇形排管以单独的管子将管端稍弯曲成斜角焊接而成。

淋水式冷凝器传热系数 $k=800\sim1000$ W/（m^2·K），单位面积热负荷 $q_F=3500\sim4600$ W/m^2。传热系数较高，由于氨气自底部进入冷凝器，使水与制冷剂之间基本上是对流的。润滑油几乎都能沉降于底部的管子（油膜会妨碍热传导）。及时地排出冷凝器中的氨液，使传热面积不会因有氨液的存在而受到影响。这样就大大地提高了冷凝器的传热效果。

淋水式冷凝器有放油、放空和混合气体出口等接头。最高工作压力为2MPa。淋水式冷凝器应安装在室外通风良好的地方，大多酿酒企业都是布置在冷冻机房的平屋顶上面。

4. 膨胀阀与蒸发器

（1）膨胀阀　又称节流阀，它是制冷机的重要机件之一。在管路系统中起着降压和控制流量的作用。高压液体通过膨胀阀时，经节流而降压，使氨液的压力由冷凝压力降低到所要求的蒸发压力。在压力降低的同时，氨液因沸腾蒸发吸热而使其本身的温度降低到需要的低温，然后将低压低温氨液送入蒸发器。膨胀阀还可控制送入蒸发器的氨液量，调节蒸发器的工况。

①手动膨胀阀：手动膨胀阀从其外形及总体结构来看，它与普通阻流阀相似，如图3-68所示。只是阀芯的构造比较特殊。阀芯有针形（公称直径较小的）和V形缺口（公称直径较大的）两种。螺纹是细牙的，当手轮转动时，阀门开启度的变化较小。阀孔有一定的形状和结构，能起节流作用，并能较精确地控制所通过的氨量。操作时，一般开启度为1/8～1/4周，不超过一周，否则易失去节流作用。

手动膨胀阀是按管径 D（公称直径）的大小进行选用的。

阻流阀（截止阀、平头阀）主要用于阻塞和调节流量，它与膨胀阀主要不同之处是阀芯为平头的。

②热力膨胀阀：热力膨胀阀是一种能自动调节液体流量的节流膨胀机构，它是利用蒸发器出口处蒸气的过热度来调节制冷剂的流量。蛇形管（排管）蒸发器也可采用热力膨胀阀。目前，小型氟利昂制冷机组（黄酒速冷机）多采用热力膨胀阀。

（2）蒸发器　蒸发器是用以将被冷却介质的热量传递给制冷剂的热交换器。低压低温液体制冷剂进入蒸发器后，因吸热蒸发而变为蒸气。通常把冷却液体载冷剂的热交换器称为蒸发器，常用的蒸发器有立管式及卧管式两种。目前，大多黄酒企业采用的蒸发器为立管式或螺旋管式。

立管式和螺旋管式蒸发器的共同点是制冷剂在管内蒸发，整个蒸发器管组浸

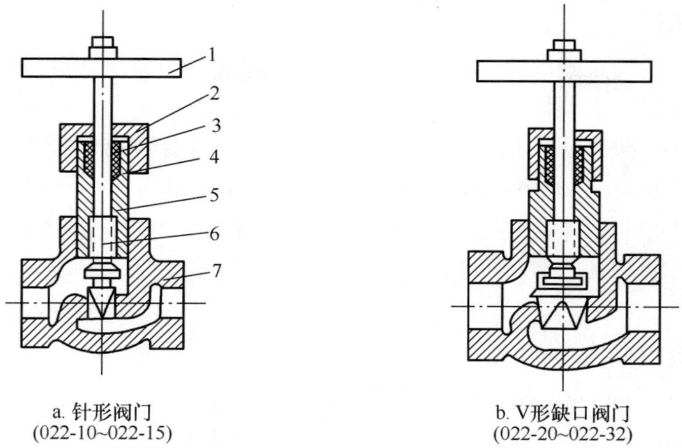

图 3 - 68　手动膨胀阀

1—手轮　2—螺母　3—钢套筒　4—填料　5—铁盖　6—钢阀杆　7—外壳

在盛满载冷剂的箱体内或池、槽内，为了保证载冷剂能在池内以一定速度循环，箱内焊有纵向隔板和装有螺旋搅拌器。载冷剂流速一般为 0.3 ~ 0.7m/s，以增强传热效果。

立管式蒸发器全部由无缝钢管焊制而成。如图 3 - 69 所示。蒸发器的列管以组为单位，按照不同的容量要求，蒸发器可由若干组列管组合而成。每一组列管由两个直径较大的水平集管（上面的称为蒸汽集管，下面称为液体集管）和在集管上焊接两头弯曲的细立管及粗立管组成。

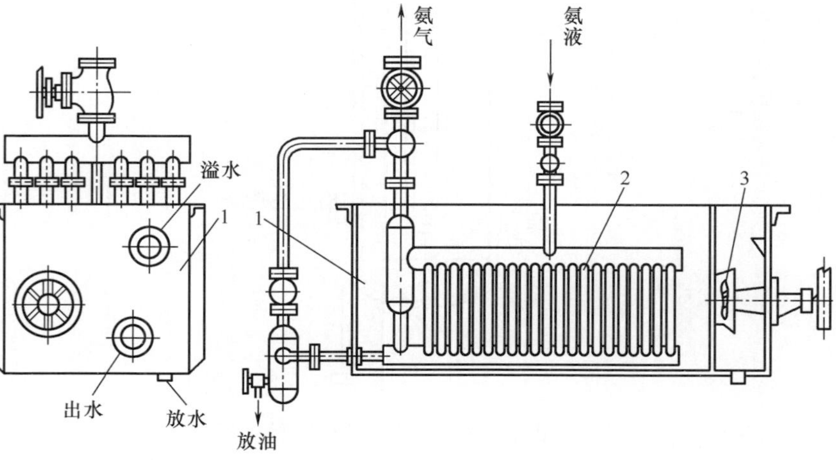

图 3 - 69　立管式蒸发器

1—盐水池　2—蒸发器　3—搅拌器

5. 油分离器与集油器

在制冷循环过程中，制冷剂要经过物态的变化（气态⇌液态），还要经过压力、速度，密度、温度等物理参数的变化。为了保证氨液均匀地进入蒸发器，而氨气又能及时被压缩机抽走。同时，在压缩后，高压氨气又不可避免地要从压缩机中带出一些润滑油。整个闭合的制冷系统中，也会因结合处不够严密，而渗入一些空气。氨及润滑油在高压高温下，也会有少量的分解。为改善制冷机工作条件，保证良好的制冷效果，延长制冷机使用寿命，制冷机除四大主件（压缩机、冷凝器、膨胀阀、蒸发器）外，还必须安装油分离器这一制冷机的附属设备。

分离氨蒸气中夹带的润滑油可以改善制冷系统的制冷效率。对于氨制冷系统来说，因氨与油不相溶，所以当润滑油随制冷剂一起进入冷凝器和蒸发器时会在传热壁面上凝成一层油膜，使热阻增大，从而使冷凝器和蒸发器的传热效果降低，降低制冷效果。据有关资料介绍，在蒸发表面上附有 0.1mm 油膜时，将使蒸发温度降低 2.5℃，多耗电 11% ~12%。所以，必须在压缩机与冷凝器之间设置油分离器，以便将混合在制冷剂蒸汽中的润滑油分离出来。目前常见的油分离器有：洗涤式、离心式、过滤式及填料式等四种结构型式。如图 3 - 70 所示。

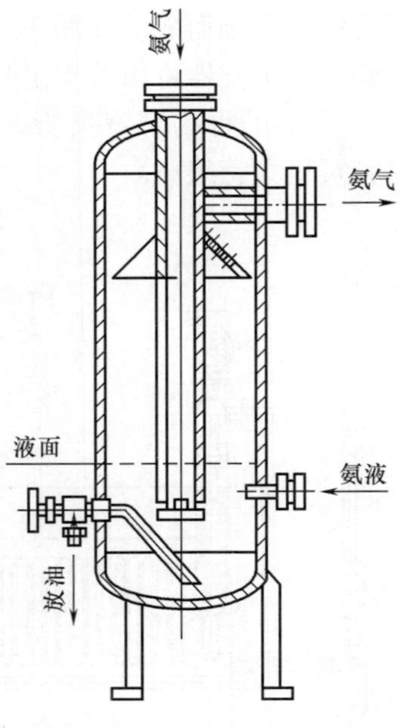

图 3 - 70 洗涤式油分离器

6. 中间冷却器

装在双级（或多级）压缩制冷系统中，用以冷却低压级压缩机排出的过热气体，并进行级间冷却，以保证高压级压缩机的正常工作，如图 3－71 所示。在氨制冷系统中，中间冷却器均采用氨液冷却的方法。来自低压级缸的过热蒸气进入器内，并伸入氨液液面以下，经氨液的洗涤而迅速被冷却，氨气上升遇器内伞形挡板，将其中夹带的润滑油分离出来以后进入高压级压缩机。用于洗涤的氨液从器顶部输入，高压贮液器的氨液从器下部进入蛇管；由于蛇管浸于低温中，使蛇形管内的高压氨液过冷。

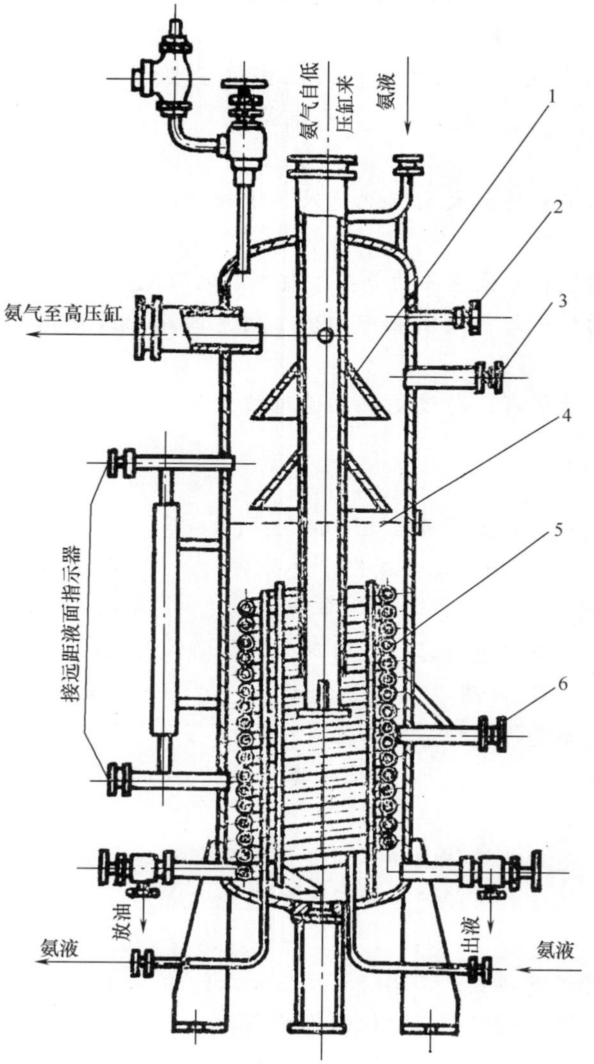

图 3－71　中间冷却器示意图

1—伞形挡板　2—压力表接口　3—气体平衡管　4—液面　5—盘管　6—液体平衡管

复习题

一、填空

1. 新工艺黄酒生产以__________，__________，__________已逐渐被具有较强实力的企业所采纳。

2. 卧式蒸饭机主要由__________和__________两部分组成。

3. 纯种酒母，是用纯种培养的方法制备的黄酒所需的酒母，除干酵母外，主要指__________酒母和__________酒母。

4. 目前黄酒企业所使用的板框式压榨机主要由__________、__________、__________、__________及__________组成。

二、判断

1. 机械化新工艺的最大优点就是采用了纯种酵母与纯种曲霉，保证了黄酒的优良风味。（　）

2. 大罐发酵过程中最重要的是要控制发酵的温度。（　）

3. 煎酒器的作用是杀灭酒液中的微生物，因此，只要能用来加热的容器都可以作为煎酒器。（　）

4. 过滤效果的优劣，与过滤机制造过程中的质量有关，与过滤介质关系不大。（　）

三、选择

1. 下列哪点不是新工艺黄酒生产特点？（　）

A. 大容器　B. 优良糖化、发酵剂　C. 机械化生产

D. 恒温控制　E. 采用立体布局　F. 流水作业程序

2. 压榨机操作有四大内容，下列哪项不是操作内容？（　）

A. 顶紧　B. 检查　C. 进料　D. 进气　E. 卸糟

3. 下列哪点不是板式换热器的优点？（　）

A. 传热效果好　B. 结构紧凑　C. 造价低廉

四、简答

1. 新工艺与老工艺操作上的不同之处主要有哪些方面？

2. 简述压榨机喷料可能产生的原因与排除方法。

五、问答

1. 请阐述传统黄酒生产工艺与机械化新工艺的不同点。

2. 详细论述螺杆式空气压缩机的优缺点。

第四章 瓶装酒生产装备

黄酒生产的最终产品是用于销售，最普通的形式是小包装产品。因此，黄酒瓶装小包装产品是黄酒生产最为主要的终端产品。在生产瓶装酒时，有一些具体的操作与设备，是黄酒酿酒师必须了解与掌握的。主要包括瓶装酒生产前的品质控制，生产过程中的控制及生产结束后的控制这三方面。

第一节　瓶装酒生产前的品质控制

瓶装酒在生产开始前，要做好各品种的勾兑、过滤这两项至关重要的工作，其中勾兑是决定产品内在品质的关键。勾兑有两种情况，一是在已有标准酒样的前提下，按标准酒样进行勾兑；二是利用库存酒配制一个符合要求的酒样作为生产用的酒样。二者都要求对企业的基酒有确切的了解与掌握，以及对如何配制勾兑有一个大致的概念，这样勾兑时会显得从容不迫，否则会不得要领，不仅增加勾兑的工作量且影响勾兑产品的最终品质。

一、勾兑

一个对勾兑工作十分用心或卓有成效的勾兑工，一定对本企业的存量酒有相当明确的认识与了解，对库存酒掌握得比较清楚。勾兑工把酒分为调味酒（带酒）、基础酒（大宗酒）和搭酒。

调味酒一般是指酒质比较好、有特殊质地的酒，如陈酒中陈香味特别浓的、可以调香的酒；好酒中鲜味比较突出的、可以调鲜增爽的酒；酸度（清酸）较高但无其他缺陷的好酒等。

基础酒一般指要勾兑配制用量最大的酒，是品质达标的、没有明显缺陷的酒。

搭酒一般是指有明显缺陷的酒，如酸度偏高的，酒精度、糖度、固形物、氧化钙等指标达不到标准要求的，在产品符合标准酒或产品小样的前提下，把其搭掉。

二、澄清与过滤及其装备

过滤在第三章中已讲过，但作为瓶装酒，对过滤又有特别的要求，也就是要有一定的商品货架期。黄酒作为原发酵酒种，在目前的技术前提下，不可避免地会在成品中产生一些沉淀，这些沉淀虽然不影响黄酒的饮用，但影响饮用者的感官评分。因此，在过滤时要考虑让瓶装酒有更长的不出现明显沉淀的时间，这就需要澄清的酒液才能符合要求。

（一）澄清

澄清就是酒液清亮透明、富有光泽，这是对黄酒质量的基本要求。当消费者看到酒体出现雾浊或看到有沉淀物时，即使酒的口味正常，也会出现厌恶感，何况悬浮的颗粒也会干扰口味的纯正。

由于用于勾兑的酒年份不同、品种不同以及每坛酒的个体差异性，当它们在单独存放时是稳定的，但勾兑后可能会出现新的不稳定和不良反应，这是由于原有各自稳定的 pH 和等电点（p*I*）被破坏，从而呈现出不稳定状态。要让其有一个新的稳定状态，一般需要一定的时间。因此，建议黄酒装瓶前要有一个“结合期”，这有利于黄酒的澄清和口味的改善。澄清可以采用自然澄清法、澄清剂澄清法和冷冻澄清法。这里重点介绍冷冻澄清设备与技术。

1. 冷冻澄清法

（1）概述　酒液冷冻澄清处理是近几年兴起并广泛采用的澄清工艺。在这之前，黄酒通常添加澄清剂澄清酒液，低度白酒则通常采用活性炭吸附过滤工艺处理。这些酒液澄清工艺在实际应用中均达不到理想效果，经常会造成酒的质量不稳定的现象。在遇到低温环境时又常出现失光、浑浊现象，其中活性炭吸附工艺还不能形成连续过滤，这造成生产成本的提高以及工作效益的降低和环境的污染。

针对黄、白酒会产生浑浊、沉淀的物理特性，借鉴国外葡萄酒冷冻技术，采用快速冷冻法强制冷却酒液［黄酒冷冻至（－3±2）℃的、白酒冷冻至(－12±2)℃］，从而通过降温将酒液中的有机化合物析出。因降低了其在酒液中的溶解度而形成浑浊，所以在低温状态下通过过滤可去除浑浊物，从而获得澄清、晶亮、有光泽的酒液。

以下详细介绍冷冻过滤的操作要求，以杭州佑成净化设备有限公司的酒液速冷机为例。

（2）液体速冷机冷冻原理　液体速冷机采用多级制冷、逐级降温的冷冻技术，每一级制冷系统可根据工况单独使用。第一级制冷换热器把酒液从设计工况25℃左右降温至8～10℃，然后进入第二级制冷换热器，把8～10℃的酒液降温至（－3±2)℃（图4－1）。当酒液实际工况高于25℃时，可适当减少处理流量；当酒液实际工况低于25℃时，可适当加大处理流量；当酒液实际工况低于10℃时，可开一级制冷系统处理，最终使得酒液出口温度在（－3±2)℃。

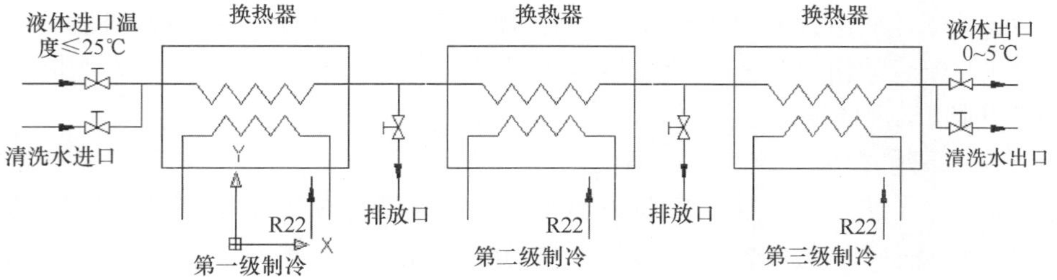

图4－1　液体速冷机制冷系统

黄酒在勾兑时可分为吸入式勾兑和倒入式勾兑。由于吸入式勾兑法酒液较为清澈，可直接输入液体速冷机；而倒入式勾兑法酒液较为浑浊，含有大量包装物杂质、酒脚等，因此在输入液体速冷机之前应先进行预过滤。液体速冷机采用单流程一次性冷冻处理技术。当25℃的黄酒输入液体速冷机，出酒温度即达到－3±2℃，然后把低温酒输送至冷藏保温罐内进行48h以上的静态沉淀。为防止酒液受环境温度影响导致升温，冷藏保温罐要求罐壁外有10cm左右的发泡保温材料，日升温不超过1℃。静态沉淀后取出上清液进行精过滤，然后灌装、压盖、检验、杀菌、贴标、包装直至成品（图4－2）。

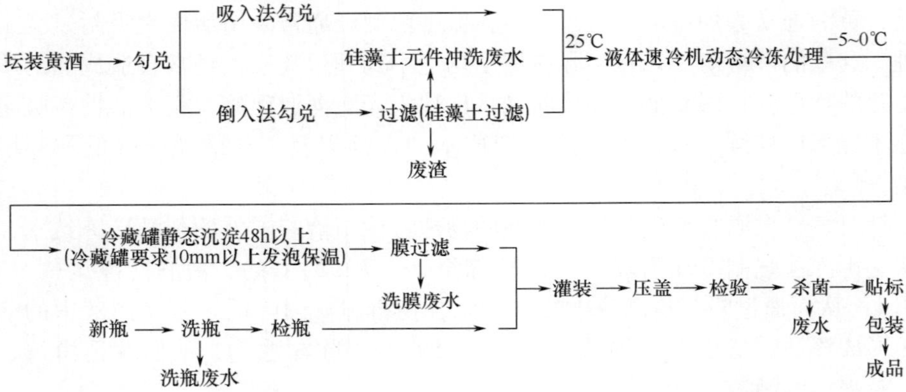

图4－2 黄酒冷冻过滤流程简图

2. 速冷机规格

速冷机具体的规格参数见表4－1。

3. 黄酒速冷机操作顺序

（1）打开冷却水进出口阀门，确保冷却水有足够的水量和水压，否则容易产生“跳机”现象。设备运行状态时，进出口处的冷却水应有6~8℃的温差。

（2）合上电源开关，本机要求电源电压为380V，红色指示灯亮表示电源已进入该设备。

（3）打开液体管道的所有阀门，接通液体输送泵的电源，准备开机。

（4）按启动钮，第一级冷媒压缩机开始运行，红色指示灯亮、绿色指示灯亮，同时联动液体输送泵运行。

（5）每延时9s各级冷媒压缩机依次自动运行。

（6）为了防止设备在无负荷下运行，务必在压缩机开始运行的同时联动打开液体泵，使液体进入本设备。液体泵的运行可通过压缩机交流接触器上的辅助点进行联动。

（7）调节液体流量使液体出口温度达到用户所需要的温度。

（8）开机5min后检查仪表板上各仪表显示数值是否在正常的范围内。

表 4-1 速冷机规格技术参数

技术数据 黄酒 白酒	YC-1000EW BL-2000W*	YC-2000EW BL-4000W	YC-3000EW BL-5000W	YC-4000EW BL-8000W	YC-5000EW BL-10000W	YC-6000EW BL-12000W	YC-8000EW BL-15000W	YC-10000EW BL-20000W
额定制冷量/(K/h)	32.000	64.000	96.000	129.000	161.000	193.000	258.000	322.000
压缩机类型	ermetico 全封闭	ermetico 全封闭	ermetico 全封闭	ermetico 全封闭	semi-ermetico 半封闭	semi-ermetico 半封闭	semi-ermetico 半封闭	semi-ermetico 半封闭
压缩机/kW	16	27	34	52	68	80	114	136
制冷剂	R404a 或 R22							
冷却水循环量/(m^3/h)	15	25	40	60	75	85	100	120
电源	380V/3P/50Hz(允许电压波动±10%,允许相间电压差±2%)							
额定处理量**								
黄酒从25℃降至(-3±2)℃/(L/h)	1000	2000	3000	4000	5000	6000	8000	10000
白酒从30℃降至(-12±2)℃/(L/h)	1700	3500	5000	8000	10000	12000	15000	20000
DIMENSIONS:外型尺寸								
A(长度)/mm	1300	1550	1950	2050	2500	2500	2900	2900
B(宽度)/mm	1300	1350	1450	1800	2300	2300	1520	1720
C(高度)/mm	1070	1240	1320	1320	1520	1520	1720	1900

注:*白酒冷冻系统 BL 系列产品包含冷量回收装置。

**是指冷却水温度低于 32℃。

（9）设备在冬季运行时如液体进口温度很低，应采用双级或单级运行。双级或单级运行方式可通过电气箱内的选择开关进行调节。

（10）关机顺序：先按停止钮，红灯亮、绿灯灭；再关闭液体管道阀门。如果是长时间停机，则应切断电源。

4. 速冷机面板指示功能

启动按钮：按启动钮设备进入运行状态。

停止按钮：按停止钮设备进入停止状态。

冷媒高压表：冷媒高压的控制值在 1.4 ~ 1.6MPa，可通过阀门调节水量来控制。

冷媒低压表：冷媒低压的控制值，第一级在 0.4MPa 左右，第二级在 0.35MPa 左右。

可通过调节液体（酒液）流量来控制。

停止指示灯（红色）：接通电源后该灯亮，设备处于待机状态。

运行指示灯（绿色）：该灯亮设备处于运行状态，同时红灯灭。

警报指示灯（黄色）：

（1）当压缩机电流过大，该灯亮，排除故障后可通过热继电器复位按钮手动复位。

（2）当冷媒高压超过设定值时，该灯亮，排除故障后可通过压力控制器复位钮手动复位，本设备高压压力值设定在 2.2MPa。

（3）当冷媒低压低于设定值时，该灯亮，排除故障后自动复位，本设备低存值设定在 0.2 MPa。

（4）三相电源相序不对时，该灯亮，调换电源的任意两相后自动复位。

进口温度：被冷却液体（酒液）进入本设备的温度。

出口温度：被冷却液体（酒液）出最后一级蒸发器的温度。

环境温度：设备所处位置的空气温度（或冷却水温度）。

过载指示灯：当压缩机电流过大时该灯亮，排除故障后通过热继电器复位钮复位。

过压指示灯：当冷媒高压超过设定值时该灯亮，排除故障后通过压力控制器复位钮复位。

当以上故障报警灯亮后本机自动停机，需排除故障后进行复位，才能再次启动运行。

5. 速冷机的保养与维护

（1）操作人员应经常观察仪表板上的各仪表显示是否在正常范围内。

（2）定期对水冷凝器或风凝器进行清洗、除污垢，保证热交换器效果（水冷凝器每年至少清洗一次，风冷凝器每周吹扫一次）。

（3）保持本设备的外观清洁卫生。

（4）速冷机中的冷却管道直接与被冷却液体（酒液等）接触，蒸发器是主要部分。为防止蒸发器长时间使用发生内部积垢造成热交换器效果降低甚至堵塞，故每次用后需用清洁水对管路和蒸发器进行清洗，清洗后将清洗水放尽。

（5）采用螺杆式压缩机的，第一次运行300h后必须更换一次该压缩机专用冷冻油，然后每10000h要更换一次冷冻油。

6. 速冷机操作特别提示

（1）因蒸发器处于低温工作状态，为避免蒸发器（板式换热器）内可能存在的残留清洗水结冰，损坏蒸发器，务必在压缩机开始运行的同时打开液体泵使液体进入蒸发器，通过液体将残留的清洗水带走，严禁在未打开液体泵的情况运行本设备。

（2）每次用后对液体管路和蒸发器的冲洗必须在本设备停机状态下才能进行。

（3）冷却水质要求如下。

冷却水应为中性 pH = 6.5 ~ 9.5

暂时硬度≤12 度

浊度≤100mg/L

含油量≤5mg/L

有机物含量≤25mg/L

（二）精密过滤

精密过滤在上一章已有详述，但有一点要十分明确，即配置精密过滤是要达到一定的效果的，而并非只是为配置而配置。这就要求对精密过滤的各种不同的过滤装置有所了解。

1. 利用过滤膜孔径不同的截留过滤装置

这种装置是目前最为普遍的精滤装置。其基本原理就是利用微孔过滤膜的不同孔径，起到截留比孔径大的颗粒的作用，也称并流过滤。而这一装置中最为重要的有如下两个方面。

一是所选的过滤膜其孔径是否为平均孔径或绝对孔径。平均孔径也叫相对孔径，其膜上的孔径有大也有小；绝对孔径是膜上的微孔是依最大的孔径进行标注的，所以绝对孔径的过滤膜要比相对孔径的过滤膜要精密得多、也有效得多。

二是要对过滤膜严格按过滤压力进行操作，不能因内部压力升高而拉高压力。内部压力升高是由于过滤杂质堵住滤漠的微孔而引起的，这时应该做的工作是暂停过滤进行反冲，待冲洗干净后再行过滤。要求不要任意超过规定的压力，以免造成过滤膜受损而影响过滤效果。

目前大多数企业都没有测试膜完整性的设备，这会给过滤效果评价与质量检查带来麻烦。

2. 中空膜过滤装置

所谓的中空膜过滤，是利用中空纤维的微孔进行错流过滤。它的过滤不是靠纤维孔径的截留，而是利用过滤酒液的流动，将大颗粒杂质冲刷至最后的排杂装置。如图4－3所示。

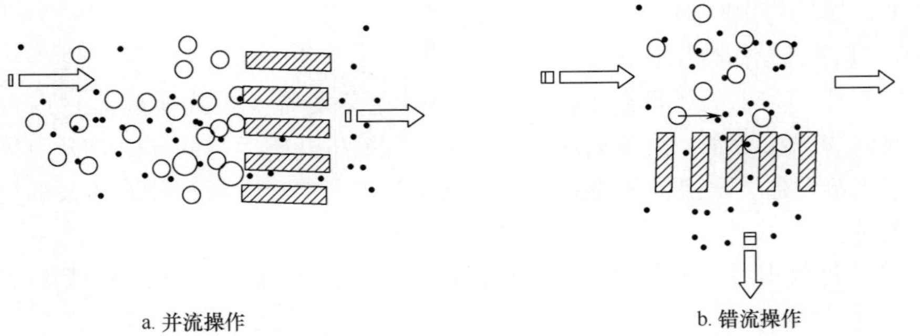

图4－3 两种不同的过滤方式示意图

中空纤维膜错流过滤操作中，最关键的问题是很难判断哪支纤维受损了或坏了，与上面的并流膜过滤装置一样，企业很少或基本没有检测中空纤维受损的设备。所以，一旦出现有损坏的纤维也无从知晓是哪支纤维受损了。这也是有些企业经精密过滤后，仍然存在较多的沉淀物的主要原因。所以对精密过滤后的酒液，不要认为已经过膜过滤了便万无一失，其实还会出现许多问题，甚至连操作者本身都无法发现。最关键的是要经常仔细观察酒液的清亮、透明程度，以便随时掌握过滤质量。

过滤材料中还有较为高级的，如不锈钢金属膜。一般有金属薄片筛网膜、金属非织网式膜、金属粉末烧结膜等多种，可耐高温和各种洗涤剂，使用寿命长，膜的再污染性也很低。但由于其依赖于进口，设备的价格较高，目前还未见有应用于酒类生产过滤的。

3. 烛式硅藻土过滤机

JGLZ型烛式硅藻土过滤系统是重庆轻工机械有限公司生产的优质过滤设备，是填补国内空白的高新过滤设备，适宜于啤酒、黄酒及各类饮料、调味剂等液体介质的过滤（图4－4）。该过滤系统由前稳定、硅藻土混合添加、主过滤、后稳定等系统组成，采用烛棒为过滤元件，为提高酒质、感光并延长保持期，可在烛式过滤系统后串联精过滤机。由于过滤原件采用螺旋式微间隙过滤烛棒，硅藻土预涂量较少，机器的硅藻土总用量也较少。

该过滤系统采用PLC编程控制，触摸屏操作，过滤全过程实现自动化。过滤元件采用反冲洗，效果好、方便可靠。具体参阅图外形与盘式硅藻土过滤机基本相同，如表4－2所示。其过滤质量较高，目前已被许多黄酒生产企业所选用。

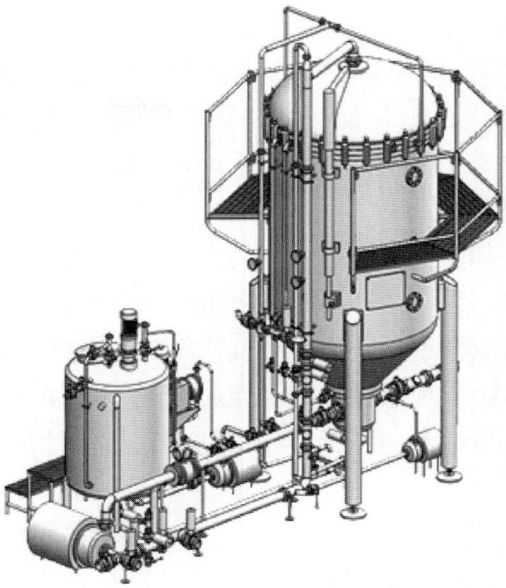

图 4－4 JGLZ 型烛式过滤机外形示意图

表 4－2 JGLZ 烛式过滤系统主机设备能力及参数

型 号	JGLZ30A	JGLZ35A	JGLZ40A	JGLZ50A	JGLZ60A
生产能力/（hL/h）	300	350	400	500	600
裸烛过滤面积/m^2	48	56	65	81	98
实际过滤面积/m^2	72	84	98	122	146
最大载土量/kg	446	520	595	750	905
最大工作压力/MPa			0.6		
过滤罐直径/mm	1600	1700	1800	2000	2200
过滤罐容积/m^3	5.1	5.8	6.6	8.5	10.5
混合罐有效容积/L	700			900	
混合罐最大容积/L	880			1100	
预涂泵输出量/（m^3/h）	10			20	
预涂泵功率/kW	2.2			3	
膜片泵输出量/（L/h）	0～400		0～800	0～1000	
膜片泵功率/kW	0.37	0.75		1.1	1.5
输酒泵输出量/（hL/h）	400	450		600	650
输酒泵功率/kW	15		18.5	22	
主管路通径/mm	80			100	
总装机容量/kW	18.12	22		26.65	28
整机质量/t	5	5.5	6	7	8
外形尺寸（长×宽×高）/m	6.4×2.9×4.5		6.8×3.3×4.7	7×3.5×4.9	
前缓冲罐容积/m^3			8		
后缓冲罐容积/m^3			1		
酒头酒尾罐容积/m^3	8		10	12	

（1）主要结构简介

①过滤烛棒：过滤烛棒是过滤机的过滤元件，是由截面为梯形的不锈钢丝像绕弹簧一样一圈圈地绕焊在由 8 根特别形状钢条制成的圆形骨架上，制作成空心的棒状零件。钢丝每圈之间的间隙为 0.06mm 左右，即为滤酒的通道，在正常使用情况下，过滤烛棒的磨损非常小。

②烛棒过滤原理：如图 4－5 所示，待过滤液体（酒）通过预涂硅藻土形成的过滤层，把待过滤液体（酒）中不需要的固相物质进行阻留后，过滤后的液体通过烛棒两金属丝间的间隙汇集从空心烛棒孔中流出，达到液体的过滤目的。随过滤时间的增加阻留下来的物质和添加的硅藻土越来越多，使过滤层不断增厚，过滤阻力越来越大，即进口压力增大。当进口压力达到超过设计压力时过滤即停止。

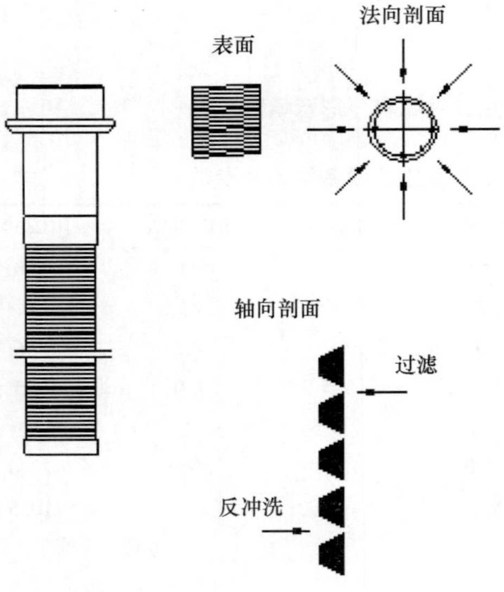

图 4－5 烛棒过滤示意图

通过上述可知，烛棒的工作原理就是在正压力（预涂压力）作用下使预涂的硅藻土均匀附着在烛棒表面形成过滤层，实现液体过滤作用，同时又起着过滤液体的流道作用。

③硅藻土混合罐：混合罐是专门向过滤罐提供经均匀混合后的硅藻土悬浮混合液的装置。具体作用有：一是预涂过滤层，即向过滤罐内过滤烛棒快速供给硅藻土混合液，使之形成预涂层，确保正确过滤液体的必备条件；二是定量添加（混合罐系统配有一台膜片泵，能起到定量供给硅藻土和水的均匀混合液体的作用），即在过滤过程中按过滤工艺要求，以准确的剂量连续不断地向待滤液体供给硅藻土和水的混合液，直至过滤结束。

（2）过滤工作原理　具体参见烛式硅藻土过滤机工艺流程图（图 4－6）。

①过滤原理：滤掉液体中的固相物质需要一定的过滤介质。本机过滤酒液时采用的过滤介质为硅藻土，硅藻土为微观管状或片状结构的古生物矿物质，经过焙烧磨细后按粒度大小分为若干规格，供不同用途所选用。

过滤时，首先在过滤烛棒上形成预涂硅藻土滤层，被过滤的液体流过由硅藻土形成的预涂滤层时，其中的固相物质即被阻挡的过程即表层过滤。这略微纯净的液体经过硅藻土微观管状或片状的间隙以及颗粒之间的间隙，杂质再次受到吸

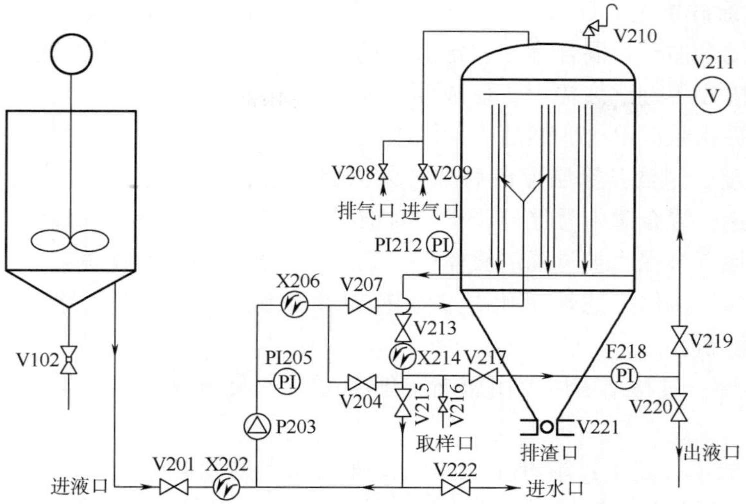

图 4－6　烛式硅藻土过滤机过滤原理示意图

X202、X206、X214 视镜　V209 进气阀　V210 安全阀
V215、V217、V201 循环阀　V208 排气阀　V215 取样阀
PI205、PI212 压力表　V222 进水阀　V201　进液阀
M101、M21 电机　P203 离心泵　F218 流量计
V102、V221 排渣阀　V219 清洗阀　V217、V220 出液阀

附阻挡，液体中的固相物质进一步地被滤掉而获得纯净的液体，这就是深层过滤起到的过滤作用。

在预涂层上被滤掉的固相物质会越来越多，特别是澄清度不是很高的黄酒，在过滤时，酒液中的糊精等物质会破坏正常的过滤进程，这时应添加相应的粗土比重，从而便于在过滤过程中形成新的过滤层以维持正常的过滤过程。

关于过滤介质的选用，推荐在第一次预涂时选用较粗的硅藻土，在第二次预涂时选用粗细硅藻土的混合体。

特别说明：

a. 每根过滤烛棒载土不能超过其承受的最大负荷量。

b. 过滤中，待过滤的液体压力应保持稳定，否则会引起过滤烛棒上涂附的硅藻土的滑落，影响清酒的浊度。为此，建议用户厂家在酒泵进口以前和烛式过滤机后增加稳定罐。

②过滤过程：烛式过滤机过滤全过程可分为七个步骤。

a. 充水：向过滤罐内充水或填充将被过滤的液体需从罐底向上填加，目的是将罐内气体赶出。所以充水时不能由过滤罐顶进水填充，以免产生气泡。过滤罐填满后立即将混合罐及其管路系统打开。

b. 预涂硅藻土：预涂硅藻土时，液体在过滤罐与混合罐及其两者之间连接管路进行闭合循环，混合罐中一定数量的悬浮硅藻土随循环液体进入过滤罐中，均匀地涂附在各过滤烛棒上，形成预涂层。此循环的流速应高于过滤时的流速。一般先预涂粗粒硅藻土，然后再预涂细粒土。

c. 过滤：过滤预涂层形成后即可泵入将被过滤的液体。此时流速应小于预涂时的流速。混合罐中悬浮硅藻土同时被膜片泵按一定计量泵入过滤罐的进口管路，均匀地混合在将被过滤的液体中，起到定量补充填加的作用。

过滤后，液体经滤烛棒孔由过滤罐顶部（罐盖）的出口管路，在压力作用下流出过滤机。

d. 清罐：过滤结束后，用压缩空气将罐内剩余的被过滤液体经烛棒过滤后排出。

e. 排放废硅藻土：附着在过滤烛棒外表面上的废硅藻土与滤出的固相物质的混合物，通过从过滤罐顶部进入的压缩空气冲下，罐底下方的排土阀打开，即可将废土等物排出罐体（湿排）。

f. 清洗排废后罐内及管路需要清洗。打开过滤罐孔板下面的喷水管进无菌水，同时打开过滤罐下部的喷气管进压缩空气，将过滤烛棒外表面、过滤罐内壁冲洗干净，清洗后的废水由罐底排水阀放掉。

g. 杀菌：清洗后，过滤罐、混合罐及管路系统均需杀菌。杀菌用85℃热水进行，循环30min。最好每次都用清洗剂，也可按使用情况自行适当规定清洗规程。杀菌后方可进行下一个新的过滤周期。

（3）烛式过滤机电控系统　烛式过滤机的全部工作过程均在PLC控制下完成，由性能卓越的控制和保护元件构成闭环自动化系统组成，采用人机界面。操作人员可通过显示屏进行系统参数设置、数据修改、获取控制和报警信息、启停各电机和气动蝶阀，并实现滤酒浊度、过滤压力实时监控。

（4）有关事项的说明

①关于硅藻土的预涂量：根据有关厂家使用情况来看，一般预涂量控制在第一次预涂粗土400～600g/m^2（裸烛面积），第二次预涂粗土+精细土500～600g/m^2（裸烛面积）。预涂的目的是用来过滤，故预涂量的大小应以达到该目的来进行选择。

②关于硅藻土的添加量：硅藻土的添加量一般控制在0.5～1.5g/L，悬浮液与啤酒的流量500L/（m^2·h），过滤压力的增加应控制在0.03MPa/h。

③过滤罐最大的硅藻土装填量：过滤罐中硅藻土的装填量与过滤面积（即过滤烛棒的数量M）有关，每根过滤烛棒所能承受的最大负荷（载土量）为N千克。因此，过滤罐所能装填的硅藻土最大承载负荷（载土量）W为：

$$W = M \times N$$

特别说明：过滤罐装填的硅藻土量不得大于计算出的W值，否则将损伤过滤烛棒。

④关于硅藻土悬浮液的比例：在混合罐内硅藻土悬浮液的混合比为1∶10～1∶5。

⑤关于对过滤机用水的要求：过滤机的用水中切忌含有微型颗粒，特别是砂粒。若使用地下水，应沉淀过滤后使用，防止砂粒进入过滤系统中。

第二节 瓶装酒生产过程中的质量控制

一、液体灌装机

1. 灌装原理与方法

由于液料的物理化学性质各有差异，对灌装也就有不同的要求。液料由贮液装置（通常称为贮液箱）灌入包装容器，常采用以下几种方法：常压法灌装、等压法灌装、真空法灌装、虹吸法灌装。

（1）常压法灌装 是在大气压力下直接依靠被灌装液料的自重流入包装容器内的灌装方法。常压灌装的工艺过程为：①进液排气，即液料进入容器，同时容器内的空气被排出；②停止进液，即容器内的液料达到定量要求时，进液自动停止；③排除余液，即排除排气管中的残液。常压法主要用于灌装低黏度、不含气的液料，如牛奶、白酒、酱油等。

（2）等压法灌装 是利用贮液箱上部气室的压缩空气，给包装容器充气，使二者的压力接近，然后被灌装液料靠自重流入该容器内的灌装方法。

（3）真空法灌装 是在低于大气压力的条件下进行灌装的方法。有两种方式：一种是差压真空式，即让贮液箱内部处于常压状态，只对包装容器内部抽气，使其形成一定的真空度，液料依靠两容器内的压力差，流入包装容器并完成灌装；另一种是重力真空式，即让贮液箱和包装容器都处于接近相等的真空状态，液料靠自重流入容器内。目前，国内常用差压真空式。其设备结构简单，工作可靠。

（4）虹吸法灌装 是应用虹吸原理使液料经虹吸管由贮液箱被吸入容器，直至两者液位相等为止。此法适合灌装低黏度不含气的液料，其设备结构简单，但灌装速度较低。

2. 定量原理与方法

黄酒灌装定量多用容积式定量法，大体上有如下3种。

（1）控制液位定量法 是通过灌装时控制被灌容器（如瓶子）的液位来达到定量值的方法，习惯称作“以瓶定量法”。由连通器原理可知，当瓶内液位升至排气管口时，气体不再能排出，随着液料的继续灌入，瓶颈部分的残留气体被压缩，当其与管口内截面上的静压力达到平衡时，瓶内液位保持不变，而液料却沿排气管一直升到与贮液箱的液位相等为止。可见，每次灌装液料的容积等于一定高度的瓶子内腔容积。要改变每次的灌装量，只需改变排气管口伸入瓶内的位置即可。这种方法，设备结构简单、应用范围最广。

（2）定量杯定量法　是将液料先注入定量杯中，然后再进行灌装。若不考虑滴液等损失，则每次灌装的液料容积应与定量杯的相应容积相等。要改变每次的灌装量，只需改变调节管在定量杯中的高度或更换定量杯。这种方法避免了瓶子本身的制造误差所带来的影响，故定量精度较高。

（3）定量泵定量法　这是采用机械压力灌装的一种定量方法。每次灌装物料的容积与活塞往复运动的行程成正比。要改变每次的灌装量，只需设法调节活塞的行程。

3. 瓶、罐的升降机构

在装料机中，把瓶罐升到规定的位置进行装料，然后又把装满的瓶罐下降到规定的位置，这一动作是由瓶罐升降机械来完成的。目前，常用的瓶罐升降机械可分为滑道式、压缩空气式及滑道和压缩空气混合式。

4. 基本结构与特点

灌装压盖机结构如图 4－7 所示，它适用于瓶装碳酸饮料和果汁饮料的灌装和压盖。如配置旋盖机，增加（或变更）部分附件，即可作为玻璃瓶和聚酯瓶两用灌装机。该机专配 CHI－72 型输盖机一台。该机的主要部件包括容器进出转盘、液体定量机构、装料阀门、传动机构、提升气缸、灌装缸、压盖机、破瓶分离机构等。

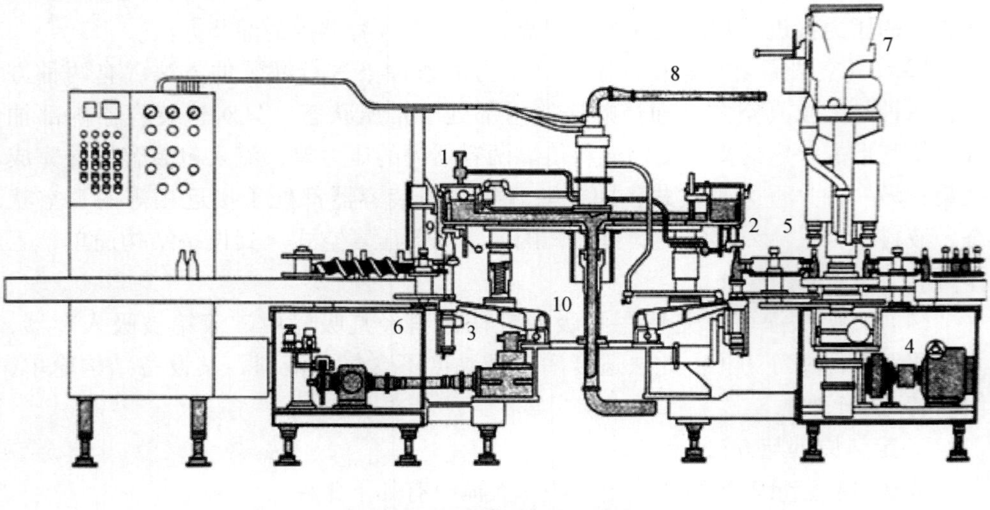

图 4－7　灌装机结构示意图

1—检测控制机构　2—升降机构　3—电机　4—空压机　5—瓶体
6—传动系统　7—自动灌装系统　8—排风系统　9—进瓶螺杆

其结构特点如下。

（1）灌装缸、灌装阀及与物料接触的零件，采用内壁抛光的不锈钢制作，耐腐蚀、易清洗。

（2）灌装部位能自动冲洗，保证设备正常运行。

（3）全机备有 CIP 自动清洗管路，自动循环、便于清洗。

（4）采用高速、高精度灌装阀，瓶内液位控制准确，可确保优良的灌装质量。

（5）设有安全可靠的自动灌装系统，无瓶时将自动闭阀，不使液体流失。

（6）有浮子液位控制装置及皇冠盖检测装置。

（7）防护设施齐备，确保操作安全。

（8）采用巨型滚珠轴承，且星轮、进瓶螺杆等采用超高分子塑料制成，确保运行无噪音。

（9）变换瓶型时，只需更换进瓶螺杆、星轮等塑料件，操作方便。

（10）采用无级变速器，可进行生产能力的调整。

二、瓶装黄酒的灌装线

黄酒经澄清、过滤为滤清酒后，按不同的包装形式分别灌入玻璃瓶、陶瓷瓶、塑料桶（袋）等容器中，并加以密封和杀菌，使能输送往市场销售。

根据不同的包装容器和灌装设备，可以采用冷灌装、热灌装、手工灌装、半机械灌装、全自动灌装等工艺，各企业可根据各自特点选用。典型的有如下两种。

以玻璃瓶为容器，适合自动化流水线生产，如图 4－8 所示。

玻璃瓶 → 自动浸洗瓶 → 验瓶 → 灌装 → 压盖(封盖) → 喷淋杀菌 → 检验 → 贴标 → 装箱 → 入库

图 4－8　玻璃瓶小包装流程简图

以陶瓷瓶为主要容器，适合手工、半机械化操作生产，如图 4－9 所示。

陶瓷瓶(桶) → 浸洗 → 刷洗 → 冲洗 → 验瓶 → 沥水 → 灌装 → 压盖(封口) → 水浴杀菌 → 贴标 → 装箱 → 入库

图 4－9　陶瓷瓶小包装流程简图

以上两种生产工艺分别简述如下。

（一）自动化流水线

该工艺适合于较大规模的黄酒企业采用。由于瓶装生产线的设备多、占地面积大，加上包装容器数量多，因此必须设置较大的包装车间和成品仓库，并应留有足够的面积堆放空瓶材料等。

1. 装瓶车间的设备及其布置

装瓶车间的设备及其布置对工艺生产过程、产品质量、产品卫生都有着密切的关系，大致上有以下几个要求。

（1）灌装设备应尽量靠近清酒间，以使输酒管道尽可能短一些，有利于搞好清洁工作，以防滤清酒的二次污染。

（2）洗瓶部分最好能与灌装车间隔开，特别是使用回收瓶的工厂，空瓶大多比较脏，分隔后可保持灌装过程的清洁卫生。此外，杀菌设备温度也高，最好也能与灌装机分隔开来。

（3）空瓶进车间及成品进出仓库都应安排合理、交通方便、不能交叉、不宜绕弯，这样有利于包装生产的顺利进行。

（4）瓶装生产线大都布置成直线形或 L 字形或 U 字形，各设备之间的送瓶线要有足够的长度，以保证空瓶和满瓶的供给。

2. 流水线上各单元设备操作

（1）洗瓶机　全自动洗瓶机是一种工艺较先进、生产效率高的洗瓶机。它的进瓶和出瓶都无需工人操作，它是利用洗涤液浸泡和喷冲（包括洗涤液、热水、温水喷冲）的共同作用来洗涤和消毒瓶子。该类型洗瓶机主要有单端式和双端式两种，尽管形式不同，但其工艺过程相同，主要可分为以下四大部分。

①预泡部分：瓶子进入洗瓶机后，首先进入预泡槽，瓶子在预泡槽中进行初步的清洗和消毒。预泡槽中盛有洗涤液，瓶子在这里应去掉大部分粘附其上的松散物质，以利于其后的洗涤；另外，瓶子可得到充分预热，为了避免瓶子受热破裂，温差不应超过30℃。一般来说，预泡槽中的洗涤液温度为30～40℃。

②浸泡部分：瓶子经预泡后，进入浸泡槽中浸泡。瓶子的洗涤效果，主要取决于浸泡槽中瓶子的停留时间和洗涤液的温度。在这里，瓶内的杂质必须溶解、脂肪必须乳化，瓶子也进行消毒。浸泡温度为 70～75℃。

③喷冲部分：瓶子经过浸泡，所有粘附其上的污物均已松动，但还需用机械力将其除去。这是用高压（2.5×10^{5} Pa 以上）洗涤液的强力喷冲完成的。这时瓶子已被倒置，被几组喷头喷冲，洗涤液温度为 75℃ 左右。在这里，所有的污物均被除去，瓶子受到进一步消毒。

④清洗降温部分：这是将瓶子内外残余洗涤液除尽，并使瓶温接近于室温。一般包括三组喷头，即热水喷头、温水喷头和冷水喷头。热水喷头喷出的热水约55℃；温水水温约为35℃；冷水为常温。瓶子受到三组喷头的依次喷射，成为完全清洁并接近室温的净瓶。

（2）灌装机　黄酒自动灌装机可分为常压灌装机、真空灌装机、直线式灌装机、旋转式灌装机、液位定量灌装机、定量杯定量灌装机等。灌装时可按不同的灌装机制订相应的操作规程，但应注意如下事项。

①所有设备、用具均需洗刷干净，不得留有死角；灌装间的卫生状况必须优良，要有防蝇、防虫设施，最好装空调设施，以使适当增压；操作人员衣帽要整洁，不得使酒中混入任何杂质及异香成分。

②装酒前，需进行取样化验，只有符合产品标准的酒才能灌装。

③必须将贮酒高位槽、管道、容器、机器灌酒阀用净水或热水冲洗干净。水放净后，再用酒液顶走管内余水，并先放100～200L酒液另行处理，待流出酒液的色、香、味均符合要求后，方可灌装。

④灌装时一定要控制好容量，保证符合标准要求。

⑤灌酒结束时应将各容器、管道内的余酒放尽，用碱液或次氯酸钠溶液、热水、净水反复冲洗，再打入1%～2%甲醛液或2%次氯酸钠溶液杀菌浸泡容器、管道，以备下次使用。

（3）压盖或封盖

①皇冠盖压盖：灌装后的瓶酒应及时压盖。压盖时应注意瓶盖压的松紧程度，压好后瓶盖周围的齿形突起应紧贴瓶口，不得有隆起或歪斜现象，否则易于脱落或漏酒。

压盖机应随瓶子的大小高低加以调节。如发现瓶盖压不紧，可将压盖机上部向下调节，如易轧碎瓶口或太紧造成咬口，则可稍稍升高。

在压盖机上瓶盖传送装置附设压缩空气装置，既可帮助送盖，又可除去瓶盖垫片上附着的异物等，以防混入酒内。

②防盗盖封盖：这种封盖多用铝制，事先未加工出螺纹。封口时，用滚轮同向滚压铝盖，使之出现与瓶口螺纹形状相同的螺纹而将容器密封。这种封盖在封口时，封盖下端被滚压扣紧在瓶口凸棱上，启封时将沿其裙部周边的压痕断开而无法复原，故又称“防盗盖”。该包装多用于高档瓶装黄酒。

防盗盖的封口过程，大致可分为送盖、定位夹紧、滚纹封口和复位四个步骤。

送盖：散装在料斗中的铝质瓶盖由理盖机构整理，并按正确位向送到滚纹机头处。

定位夹紧：铝盖套装由送瓶装置及时送到瓶子口部，经滚纹机头上的导向罩定位后，压头下压瓶盖，并施加一定的压力，使瓶盖和瓶口在滚压过程中不发生相对运动。

滚纹封口：要实现滚纹封口，滚压螺纹装置必须完成下述运动：其一，滚纹机头相对于封口机主轴完成周向旋转运动，以及相对于瓶体完成轴向升降运动；其二，滚纹滚轮相对瓶体完成周向旋转运动和轴向直线运动（即螺旋运动）；其三，滚纹和封边滚轮相对瓶体完成径向进给运动。这样，在滚纹滚轮的作用下，铝盖的外圆上滚压出与瓶口螺纹形状相同的螺纹，使铝盖产生永久变形，并与瓶口螺纹完全吻合。而封边滚轮则滚压铝盖的裙边，使其周边向内收缩并扣在瓶口螺纹下沿的端面上，从而形成以滚压螺纹形式连接的封口结构。

复位：完成封口后，滚纹滚轮和封边滚轮沿径向离开铝盖，封盖封头上升复位。与此同时，瓶子离开封盖工位，从而完成了一次工作循环。

封盖的质量可用转矩测定器进行检测，检测方法如下。

a. 封盖的酒瓶固定于测定器上，把转矩测定器指针拔到0上，再用手抓住瓶盖，向开瓶角度拧（即按逆时针方向拧动），这时要注意测定器指针的刻度。

b. 首先听有“嘎吱”的声响，这是第一转矩；再次拧动听到同样的声响，这是第二转矩；最后再次拧动并听到铝盖断开声，这就是第三转矩。第一转矩的标准值为（12 ±4）kg/cm^2，第二转矩为（16 ±4）kg/cm^2，第三转矩为（10 ±4）kg/cm^2。

c. 开盖转矩值测定完后，再把瓶盖拧紧（顺时针），此时瓶盖的螺纹开始破裂，瓶盖只能空转。查看它的数值，即为返转拧矩。返转拧矩的标准值为20kg/cm^2以上。

（4）喷淋杀菌　瓶装黄酒在通过灭菌机通道过程中，利用六档或八档不同温度喷淋杀菌。第一档：预热区，喷淋50 ~60℃温水；第二档：升温区，喷淋70 ~75℃热水；第三档：杀菌区，喷淋80 ~85℃热水；第四档：保温区，喷淋80℃热水；第五档：降温区，喷淋60 ~70℃热水；第六档：冷却区，喷淋50 ~55℃温水。瓶装黄酒通过杀菌机通道约45min，其中杀菌区和保温区约25min。

喷淋水分配箱底部钻有筛孔，每班刷洗，水泵也有滤网，以保证喷淋水量充足与畅通。均匀充分喷洒于每瓶酒上，防止有“死角”，即热水喷不到的地方，造成有漏杀菌的现象。

杀菌机开车时，准备工作要做好。循环水泵与喷淋水分配箱各档温度均达到要求后，先运转几分钟，待正常后方可进行瓶酒灭菌。灭菌过程开始前，瓶酒在链板上运来时，应使许多瓶子相互挨紧至无空间后一齐进入杀菌机通道，可以防止瓶酒的跌倒。喷淋杀菌机链条传送部分应经常添加润滑油，保持运转灵活，喷淋水量畅通均匀无“死角”，温度达到工艺要求，才能保证灭菌质量。

杀菌后瓶酒还需有专人检查。在灯光下检验，由于瓶子和酒液的放大作用，细小的颗粒可以很明显地被发现。另外，如有瓶盖未轧实、密封不好，酒液满至瓶口或发现漏酒等现象的瓶酒，均应被拣出。

杀菌操作重点控制内容如下：

①各区温度符合工艺条件。

②喷淋压力要求0.2 ~0.3MPa。

③喷淋头畅通，不得阻塞。

④运转平稳，每班要走完全部瓶子，不得在杀菌机有积存过夜。

（5）贴标机　贴标机又称贴标签机。它是将事先印刷好的标签贴到包装容器的特定部位的机器。贴标机种类较多，有直线式贴标机、回转式贴标机、压捺式贴标机、滚压式贴标机、转鼓式贴标机、刷贴式贴标机、压敏式贴标机等，另外还有单标机、双标机、多标机等，各企业可以根据瓶型、产量大小等因素选用。

贴标机操作包括取标、送标、涂胶、贴标、整平等工序。开车前应先检查贴标机各部件是否完好，确认商标与所灌瓶酒是否相符，在胶水槽内加入黏度适度的胶水，校正好生产日期，检查各传动部件是否正常，并加好润滑油。然后开动链板传送带与贴标机试贴商标，检查调整好商标高低、歪斜、上胶水量等方可正式运转贴标机。

贴标机工艺控制要求主要有以下几点：

①商标品牌、品种必须与产品相一致，生产日期正确，批号无误。

②商标端正美观，紧贴瓶身与瓶颈处，无褶皱、不歪斜、不翘角、不重叠、不脱落。

其中，正标要求如下。

双标：上下标的中心线和瓶子中心线对中度允许偏差≤3mm。

单标：标签的中心度与瓶子对中度允许偏差≤2.5mm。

贴标的效率和质量不仅决定于机械好坏，还取决于纸标和黏着剂的质量。纸标要求横向拉力强，厚度、软硬适中，粘后易于伏贴。黏着剂要求接触玻璃黏力强、流动性好，但贴后易于干燥等性能。使用前纸标宜贮于湿度较大的地方，以防止过干而不适合于机械操作。

（二）手工灌装流水线

该工艺适合于异形瓶、陶瓷瓶等多品种、小批量的瓶装酒生产，占地面积较小，设备数量较少，相应投资也小。

1. 手工洗瓶

手工洗瓶分为浸泡、洗刷和清洗三个工序。

浸泡容器可用水池或水槽。最好是用温水浸泡数分钟，如旧瓶、脏瓶应预先单独浸泡。新瓶在退火、出窑和冷却之后是无菌的，但并不意味着它是干净的，新瓶在运输过程中会受到不同程度的污染。另外根据退火处理方法不同，新瓶可能会有不同的杂质，例如灰白色的硫化钠（称为窑雾）附在瓶的外表和瓶颈内部的表面上。新瓶还可能沾有灰尘、渣及油污等。因此必须认真清洗每一只瓶。

无论新瓶还是清洗后的旧瓶，经过浸泡以后都要用毛刷逐个刷洗瓶子内部，并逐个把瓶外壁洗刷干净。洗刷后要用清水清洗或冲洗内部，冲洗后放在沥瓶架上沥干。然后放在空瓶输送带上进行检验，将不合格的瓶子剔出。

2. 灌装

玻璃瓶类的瓶酒可选用小型自动灌酒机，如是异形瓶或陶瓷类酒瓶，则采用手工定量灌酒器或直线式灌酒机。

灌装前照例应对灌酒机、贮酒罐、管道进行认真清洗，灌装操作要求同前述。

灌装后的瓶酒如是皇冠盖或防盗盖的应及时压盖或封盖，如采用软木塞的不能将软木塞立即压实，应先杀菌再压实。否则杀菌时酒液受热膨胀，瓶内会形成一定压力，可将软木塞冲出。

3. 手工水浴杀菌

这是利用杀菌槽，分别将瓶酒放入槽内水浴中，以蒸汽缓慢升温至杀菌温度（82℃左右）约40min，即可出来贴标。如是陶瓷瓶则先将软木塞压实后再贴标。

为充分利用热能，减少酒瓶因温差过大造成破损，杀菌槽可分成三组。第一组：预热槽，一般将酒预热到45℃；第二组：升温槽，一般将酒升到70℃；第三组：杀菌槽，一般将酒升到80℃左右。操作如下，当灌好的瓶酒先在第一组槽内预热，达到要求后即置于第二组槽内升温，然后再置于第三组槽内杀菌，当杀菌温度达到后，应维持5～10min即可出槽。至于杀菌温度多少最佳，可以根据化验员卫生指标调节。如卫生指标较好，可适当降低杀菌温度，一来可以降低能源，二来过高的杀菌温度对黄酒口味有一定的负面影响。

4. 贴标

一般为手工贴标，要求横平竖直，不得有突起、皱纹或翘角、翘边现象。使用浆糊或胶水之类黏合剂，必须涂抹均匀且在商标和瓶壁不得有明显的黏合剂痕迹。要用半干湿的抹布将黏附于瓶壁的杂物擦净。

三、黄酒常用灌装线

作为一个酿酒师，有必要对瓶酒生产车间的设备有一个较为全面的了解，并能解决一些生产过程中的实际问题，这就要求酿酒师具备这方面的专业知识。下面以年产10000kL、每小时10000瓶以上黄酒瓶酒灌装线的重庆轻工机械厂的产品及年产5000kL、每小时生产能力在5000瓶左右的山东青州齐鲁机械有限公司的产品为代表进行详解。

（一）5000瓶/h生产能力灌装线

为了便于掌握灌装设备的关键知识与操作技能，书中选择了山东青州齐鲁包装机械有限公司的中小型灌装线。这一流水线在黄酒生产企业应用中较为广泛，具有一定的代表性，其设计结构较为合理，操作较方便，生产操作人员较容易掌握，且生产过程中的稳定性也较好。其中最具代表性的是其灌装线中的冲瓶机、量杯型定量灌装机和螺口封口机。

1. QCP－40H型翻转式冲瓶机

外形如图4－10所示。

（1）主要技术参数

适用容器：玻璃瓶、瓷瓶等。

图4-10　QCP-40H型翻转式冲瓶机外形图

头　　数：40个。

生产能力：4000～7000瓶/h。

电机功率：4.5kW。

（2）工作原理　瓶子由输送带传动送进冲瓶机，瓶子被钳手夹住瓶口，然后自动翻转，进入冲洗区域。

冲洗区域分为循环水区、净水区、无菌压缩空气区。瓶子先进入循环水区进行冲洗1.2s；冲洗完后经过1.1s地控水，进入净水区冲洗2s；冲洗结束后经过1.1s地控水，进入无菌压缩空气区，无菌压缩空气可将瓶内的残留水分吹干排净。

冲洗结束后，瓶子自动翻转，由输送带传动送出冲瓶机。

（3）主要特点　冲瓶机的关键部位在于冲瓶喷头，该冲瓶机的工作方式为升降式，冲水前喷嘴自动插入瓶内，最大可插入110mm。冲瓶喷头可以有效防止在冲洗过程中，冲洗回流水和冲洗水冲突的现象，保证冲洗效果（图4-11）。传统喷射是垂直向上，依靠溅起的水珠清洗瓶壁；而插入式是利用喷嘴插入瓶内，用发散的冲洗喷头喷射水来清洗整个瓶的内壁（图4-12）。冲洗喷头为双通道，一个通道通水，一个通道通气。

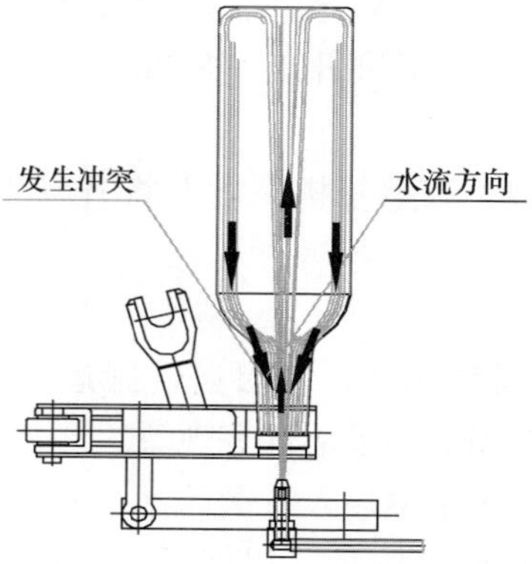

图4-11　传统喷冲装置

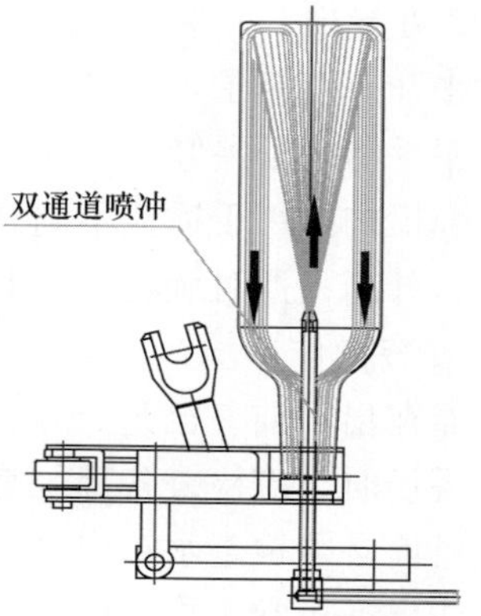

图4-12　插入式喷冲装置

(4) 工作过程　从洗瓶机出来的瓶子（或新瓶）由输瓶线输送进入冲瓶机，经进瓶螺旋分瓶器的定距分瓶，瓶子均匀进入拨瓶轮，由进瓶拨轮交接至夹瓶位置。旋转平台上各工位的钳手依次夹住瓶颈，并将瓶子一一翻转180°，瓶子倒立后，喷水、气管插入瓶口内（最大110mm），瓶子依次进入循环水工位、净水工位，稍控约1.1s；进入无菌气喷冲区，通过无菌空气喷冲，将瓶内残留水吹干；接着翻转钳手使瓶子再转180°，瓶子转至出瓶位置时钳手松开，出瓶拨轮将瓶子送至下道工序，进行灌装和压盖。

(5) 结构特点　本机主要由进出瓶拨轮装置、钳手机构、喷管装置、阀体机构、外淋机构、水过滤装置、导轨凸轮部分和升降机构等组成。

①进出瓶拨轮装置：螺旋分瓶器将瓶子定距分瓶后，由进出拨轮将瓶子送进和拨出机器，进出瓶拨轮处设有离合保护装置。当出现卡瓶时，自动停机，同时蜂鸣器发出“嘟…嘟”的报警声，此时应及时排除故障，使拨瓶盘复位后重新开机。

②钳手机构：主要用于夹持和松开瓶子，该钳手自动张开并夹紧瓶子，在拉簧的作用下，瓶子不会因受到冲击或振动而脱落。钳臂、钳体均采用不锈钢铸件，外形圆滑美观；钳口用尼龙铸件，采用仿形加工。

③喷管装置：该结构在导轨的作用下，喷管自动下降；脱离导轨后在拉簧作用下，喷管上升，并插入瓶内。喷嘴升降过程中，滚轮在固定座的轨道内滚动，由滑动杆导向，升降动作可靠且经久耐用。

④阀体机构：该机构采用双通道原理，由水阀与气阀组成。密封面采用无毒高分子复合材料，摩擦系数小，保证水阀和气阀的使用寿命；其他部件则采用不锈钢制造而成。

⑤外淋部分：利用循环水箱内过滤的水，将瓶子进行外冲。

⑥水过滤装置：本机配有循环水箱、加压泵及水过滤装置，冲洗水经过滤后可反复利用，节约水源。但初次使用时，必须在水箱内加入适量的水。

⑦导轨凸轮部分：主要控制钳手装置的翻转以及控制钳手的打开及关闭。工作循环中，在导轨凸轮装置的作用下，钳手装置旋转至进瓶拨轮与出瓶拨轮的固定位置时张开，使瓶子顺利进入或离开钳手；当偏离此工作位置时，凸轮失去控制作用，钳手将瓶子夹紧。

⑧升降机构：用于适应不同高度的瓶型，调整整机高度并将升降手柄插入。顺时旋转，升高；逆时旋转，降低。

(6) 安装操作

①机器在出厂前，已进行了全面的紧固和润滑，但因运输搬运过程中的颠簸，运至现场时，应检查各部位是否有碰损和缺漏零部件等现象。

②开机前必须检查水箱内是否干净，将水箱中装入适量的水，并检查泵及过滤网是否能保证正常工作；检查气压是否达到0.3MPa，以保证冲水和吹气效果。

③电机应接在380V电源开关上（电器开关用户自备），并将本机外壳接好

地线，以确保人身安全。

④正常运转为顺时针旋转（从机器上方往下看）。

⑤机器空运转5min，整机运转平稳、无异常噪音后，方可进行如下的调试工作。

（7）调整操作

①钳手高度和拨瓶轮的调整：根据瓶型的直径和高度，设计制造有关零部件，装配后调整试车。若根据生产需要更换瓶型，则应进行如下调整。

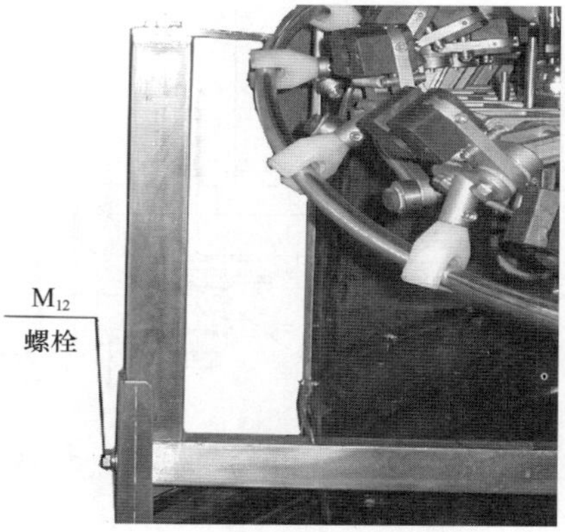

图4-13 钳手高度和拨瓶轮的调整（一）

瓶子高度变化时需调整钳手的高度，首先松开支架两侧 M_{12} 螺栓，如图4-13所示，再将机架一侧的护板取下，松开星形手柄，插入手摇把手顺时针旋转，如图4-14所示，使钳手转盘缓缓上升。当钳手高于瓶子高度时，将瓶子放于进瓶拨轮处，调整钳手高度；当瓶口螺纹与钳口内槽相吻合时，即为最佳高度，如图4-15所示。因钳口内槽为仿形加工，高度相符时，钳手抓瓶才会牢固。调整好后，必须将图4-13所示的螺栓和图4-14所示的星形手柄紧固后，再装好护板。

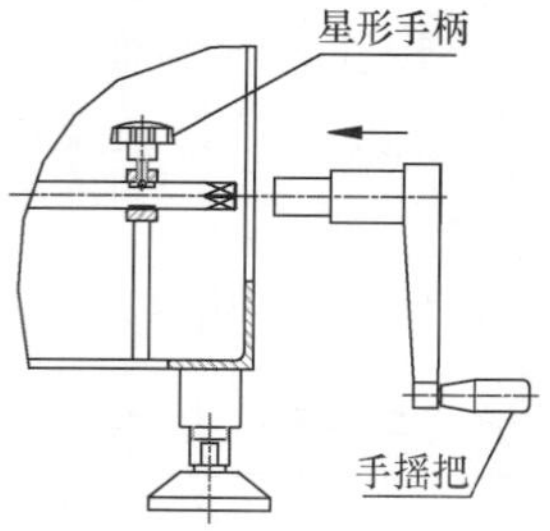

图4-14 钳手高度和拨瓶轮的调整（二）

图4-15 钳手高度和拨瓶轮的调整（三）

当瓶子直径发生变化时，首先根据瓶子直径选择相应的进出瓶拨轮、挡瓶板、螺旋分瓶器（所有配件由公司定做）；然后将瓶子放于进瓶拨轮处瓶托中心（图4-16），并将进、出瓶拨轮组件装于拨轮轴上；之后可松开3个 M_8 盖型螺母，调整拨轮上片和下片的位置，使瓶子直径与拨轮上、下片吻合，再将 M_8 盖型螺母和星轮紧固，如图4-17所示。

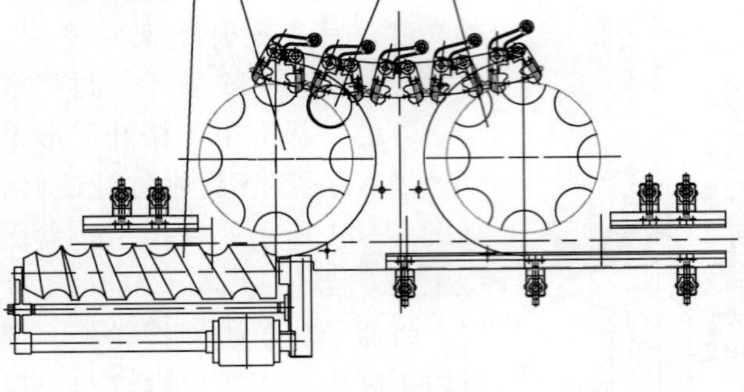

图 4-16 钳手高度和拨瓶轮的调整（四）

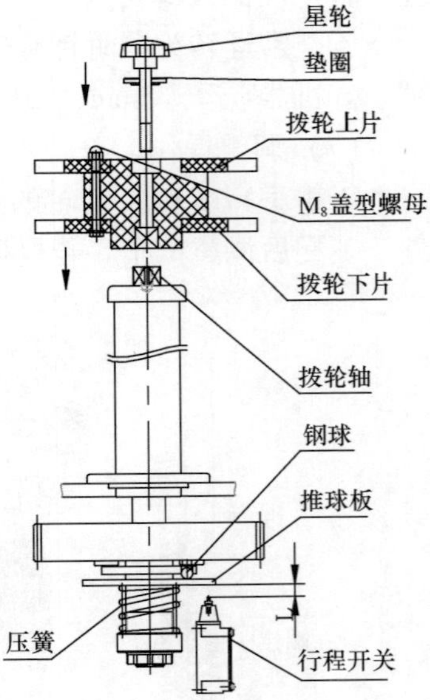

图 4-17 钳手高度和拨瓶轮的调整（五）

螺旋分瓶器的调整：将瓶子放于输瓶线的中心上，调整拉杆上 M_{12} 螺母；根据压簧长度的变化，螺杆即可前后偏移。当瓶子与螺杆弧槽相吻合且瓶子在输瓶线中心位置时，即为合适位置。

②生产能力的调整：本机为变频调速，最大产量为每小时 7000 瓶。若要调整产量，只需将电源处于接通位置、主机处于停机状态，按住变频器面板的减小按钮，控制面板的数字就会减小，生产能力也随之降低，反之则增加（表4-3）。

注：变频器最大频率为 50Hz。

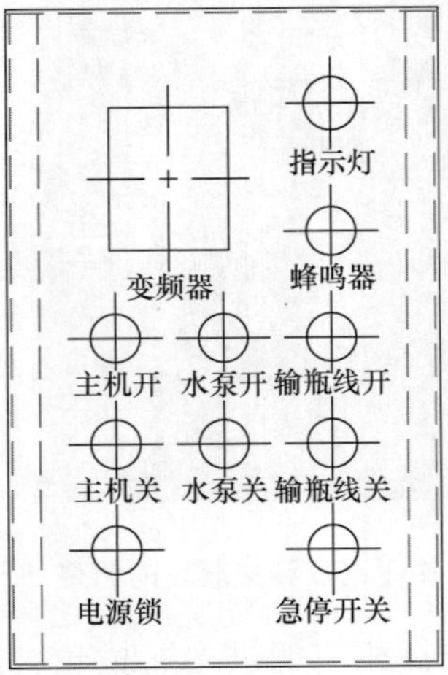

图 4-18 控制面板

表 4-3 产量与生产能力对照表

频率/Hz	生产能力/（瓶/h）
48.6	7000
38.1	5500
30	4320

③控制面板：如图 4-18 所示。点动绿色主机开按钮，主机开始旋转。当工作中出现异常时，蜂鸣器发出“嘟……嘟”

的报警声，可按动急停开关，主机停机并断电。正常工作时，先启动输瓶线按钮，再启动冲洗泵开，最后启动主机开按钮。

（8）维护保养

①设备正常工作后，为了保证机器最大生产能力和使用寿命，减少机械故障，应加强维护和保养。

②班前班后应将设备擦洗干净，长时间不用时应将润滑部位充分润滑后，用护罩将设备罩好。

③护罩内各滑动、滚动摩擦面及齿轮啮合处，均用2# 复合钙基润滑脂（一般选用 GB/T 491—2008《钙基润滑脂》）每周润滑一次，各油杯处每班加油 1 ~2 次。

④本机出厂前各型轴承内已注满润滑脂，每年大修时拆检一次并重新更换润滑脂。

⑤每班开车前，先启动冲洗泵空运转 5min，整机运转正常后方可开机。机器带负荷工作时，应先启动冲洗泵，再启动输瓶线，最后启动主机，以避免分水阀体受损而瓶子在输瓶线上受阻。

⑥本机设有卡瓶报警装置，卡瓶报警即当瓶子在拨瓶轮处被卡住时，拨瓶轮离合推动报警装置发出信号，控制面板上的蜂鸣器不断地闪烁同时发出“嘟……嘟”的声音，主机也随之停机。此时先按急停开关，再将卡住的瓶子取出，拨瓶轮复位后即可重新启动主机。

⑦水过滤装置在使用过程中，必须保证加压泵转动方向为加压泵上的标示方向，不可反转。过滤器内芯每班清洗一次，保证清洗效果，开机工作时，必须在水箱内先加入适量的水，以保证整机的正常工作，溢流口的水可以排掉。

（9）注意事项

①为确保安全生产，机器安装前，请将机器可靠接地。

②下班或停止冲洗时，请关闭净水进液阀门，以免造成浪费。

③主要零部件要经常润滑。

④勿随意更换或增减机器上的零部件。

⑤机器出厂前已根据客户提供瓶样做好相关部件，请客户根据瓶样明细表使用相关部件，切记不可乱用，以免影响机器的正常使用。

⑥当机器运转时，不要接触运动部件，必须由专人负责统一管理。

⑦常见故障及其排除方法如表 4 -4 所示。

表 4 -4　QCP -40H 型翻转式冲瓶机常见故障一览表

序号	故障名称	故障原因分析	建议排除方法
1	机器不能正常启动	（1）急停或过载保护开关没有复位 （2）电路故障 （3）电机损坏	（1）将有关装置复位 （2）请专业电器维修人员检查 （3）更换电机

续表

序号	故障名称	故障原因分析	建议排除方法
2	经常故障停机	（1）进出拨瓶轮与瓶子不匹配 （2）输送机速度不匹配 （3）进出拨瓶轮下面的过载开关安装过高	（1）更换匹配的拨瓶轮 （2）调整输瓶线速度 （3）调整间隙 $L \leqslant 1\text{mm}$
3	冲洗效果不好	（1）水压不够 （2）喷头受阻	（1）检查压力泵是否正常工作 （2）清洗喷头
4	过载失灵	限位开关损坏或位置不当	更换或调整

2. GCP－24A 量杯型定量灌装机

量杯型定量灌装机外形图见图 4－19。

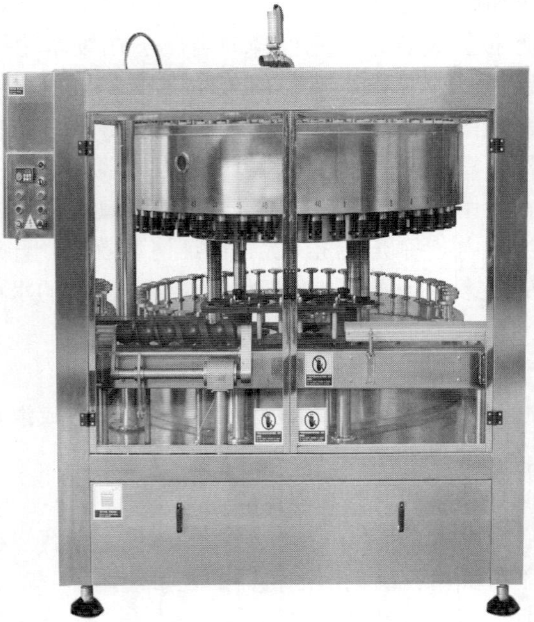

图 4－19 量杯型定量灌装机外形图

（1）主要技术参数

灌装液体：白酒、黄酒、酱油、醋等不含气液体。

灌装容器：玻璃瓶、瓷瓶等。

灌装阀头数：24 个。

生产能力：4000～6000 瓶/h。

电机功率：0.75kW。

（2）工作原理　将黄酒通过输送管道输送到盛液桶中贮存，要求黄酒液面高于量杯。

灌装阀关闭时，液桶内的进酒阀打开，黄酒灌入量杯中。

灌装阀打开时，液桶内的进酒阀关闭，黄酒从量杯灌入瓶中。

此法灌装精度高，但对量杯的加工精度要求也高。

（3）黄酒灌装的主要特点　黄酒灌装要求相当严格，凭原有的设备技术手段，是根本无法实现的。

①黄酒较白酒而言，黏性大，灌装过程中极易产生泡沫。

②灌装后的瓶子外壁及瓶口绝对不允许沾有酒液（瓶口沾有酒液很容易发霉）。

③产量较大的厂家采用热灌装方式灌装。

④灌装车间湿气较大，减小了电子设备的寿命。

⑤黄酒瓶型较多，且瓷瓶较多。

（4）新式灌装阀的主要特点

①尽量减少黄酒在灌装过程中与空气的接触，减少泡沫。

②灌装阀出液口不与瓶口接触，防止酒液溅到瓶口。另外，还增加了瓶口冲水装置。双管齐下，避免瓶口沾有酒液。

③将所有的密封件都改为耐热性。

④克朗斯电子灌装阀的传动机构改为机械式，使设备的使用寿命更长，操作人员更易接受。

⑤导瓶罩为万能导瓶罩，即对瓶口的适应范围较广，瓶口外径范围：20～50mm。

（5）安装操作

①机器在出厂前，已进行了全面的紧固和润滑，但因运输搬运过程中的颠簸，运至现场时，应检查各部位不应有碰损和缺漏零部件等现象。

②用户需自备一个底部有阀门和输出接头的高位罐，高位罐按放时，罐底出液口要高于灌装机的进液口。

③本机电机应接在380V电源开关上（电器开关用户自备），并将本机外壳接好地线，以确保人身安全。

④本机正常运转为顺时针旋转（从机器上方往下看）。

⑤开机空运转5min，整机运转平稳、无异常噪音后，方可进行如下的调试工作。

（6）调整操作

①盛液桶高度和拨瓶轮的调整：根据瓶形的直径和高度，若生产需要更换瓶形，则应进行如下调整（图4－20，图4－21）。

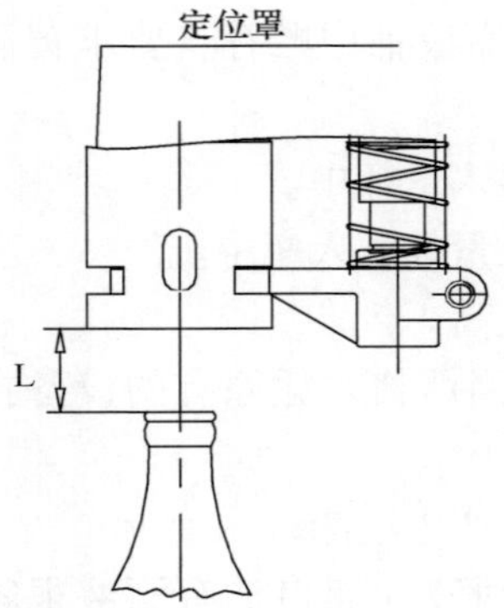

图 4－20　盛液桶高度和拨瓶轮的调整（一）

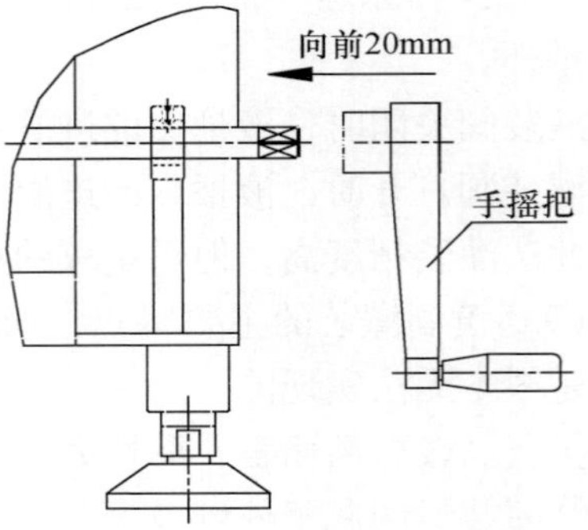

图 4－21　盛液桶高度和拨瓶轮的调整（二）

瓶子高度变化时需调整盛液桶的高度，首先将手摇把插入高度调节轴，如图 4－21 所示；逆时针旋转，盛液桶缓缓上升，当瓶托与定位罩距离略大于瓶子高度时，将瓶子放在进瓶拨轮处的瓶托上，如图 4－20 所示；然后再顺时针旋转手摇把，使盛液桶缓缓下降，当瓶口与导瓶罩距离 L 在 42～45mm 时（图 4－21），为最佳高度。

当瓶子直径发生变化时，首先根据瓶子直径选择相应的螺旋分瓶器，进、出瓶拨轮、挡瓶板（所有配件由公司定做）。换拨轮必须将瓶子放于进瓶拨轮处瓶托中心。

换挡瓶板只需将盖型螺母 M_{12} 取下，换上相应挡板即可（图 4－22）。

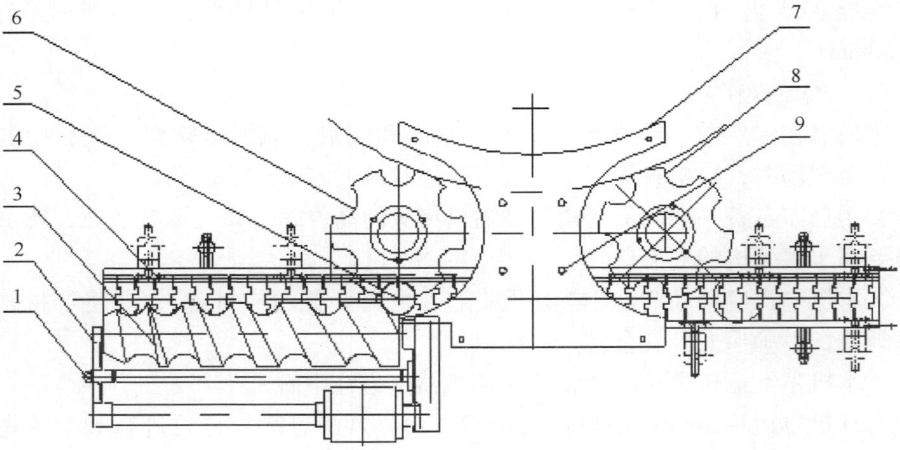

图 4－22　螺旋进（分）瓶器示意图

1—螺母 M_{12}　2—支架　3—螺旋分瓶器　4—护栏　5—放瓶位置
6—进瓶拨轮　7—挡瓶板　8—出瓶拨轮　9—盖型螺母 M_{12}

换螺旋分瓶器，先取下螺母 M_{12} 1，再取下支架 2，将螺旋分瓶器从轴上抽出，插入所需的螺旋分瓶器。安装时需使瓶子外径与螺旋分瓶器末端弧底和进瓶拨轮弧底相符合。如瓶子与螺旋分瓶器弧底相距较远或较近，需按 P 向转动螺母 M_{12}，使螺旋分瓶器摆动，调整瓶子与螺旋分瓶器弧底的距离（图 4－23）。

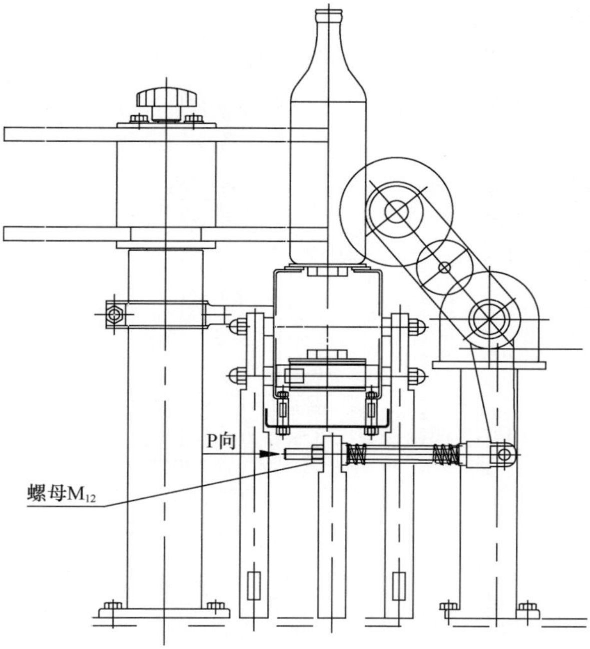

图 4－23　螺旋分瓶器立面示意图

②生产能力的调整：本机为变频调速，最大产量为每小时 1000 瓶（500mL/瓶，瓶口内径≥16mm）。调整产量，只需将电源处于接通位置，整机处于停机状态，按住变频器面板的▼按钮，控制面板的数字减小，生产能力降低；反之按住▲按钮，控制面板的数字增加，生产能力增大。

③灌装量的电动调整（图 4－24）：本机为量杯式定量灌装机，通过调整可得到 100～750mL 之内任意数值的灌装容量。如用户有超出此范围的要求，可根据用户要求定做加工。

数显表出厂时，数值已经设定好，其最低值为 100mL，最高值为 750mL。当达到最低值或最高值时，主机自动停机，起到保护机器的作用。

灌装量调整时，先将摇臂从摇臂位置 1（灌装位置）转到摇臂位置 2（计量调整位置）后，此时拨杆拨动行程开关，灌装量调整按钮电源接通，同时主机电源切断。此时若需灌装容量增加，按住控制面板上的容量调整对应按钮“＋”后，灌装机开始顺时针旋转，数显表上显示的数值开始增加（数显表上的显示数值与灌装容量一致），当达到所需容量后，松开按钮即可；若需灌装容量减少时，按住控制面板上的容量调整对应按钮“ - ”，灌装机开始逆时针旋转，数显表上显示的数字开始减少，当达到所需容量后，松开按钮即可。调整完毕后，将摇臂从摇臂位置 2（计量调整位置）转到摇臂位置 1（灌装位置），此时，拨杆拨动行程开关，主机按钮电源接通，同时计量调整按钮电源切断，进入正常灌装状态。

注：摇臂有时出现扳不到位的现象。出现此现象应把摇臂扳回原处，启动电源，让主机正常转动半圈，停机后再重复以上动作。

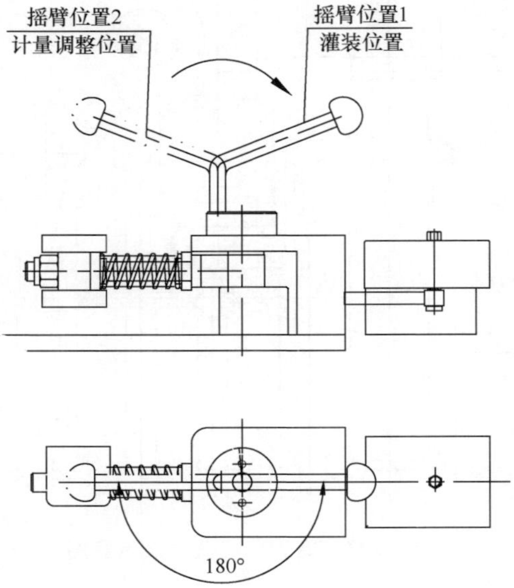

图 4 – 24　灌装量调整操作示意图

警告：

必须将摇臂从摇臂位置 1（灌装位置）转到摇臂位置 2（计量调整位置）后，才能调整计量。

计量调整好后，必须将摇臂从摇臂位置 2（计量调整位置）转到摇臂位置 1（灌装位置）后，主机电源才能接通，主机方可启动，同时计量调整按钮电源切断。

主机必须可靠接地，否则数显表不能正常工作。

数显表出厂时已设定好，不用再调整。

盛液桶中所有量杯的容量必须与数显表显示的数值一致，否则自动调整时会损坏设备。

④灌装量的微调：当整体调整灌装量后，各灌酒头之间的灌装量有较大误差

时，需对个别量杯进行微调：将调节盖提起使调节盖与小链轮脱离，手动转动调节盖，每顺时针转动30°计量增加1mL、逆时针转动30°计量减少1mL（调节盖下有12个齿，每转动一齿为1mL，如图4－25所示），调至所需计量后，使调节盖恢复原位。

图4－25 灌装容量微调

⑤控制面板：当电源处于开机状态时，指示灯亮；点动绿色主机开按钮，主机开始旋转。当工作中出现异常时，蜂鸣器发出“嘟……嘟”的报警声，可按动急停开关，主机停机。

正常工作时，先启动输瓶线按钮再启动主机开按钮。

（7）维护保养

①设备正常工作后，为了保证机器的最大生产能力以及使用寿命，减少机械故障，应该加强维护和保养。

②班前班后应将设备擦洗干净；长时间不用时，应将润滑部位充分润滑后用护罩将设备罩好。

③护罩各滑动、滚动摩擦面及齿轮啮合处，均用2#复合钙基润滑脂（一般选用GB/T 491—2008《钙基润滑脂》），每周润滑一次，各油杯处每班加油1～2次。

④本机出厂前各型轴承内已注满润滑脂，每年大修时拆检一次，并重新更换润滑脂。

⑤每班开车前，先空运转5min，整机运转正常，方可开机。

（8）注意事项

①确认机器所使用的电源、电压正常，并接地线。

②主要零部件要经常润滑。

③勿随意更换或增减机器上的零部件。

④停机 1h 以上或下班时，请关闭进液阀门。

⑤本机带负荷调整或工作时，应先启动输瓶机电机，然后再启动主机电机，以避免瓶子输入、输出受阻。

（9）常见故障及其排除方法　见表 4 – 5。

表 4 – 5　GCP – 24A 灌装机故障及排除方法

序号	故障名称	故障原因分析	建议排除方法
1	机器不能正常启动	（1）急停或过载保护开关没有复位 （2）电路故障 （3）电机损坏	（1）将有关装置复位 （2）请专业电器维修人员检查 （3）更换电机
2	经常故障停机	（1）拨瓶轮与瓶子不匹配 （2）输送机速度不匹配 （3）拨瓶轮下面的过载开关安装过高 （4）过载弹簧过松	（1）更换匹配的拨瓶轮 （2）调整输瓶线速度 （3）调整间隙至 0.5mm （4）将弹簧调紧
3	灌装容量不准	（1）盛液桶内的液面过高或过低 （2）灌装阀动作不灵活	（1）检查液位控制阀的灵活度 （2）用手托起定位罩上下活动几次
4	灌装量无法电调	摇臂转到计量调整位置，机器不转动	行程开关损坏或摇臂未到位
5	过载失灵	限位开关损坏或位置不当	更换或调整

3. ZFW – 6 型自动封盖机

外形如图 4 – 26 所示。

图 4 – 26　ZFW – 6 型自动封盖机外形图

（1）主要技术参数　见表4－6。

表4－6　ZFW－6型自动封盖机参数表

参数＼型号	ZFW－6
最大产量/（b/h）	6000
封盖头数	6
适用瓶高/mm	180～320
适用瓶径/mm	Φ60～100
适用瓶盖/mm	Φ22～32
理盖器电机/kW	0.5
电机功率/kW	1.5
调速方式	变频调速
整机质量/kg	1500
外形尺寸（长×宽×高）/mm	1350×1250×2100

（2）主要用途及特点

①主要用途：本机主要用于扭断式铝制防盗盖的压纹及收边，更换不同的封头（如磁力旋盖机头、压盖头）可用于旋压塑料盖和直压塑料盖，广泛应用于酒厂、饮料厂、调料厂等包装流水线。

②主要特点：

六个封盖头在结构上采用四轮平衡的工作原理，用力均匀，封口质量好，封轮采用特殊材料制作，使用寿命长。

设有瓶口自动定位装置，避免了由瓶底定位的多种弊病。

中间支柱为可调式，不需更换零件，就可满足高度为180～320mm瓶子的封口。

在进出瓶拨轮处设有离合保护装置，出现卡瓶时自动停机，同时蜂鸣器发出“嘟……嘟”的报警声，确保安全生产。

可配自动上盖器或自动理盖器，实现从上盖到封口全自动化（上盖器或理盖器需客户定做）。

各传动部件都置于机体内，结构紧凑、运动平稳、噪音低。

（3）工作过程　本机为回转式自动封盖机，输瓶线上的瓶子经螺旋分瓶器的分隔匀速进入进瓶拨轮；进瓶拨轮将瓶子平稳拨入随封盖头一起转动的托盘上；封盖头在围绕机器运转的同时也自转，并在凸轮导轨的作用下进行升降运动，来完成封盖任务；封盖完成后，封盖头上升，出瓶拨轮将封盖完毕的瓶子平稳送入输瓶线上（图 4－27）。

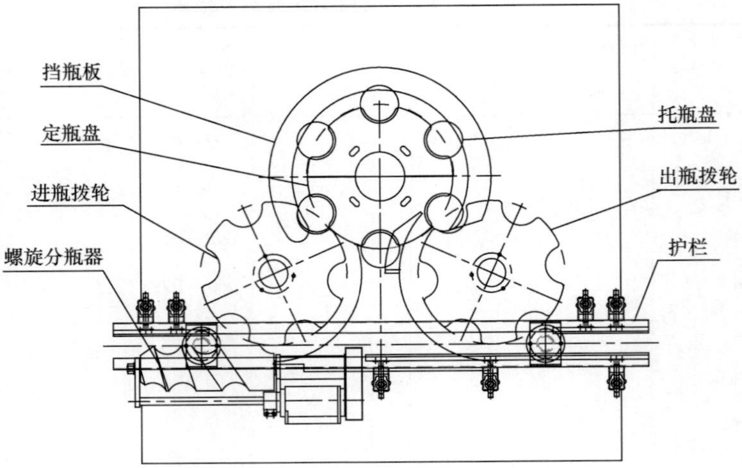

图 4－27 封盖机进瓶装置

（4）结构特点　主要有进出瓶拨轮装置、封盖头、升降机构、理盖部分（客户单独定做）、上盖部分（客户单独定做）等组成。

①进出瓶拨轮装置：进出瓶拨轮处设有过载离合保护装置，当出现卡瓶时自动停机，同时蜂鸣器发出“嘟……嘟”的报警声，此时应及时排除故障，使拨瓶盘复位后重新开机。

②封盖头采用杠杆原理，滚轧瓶盖螺纹清晰圆滑，收边时压力平稳，不损坏瓶盖。瓶盖与瓶口压合紧密，无松动、无泄漏。

③升降机构：用手摇把直接旋转下部摇臂，可调整封盖头的高度，适应不同高度的瓶型。

④上盖器（客户单独定做）主要完成瓶盖由下到上的输送过程，代替人工上盖，实现自动化生产。

⑤理盖器（客户单独定做）主要作用是将上盖器输送来的瓶盖按顺序输送到滑道，以便使瓶子顺利挂盖。

（5）安装操作

①因运输搬运过程中的颠簸，运至现场时，应检查各部位不应有碰损和缺漏零部件等现象。

②电机应接在 380V 电源开关上（电器开关用户自备），并将本机外壳接好地线，以确保人身安全。

③根据瓶高和瓶颈大小，需进行不同的调整，各项都达到要求后，方可进行点动试机，查看主机转动方向是否正确，是否有异常噪音，若一切正常方可低速空运转 5min。

④正常运转为顺时针旋转（从机器上方往下看）。

（6）调整操作

封盖头高度和拨瓶轮的调整：根据瓶样，公司根据瓶型的直径和高度，设计制造有关零部件，并装配后调整试车。若根据生产需要更换瓶型，则应进行如下调整。

瓶子高度发生变化时，需调整封盖头的高度。调整时，以封头的行程在最下端为基准，首先将机架一侧的护板拿下，如图 4－28 所示；松开星行手柄，插入手摇把顺时针旋转，使封盖头缓缓上升，目测瓶口与导瓶盘之间的距离，使瓶口距导瓶盘 25mm 左右（图 4－29）；然后将瓶子套上盖，点动机器使瓶子转到封头之下，直至封头行程落到最下端，然后停机，观察滚轮（参见封头结构图 4－33 中的 12、15）中心是否从内空心轴（6）斜坡处向上移动至螺母（13）的 B 点处，若是即为调好，否则继续转动手摇柄，直至滚轮（12、15）上移至 B 点处为止（对于同一批瓶子，高度误差必须在 5mm 之内，参考封头结构示意图）。

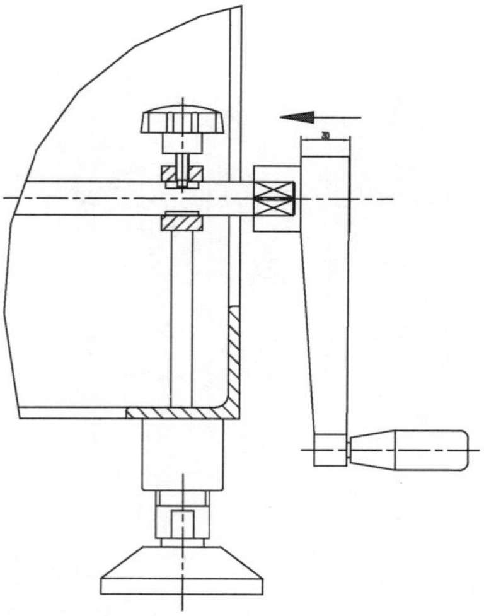

图 4－28　封盖头高度调整示意图

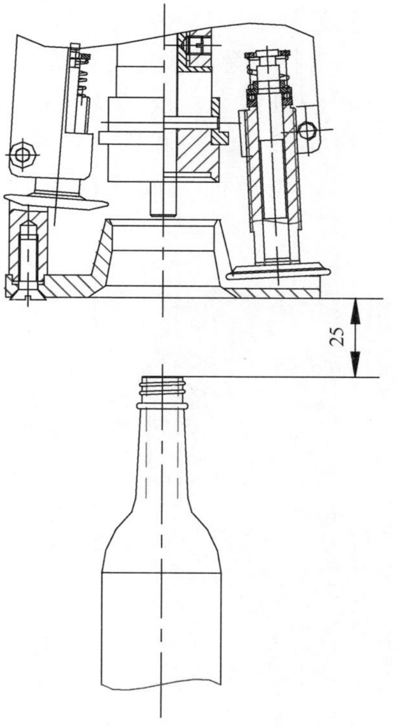

图 4－29　瓶口高度调整示意图

当瓶子直径发生变化时，a）首先根据瓶子直径选择相应的进、出瓶拨轮、挡瓶板、（所有配件有公司定做）；b）将瓶子放于进瓶拨轮处瓶托中心，并将进、出瓶拨轮组件装于拨轮轴上；c）可松开 3 个 M_8 盖型螺母，调整拨轮上片和下片的位置，使瓶子直径与拨轮上、下片吻合，再将 M_8 盖型螺母和星轮紧固（图 4－30）。

不等距螺杆的调整，将瓶子放于输瓶线的中心上，调整拉杆上 M_{12} 的螺母，根据压簧长度的变化，螺杆即可前后偏移。当瓶子与螺杆弧槽相吻合，且瓶子在输瓶线链片的中心位置时，即为合适位置（图 4－31）。

生产能力的调整：此机为变频调速，变频器最大频率为 50Hz。最大产量为每小时 12000 瓶，调整产量，只需将电源处于接通位置、整机处于停机状态，按住变频器面板的减小按钮，控制面板的数字将减小，生产能力随之降低，反之增加，如图 4－32 所示。

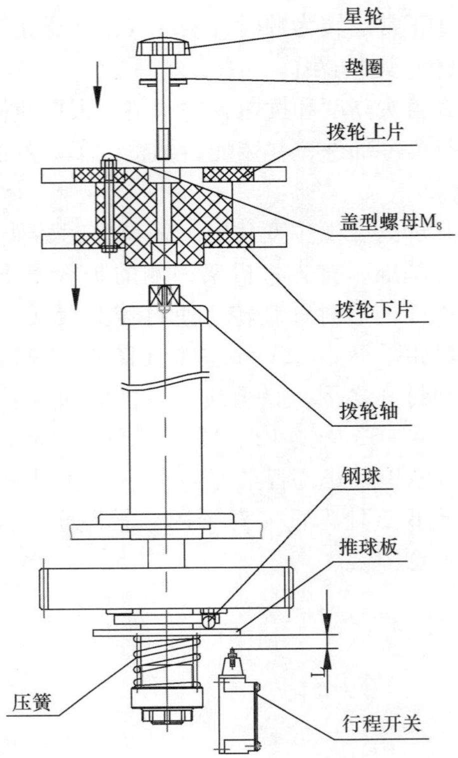

图 4－30　瓶子大小与进瓶拨轮的调整示意图

图 4－31　瓶子在输瓶线上的位置调整

图 4－32　控制板上的生产能力调整

封头上压纹轮 2 和封口轮 28 位置的调整：（如封头结构图 4－33 所示）根据瓶盖外径的不同，需调整压纹轮和封口轮的位置，以保证封口效果。先用内六角扳手松开螺栓 4 与 26，使压纹轮 2 和封口轮 28 上下移动，直至两个压纹轮 2

（另一只图中未出现），一只与瓶口螺纹的第一扣对齐、另一只低 1/2 螺距即可；两只封口轮 28（另一只图中未现）与瓶盖的下端面对齐，然后再调整压纹轮 2 和封口轮 28 与瓶盖间的距离。调整时先松开压纹轮杠杆 5 与封口轮杠杆 20 的锁紧螺栓 17 与 11，使压纹轮 2 和封口轮 28 左右移动，直至压纹轮 2 和封口轮 28 均距离瓶盖 3 ~4mm，然后拧紧螺栓即可。测试封口效果，如不合适再调整压纹轮与封口轮的压力增大或减小，调整时先用呆扳手止住转动轴处六方再松开压力调整螺钉 11 处的锁紧螺栓，按住压力拐臂用呆扳手转动转动轴。逆时针转为压力减小，顺时针为压力增大，调整适宜后锁紧压力调整螺钉 11 处螺栓。

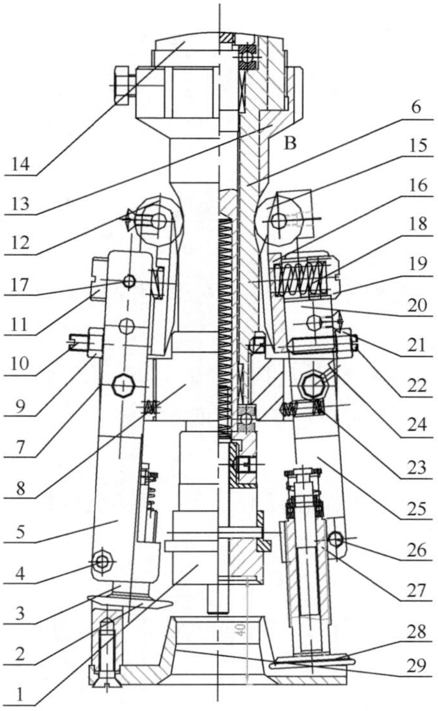

图 4 –33　封头结构图

1—压头　2—压纹轮　3—压纹轮轴套　4—螺栓　5—压纹轮杠杆　6—内空心轴
7—紧定螺钉　8—杠杆支架　9—螺母　10—位置调整螺钉　11—压力调整螺钉
12—滚轮　13—螺母　14—主轴　15—滚轮　16—滚轮架　17—紧定螺钉　18—压紧弹簧
19—压力调整螺钉　20—封口轮杠杆　21—螺母　22—位置调整螺钉　23—回位弹簧
24—注油孔　25—锁片　26—螺栓　27—封口轮轴套　28—封口轮　29—导瓶盘

压力调整、螺钉调整时，封口杠杆与压纹杠杆同时向内外移动，需重新调整压纹轮、封口轮与压头之间的距离。封口轮与压纹轮各为两个，可以单独调整。直至达到良好的封口效果为止，然后拧紧所有的螺钉和螺母。在调整时，应做到两压纹轮和两封口轮的压力与远近均近似相等。

理盖器与上盖器的操作：理盖器与上盖器单独设有控制面板，面板上有手动与自动两档。手动挡单独控制上盖器、理盖器。在自动挡位时，靠下盖处光电开关感应来控制上盖器启动或停止，原理是理盖器料斗内瓶盖低于光电开关感应区时电机启动后延时，自动上盖，在理盖器内光电开关感应瓶盖到一定高度时，电机停止转动，上盖停止。

注：①上盖速度调整，开机时旋转行星调速电机手柄即可，严禁停机调整，有损于电机。

②瓶盖离开感应区后光电开关断电，时间继电器计时，计时结束后电机缓慢启动。

控制面板：当电源锁处于开机状态时，指示灯亮，点动绿色主机开按钮，主机开始旋转。当工作中出现异常时，蜂鸣器发出“嘟……嘟”的报警声，可按动急停开关，主机停机。正常工作时，先启动输瓶线按钮再启动主机开按钮。

（7）维护保养

①设备正常工作后，为了保证机器的最大生产能力和使用寿命，减少机械故障，应加强维护和保养。

②班前班后应将设备擦洗干净，长时间不用时应将润滑部位充分润滑后，用护罩将设备罩好。

③护罩内各滑动、滚动摩擦面及齿轮啮合处，均用2#复合钙基润滑脂（应符合 GB/T 491—2008《钙基润滑脂》），每周润滑一次，各油杯处每班加油1～2 次。

④本机出厂前各型轴承内已注满润滑脂，每年大修时拆检一次，并重新更换润滑脂。

⑤机头各转动处需每班加油一次。

⑥每班开车前，先空运转 5min，整机运转正常后方可开机。

（8）注意事项

①为确保安全生产，机器安装前，请将机器可靠接地。

②本机带负荷调整或工作时，应先启动输瓶机电机，然后再启动主机电机，以避免瓶子输入、输出受阻。

③操作人员必须经正式的操作和安全培训并被认可授权，否则禁止使用本机。

④严禁拆除机器上的安全防护装置。

⑤用户在进行大修前请先与设备供应商取得联系，取得必要的技术支持和足够的备件供应。

⑥下班或停止工作时，请关闭电源。

⑦机器出厂前已根据客户提供瓶样做好相关部件，请客户根据瓶样明细表使用相关部件，切记不可乱用，以免影响机器的正常使用。

⑧在生产中如瓶型与瓶样不符，可先咨询后使用。

（9）安全措施

①当出现卡瓶时，必须及时停机，关掉电源开关后再清除杂物。

②如生产线上的机器自动停机，不要立即接触机器的运动部件。防止机器停机后故障原因未消除，机器又突然自动起动。

③当机器运转时，不要接触运动部件，必须由专人负责统一管理。

④清洗和保养机器时，必须戴防护手套。

（10）常见故障及其排除方　见表4－7。

表4－7　ZFW－6型自动封盖机常见故障及其排除方法一览表

序号	故障名称	故障原因分析	建议排除方法
1	机器不能正常启动	（1）急停或过载保护开关没有复位 （2）电路故障 （3）电机损坏	（1）将有关装置复位 （2）请专业电器维修人员检查 （3）更换电机
2	工作时，不封口，不压纹	（1）瓶子高度与封头不符合 （2）压纹轮、封口轮与瓶盖不符合 （3）压纹轮、封口轮与瓶盖距离太远 （4）弹簧压力不够	（1）调整封盖头的高度 （2）测量压纹轮、封口轮的尺寸 （3）调整螺针的位置 （4）调整盲孔丝堵内弹簧的压力
3	压纹不清晰	盲孔丝堵内弹簧的压力不够	调整盲孔丝堵内弹簧的压力合适为止
4	收边时出现褶皱	盲孔丝堵内弹簧的压力不够	顺时针旋转盲孔丝堵，增大弹簧的压力
5	过载失灵	限位开关损坏或位置不当	更换或调整

（二）10000 b/h 生产能力灌装线

以重庆轻工机械厂的年产10000kL全自动灌装生产线为例。

1. 重庆轻工业机械厂JCS20A洗瓶机

本洗瓶机是吸收国内外先进技术及总结重庆轻机厂长期制造经验自行开发设计制造的最新产品，具有国际先进水平。

本机是双端连续浸冲立式洗瓶机，自动化程度高、结构紧凑、操作维修方便、能耗低、洗净率高、破瓶率低，是为生产高档酒、饮料圆形、方形玻璃瓶灌装线的新瓶或回用瓶的洗瓶而设计的装备。然而，对于已作其他用途（如盛装油漆、油脂、农药、煤油等）的脏瓶，不能在这一机器上洗涤。

整机主体由四个箱体组成，设有预喷淋、碱水浸泡槽、碱水喷淋、热水浸泡槽、热水喷淋、温水喷淋以及清水喷淋段。主传动系统采用德国LENZE同步驱动技术，电机（变频无级调速）通过带动链盒系统做可调速的循环运动。装在瓶盒里的脏瓶随着链盒运动依次经过预喷淋、碱水浸泡槽、热水浸泡槽使瓶子得到充分浸泡，又依次接受喷冲系统的预喷冲、热碱液、两次热水、温水、清水的里外猛烈冲洗，成为符合灌装要求的干净瓶。主传动系统由四台0.55kW的电机同步驱动完成。碱水、热水、温水、清水喷冲采用旋转跟踪喷冲装置，对瓶子内部进行不同角度的冲洗，洗净率高、水耗低，采用触摸屏操作、可编程控制器控制、温度自动控制。机内设有一套垂直除标装置，清除碱液浸泡槽中大多数的商标纸和杂物，未清除干净的少量商标纸和杂物则通过箱体Ⅰ的两套自动除标装置、箱体Ⅲ、箱体Ⅳ中的平滤网和齿形滤网彻底清除。进瓶装置和出瓶装置分别与链盒运动同步。进、出瓶装置采用摆动－旋转机构，进、出瓶动作平稳准确；出瓶装置设有降瓶器，使出瓶平缓可靠、噪声低；进出瓶装置均装有过载安全离合器，确保机器运行安全，排除故障方便。

本机还设有液位自动控制、温度自动控制系统及多种过载保护装置，使本机运行、操作更趋完美。

(1) 主要技术参数和使用参数

①公称生产能力：	10000瓶/h
②主链条节距：	155mm
③瓶盒间距：	95mm
④适用瓶型：	圆瓶、方瓶
⑤适用瓶瓶高：	250～297mm
⑥每排瓶盒数：	20个
⑦总瓶盒排数：	354排
⑧进、出瓶循环周期：	6s
⑨瓶子在机内停留时间：	26.5min（产量为10000瓶/h时）
⑩有效碱液浸泡时间：	11.65min（产量为10000瓶/h时）
⑪碱槽有效容积：	19.7m^3
⑫水浸泡槽有效容积：	4m^3
⑬有效洗涤时间：	14.34min
⑭耗水量：	5～6m^3/h
⑮耗汽量：	0.4t/h（生产时）
⑯电机总容量：	53.2kW
⑰设备净量：	～33t（生产时重量：～58t）
⑱外形尺寸（长×宽×高）：	15m×5.9m×3.9m

工况参数：

①电源	220/380V 50Hz
②蒸汽压力	0.5MPa
③清水压力	0.3MPa
④压缩空气压力	0.5MPa

（2）主要结构及工作原理（见外形结构图和内部结构图） JCS20A 洗瓶机主要由进瓶输送带、进瓶装置、出瓶装置、出瓶输送带、链盒装置、箱体、除标装置、主传动系统、管路系统、喷冲系统、碱液添加装置、蒸汽加热系统等部分所组成。

（3）浸泡与喷冲 本洗瓶机是通过对瓶子的浸泡和喷冲来达到洁瓶及消毒的目的。浸泡是让瓶子在具有一定温度的洗涤液体中，经过足够长的时间，使附在瓶内外的污垢疏松、标纸脱落。洗涤液经除标后循环使用，浸泡过程中，在去垢脱标的同时，高温的洗涤液也对瓶子进行杀菌。

喷冲是分别用洗涤液、热水、温水、清水等对瓶内、外进行冲洗，把浸泡后疏松的污垢和商标纸冲洗干净。使洗出来的干净瓶子没有附着污物和残余碱液。

本洗瓶机（图 4－34）设置了两个浸泡槽（碱液浸泡槽和热水浸泡槽），一根大流量的碱水喷冲管和一组碱液喷淋。一组预喷淋、两组热水喷淋、一组温水喷淋和一组清水喷淋组合，分别对瓶内喷射、瓶外喷淋。

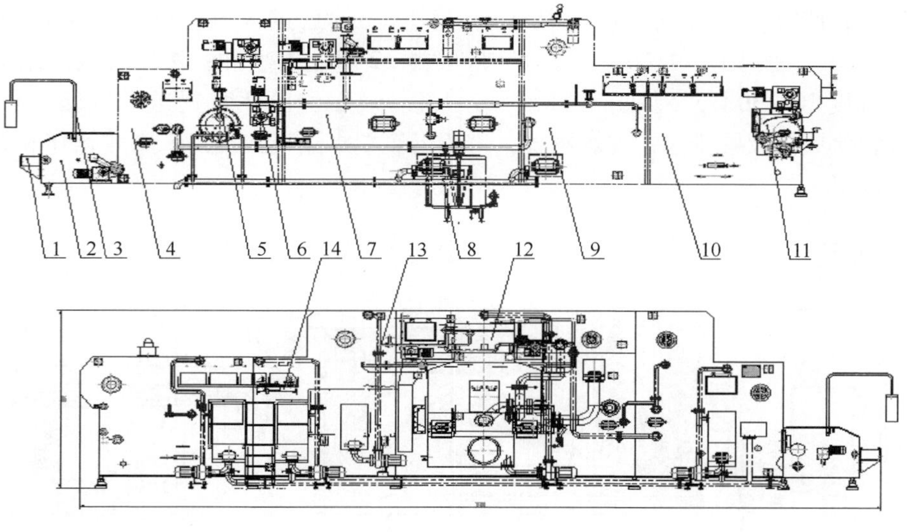

图 4－34 洗瓶机外形结构图

1—进瓶链道 2—进瓶装置 3—电气部件 4—机箱Ⅰ 5—右侧管路
6—主传动装置 7—机箱Ⅱ 8—碱液添加装置 9—机箱Ⅲ 10—机箱Ⅳ
11—出瓶装置 12—除标装置 13—左侧管路 14—喷淋装置

（4）浸泡喷冲的工作过程（图 4－35） 脏瓶子由进瓶装置送入瓶盒后随大链条做向上运动，并且逐渐翻转瓶口使瓶中的污物倒出，由预喷淋箱中的溢流水带出机器外，再由自动除标装置除去杂物。然后，进入预喷淋装置，由底喷 1 和顶喷 2 对瓶内外进行冲洗。一方面，冲洗瓶上的污物和灰尘以延长洗涤液的使用时间；另一方面，瓶子经预喷淋预热，能避免进入碱液浸泡槽出现骤热而引起破瓶且能节约热能，同时使排入地沟的废水温度降低。另外，预喷淋还自配有循环泵对瓶内外进行冲洗。随后，瓶子便进入碱液浸泡槽3进行洗涤（温度80～85℃）。该浸泡槽有一个加碱和补水装置，并与热水浸泡槽通过管路连接起来，采用自动控制系统保证碱液浸泡槽中的液位（工作过程中水的损失自动填补）。在碱液浸泡槽上有一根大径冲标管4、碱液喷冲的底喷冲5和顶喷淋6，通过回流泵使热碱液循环；同时由于大流量轴流泵的作用，使得浸泡箱中液面比除标箱的液面高（见除标示意图），在箱体下部圆弧轨道缝隙处水流速度很快。由于冲刷缝隙在瓶盒与瓶之间，因此流体对瓶体进行冲刷可将标纸、污物冲掉，再配合除标装置来清除回收瓶中的标签和脏物。接下来即进入热水浸泡槽8（温度50℃左右），两处顶喷9和11对瓶内喷冲、两处底喷7和10对瓶外喷冲，使得瓶子上较难洗掉的污物和商标纸也脱落。通过滤网，水箱中污物可以排除箱外从而延长水的使用时间，与预喷淋相结合能很好地形成温度梯度，因此该洗瓶机的破瓶率很低；热水浸泡槽中有一个溢流管路，当水位高于该管路时，则热水就溢流到预喷淋水箱，使得水资源和热能得到最大限度的利用，同时热水浸泡槽自身配有循环泵，使得水充分混合避免温度差异较大。然后进入温水喷淋（温度30～40℃），一个顶喷淋14对瓶外喷冲和底喷淋12对瓶内喷冲；然后进入清水喷淋13（温度20～30℃）对瓶子做最后的冲洗。最后由出瓶装置送出机外。同时，还有轴流风机装置排除机内水蒸气，避免出瓶端水蒸气弥漫出来影响操作和整个生产环境。

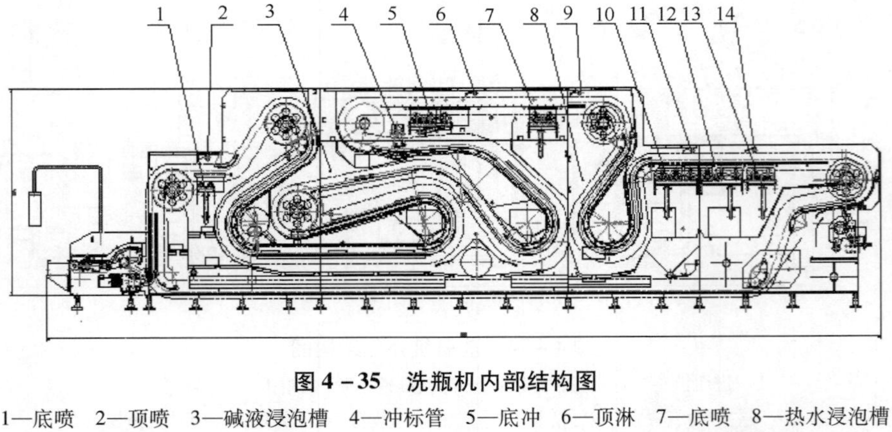

图4－35 洗瓶机内部结构图

1—底喷 2—顶喷 3—碱液浸泡槽 4—冲标管 5—底冲 6—顶淋 7—底喷 8—热水浸泡槽 9—顶冲 10—瓶外冲 11—瓶内冲 12—瓶内底喷 13—清水底喷 14—瓶外喷冲

（5）浸泡喷冲的温度控制 在洗瓶过程中，为满足瓶子浸渍和杀菌消毒的温度要求，避免因瓶子温度骤变而产生热冲击，机器设置的加热系统和箱体的设计，应保证各槽的工作温度。各槽的工作温度如图4－36所示。

该机在正常生产时耗用热能较少，从整机来看，其热损失就是从预喷淋溢流出去的废液带走的热量加上各槽散热损失。补充热量是由蒸汽通过加热器和

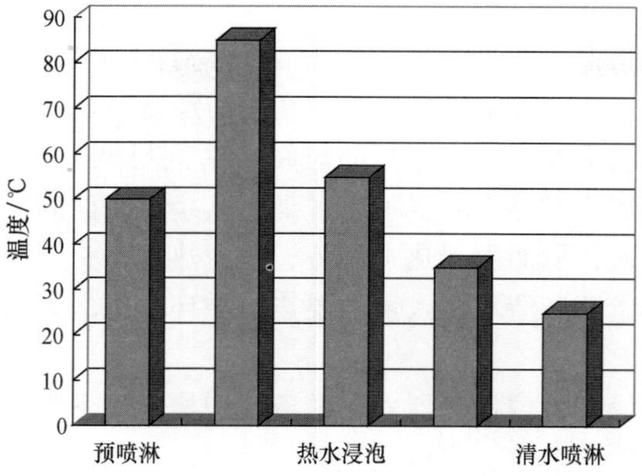

图 4-36　浸泡喷冲的湿度变化示意图

无声加热器提供的，借助于链盒和流体运动传递热量以达到各槽的热平衡。

为使机器运行节能、节水、低瓶损，操作者了解各槽的热平衡是十分重要的。操作者既要使各槽温度达到洗瓶的工艺要求，也要避免各槽间液温相差过大，一般升温梯度不大于40℃、降温梯度不大于30℃为宜。

（6）流体运动　在生产过程中，该机的槽洗涤液能够循环使用，所以耗能和耗水较少。碱液浸泡槽里面盛装的洗涤液约20m^3，与机外的水泵和管路配合，完成循环加热、喷淋除标和喷冲等水流运动功能。轴流泵为独立的体系，它流量大扬程低，其目的是将箱体中的洗涤液经过除标装置形成快速循环，对瓶进行冲刷并把商标和污物带入除标装置排出机外；碱液喷冲管路，洗涤液经泵加压后分为四条支路，分别为：一路进入箱体的上部冲标管进行除标喷冲；一路进入加热器对碱水加热；一路进入除标箱体冲洗标网上的商标和污物；另一路则进入水平出标网尾部冲洗水平出标网。在碱液槽中增加了一组无声加热器便于在较冷的天气对碱液快速加热。在该碱液槽中配有一个清水进口和碱液添加口。另外从热水管路中有一个接口，通过气动蝶阀控制，自动添加热水补给碱液槽在工作过程中的水耗，始终保持碱液槽中的液位。

热水浸泡槽里面盛装的热水约4m^3，配有一个无声加热器，并与机外的水泵和管路配合，完成循环加热和喷冲等水流运动功能。该浸泡槽配有两台循环泵，其中热水泵Ⅰ将热水加压后分成三路。分别用于对瓶内、外进行冲洗和给碱槽补水；热水泵Ⅱ将热水加压后分成两路分别用于对瓶内外冲洗。另外，该热水浸泡槽有一个液位孔，当浸泡槽中的热水液位超高时，将热水溢流到预喷淋水槽中，形成一个水能和热能的循环并且该箱体通过特殊的结构使得热量均匀，使较脏的热水通过溢流到预喷淋水槽中，增加水的使用时间和瓶子的洗净率。在该箱体也有一个清水入口，可以快速地给热水槽添加清水。

预喷淋、温水喷冲管路，都通过泵加压后分别分成两路。一路对瓶内进行喷冲，另一路则对瓶外部进行喷淋。

清水管路由使用方提供具有恒定压力（0.3MPa）的无菌清水，对瓶内部进行喷淋。清水管路上装有气动蝶阀，只有在机器运行时才开启。当机器因故停机时，在程控器的控制下开启一个短暂的时间（时间可调），大部分时间关闭。短时开启供水是避免停机后热水温度不致过高，其余时间此阀门关闭，避免停机后仍有大量的清水流入，从而引起热水溢流，浪费热水。为了节约用水，本设备在工作时，废水溢流量即为清水注入量，温热水循环利用，大大减少了水的消耗量和对环境的污染。

在洗瓶机右侧设有液位检测器。当碱液浸泡槽降到下限时，自动开启补水气动蝶阀向碱液浸泡槽注热水；当液位达到要求时，补水阀关闭。

碱喷冲管路上分别设有人工检测碱浓度的取样阀，可以在此处取样化验碱液浓度，通过控制器控制碱液的添加。

压缩空气管路被分成两路，一路到水平除标头部用来吹标；另一路用来控制薄膜阀、气动蝶阀和碱液添加气动泵，控制气动蝶阀、碱液添加气动泵的支路配有气源处理器，要求在油雾器杯中加入润滑油对电磁阀进行润滑，润滑油的种类为ISOVG32。

机器各水槽定期放水清洗后，要先注满水才能加热投料，清水管路供给的清水通过各蝶阀向碱液浸泡槽和热水槽供水。碱液浸泡槽直到右侧液位检测到玻璃管中部时表示水已经加满；热水槽直到预喷淋溢流箱有水排出时表示水已经加满。热水溢流管路将热水溢流水箱中的热水通过液位差流入预喷淋槽，使水和热能得到充分利用。

碱液添加管路要求在用户现场通过管道与碱液添加装置连接起来，连接管的尺寸为$\Phi 28 \times 1.5$mm，材质为304不锈钢。添加碱液直接进碱液浸泡槽，通过触摸屏进行操作。碱液浓度检测装置安装在碱液浸泡槽上，碱液添加装置上显示的碱浓度为碱液浸泡槽的碱浓度。这可以在生产之前人工检测碱液浸泡槽的碱浓度，然后通过触摸屏打开控制碱液添加的电磁阀，向碱液浸泡槽加碱，直到达到要求浓度后关闭阀门。生产时根据碱液浓度要求自动添加碱液。

喷淋架（图4-37）是固定的，当大链条向前运动时，瓶盒梁9上的挂耳拨动滚子2，使喷嘴轴6旋转，打开或关闭十字形喷口。当挂耳拨动滚子2打开喷口，喷嘴轴6上小孔打开，对瓶子内壁进行喷冲；当瓶盒梁9前进一个节距（155mm）时，挂耳与滚子2脱开，此时，喷嘴轴6上小孔关闭，如此反复运动，达到对瓶子进行喷冲的目的。喷嘴轴座与瓶盒体的间距可通过支承板Ⅰ4和支承板Ⅱ8进行调整，以便达到最佳喷冲效果，一般最佳间距为65mm左右。

（7）加热系统（图4-38）　本洗瓶机装有一套换热器和两组无声加热器，以缩短升温时间和满足用户工艺需要。加热器由薄膜阀和截止阀控制。加热器

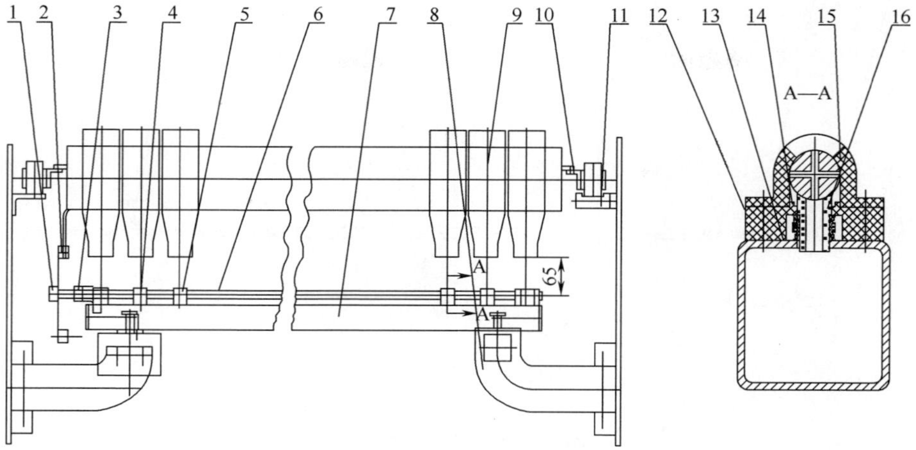

图 4－37　喷淋架示意图

1—拨轮　2—滚子　3—轴承座　4—支承板Ⅰ　5—喷嘴轴座
6—喷嘴轴　7—喷管　8—支承板Ⅱ　9—瓶盒梁　10—大链条
11—限位轨道　12—座　13，14—密封圈　15—盖　16—喷嘴

3、薄膜阀 2 和无声加热器 9，无声加热器 11 和薄膜阀 10 各自构成一套独立的加热系统，分别对碱液浸泡槽和热水浸泡槽升温。其中，无声加热器 9 可根据用户要求确定是否运用。两套加热系统均使用铂电阻和程控器控制，让各浸泡槽温度处于自动控制状态。

注意：升温时必须先启动主电机和碱液浸泡槽、热水浸泡槽的循环泵以及垂直除标、水平除标装置。

（8）除标系统（图 4－39）　双端洗瓶设有独立的除标系统，用于除去碱液浸泡槽中的标纸。除标原理见除标示意图。开机时，循环水泵 4、喷冲水泵 3 起动，轴流水泵将洗涤碱液往浸泡槽内压、喷冲水泵将洗涤液往除标箱体吸，使带有标纸的洗涤液往除标箱体内流动；经垂直除标网 1 的旋转，将标纸带到顶部；经喷冲，标纸掉在水平除标网上，通过水平除标网的运行，将标纸带出箱体外，从而达到除标的目的。垂直除标网带上装有刮板能有效地将悬浮在洗涤液中的标纸带上，在旋转过程中不至于往下掉。在垂直除标网 1 顶部设有一组喷冲，能有效地将附在刮板上的标纸冲掉。在水平除标网 2 头端设有一个刷标装置（毛刷）和一组吹标管，其目的是将标网上的标纸刷出，同时清除标网内层的碎标纸。运行过程中观察导流管 5 排液情况，正常状况无液体排出。如有水排出，说明机械密封损坏；如有油排出，则骨架密封损坏，要注意及时更换。

（9）浸泡使用洗涤剂　浸泡的杀菌效果与洗涤液的氢氧化钠（NaOH）含量、洗

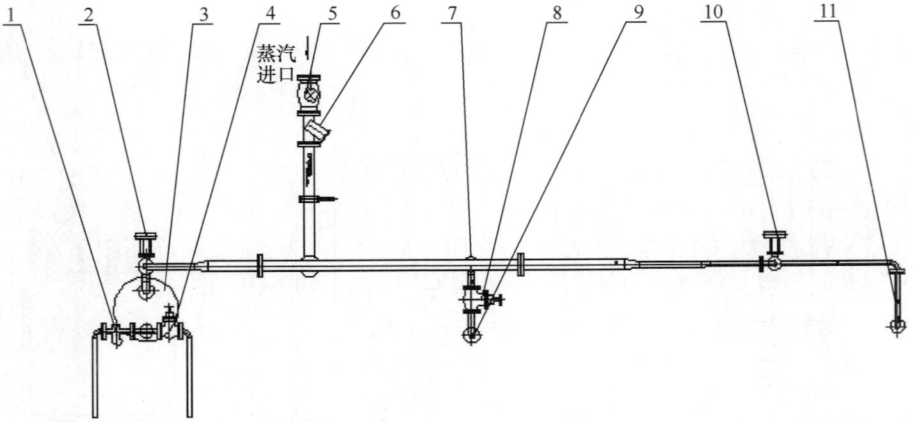

图 4-38 蒸汽加热系统

1—自由浮球式疏水阀 2—气动薄膜阀 DN50 3—加热器 4—截止阀 DN40
5—截止阀 DN100 6—脏物过滤器 7—止回阀 DN50 8—截止阀 DN50
9—无声加热器Ⅰ 10—气动薄膜阀 DN40 11—无声加热器Ⅱ

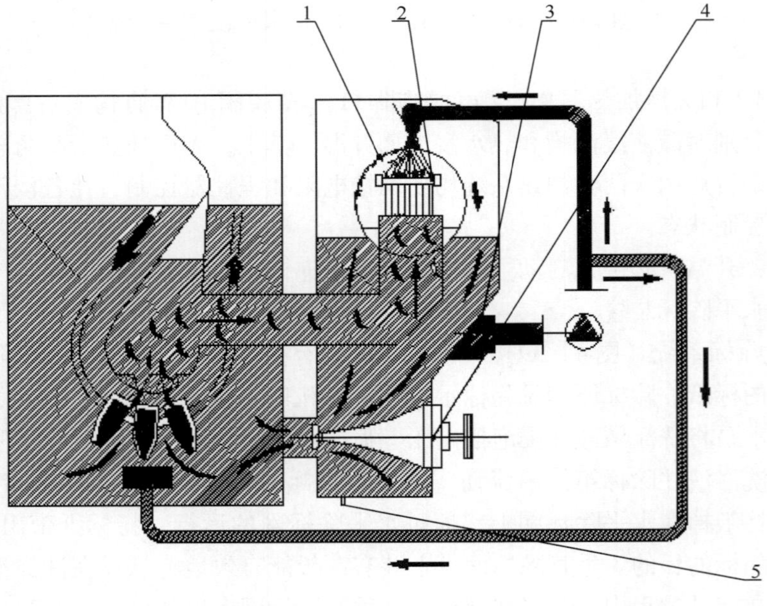

图 4-39 除标系统示意图

1—垂直除标网 2—水平除标网 3—喷冲水泵 4—循环水泵 5—导流管

涤液温度和浸泡时间有关。一般情况下，温度越高、时间越长，效果越好。

洗瓶机浸泡槽内使用的洗涤剂主要成分是氢氧化钠，同时还要加入适量的添加剂，提高洗净效率，如湿润剂、磷酸盐发泡剂等。

配制洗涤剂的主要依据如下。

①瓶子污物的积聚程度。

②标纸及黏结剂的种类。

③水的硬度。

④洗瓶机的生产能力。

建议用户听取专业洗涤剂厂家的意见，结合本厂生产使用效果来决定洗涤剂的配方，一般是 NaOH 含量为 1% ~3% 。

理想的洗涤液应具有以下的优点：洗出来的瓶子达到杀菌、消毒的要求，瓶内外干净、光亮，经济安全和低泡无毒。

（10）碱液添加装置　碱液添加装置（图 4 -40）如下：碱液罐、过滤器、检测电极、添加控制。

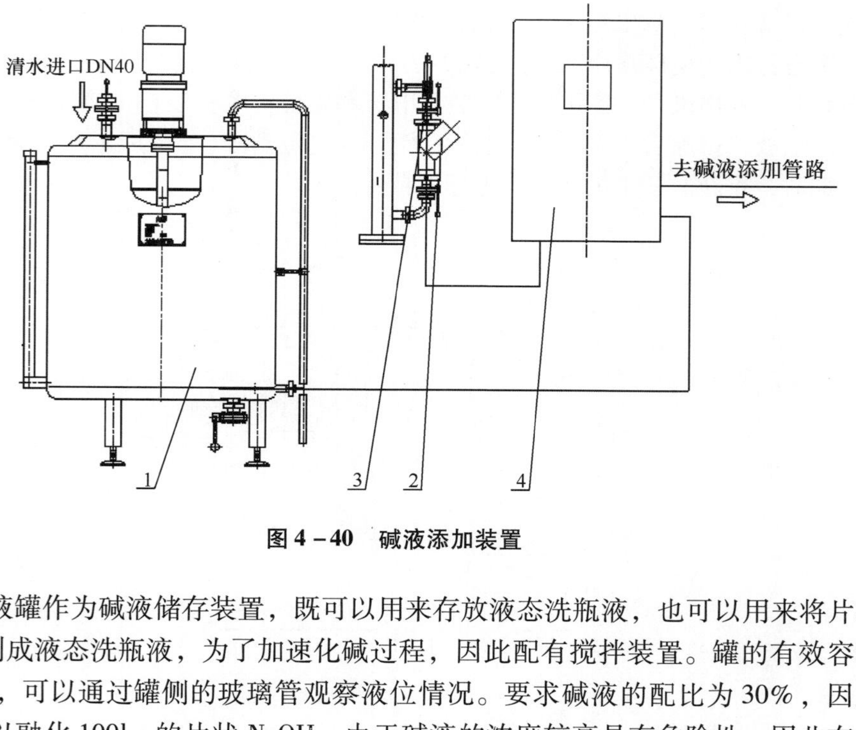

图 4 -40　碱液添加装置

碱液罐作为碱液储存装置，既可以用来存放液态洗瓶液，也可以用来将片状 NaOH 制成液态洗瓶液，为了加速化碱过程，因此配有搅拌装置。罐的有效容积为 700L，可以通过罐侧的玻璃管观察液位情况。要求碱液的配比为 30% ，因此每次可以融化 100kg 的片状 NaOH。由于碱液的浓度较高具有危险性，因此在使用过程中必须盖好罐盖。每罐碱液添加完毕后，才能重新加入片状 NaOH；然后盖上罐盖再打开清水阀门直到液位达到 700L；最后在触摸屏上启动搅拌电机，搅拌直到所有的片状 NaOH 完全融化才能通过在触摸屏上打开碱液添加管路上的气动阀门来启动添加泵进行添加。在整个融化片状 NaOH 的过程中，必须穿戴好防护用具。

由于检测的碱液里面含有固体颗粒和纸纤维，容易导致检测电极堵塞，因此在检测装置处配有过滤器。要求每过 1h 就要清洗一次过滤器，而清洗过滤器时则需要关闭过滤器的上下两个蝶阀。

气动泵、变送器的使用方法请阅读随机的相应资料，变送器参数设定应由专门人员进行。

请注意：碱液罐只能在常温下工作。

(11) 机械传动　洗瓶机运行时，由六个主传动电机分别经减速器后输出：①四台主电机通过链条带动两个从动链轮的转动，再通过链条传递为链盒运动；②为进、出瓶装置提供动力，并保证进出瓶装置的运动与链盒的运动同步。主传动系统由四台主电机、四套变速装置加上两个从动装置组成。由于采用了同步驱动技术，大大减少了整机的功率和机械结构简化。因此，主传动系统的负载小，大链条的变形小，使用寿命长。

(12) 安全离合器（图 4－41）　为了保证在使用过程中避免因为出现故障而损坏设备，当进、出瓶装置出现故障产生的扭矩大于离合器允许的传递扭矩时，离合器内的钢球 6 便从法兰盘 11 的孔中滑出，盘 7 向外移动，通过杠杆触动行程开关发出讯号，使进、出瓶装置电机和主传动电机停止，使设备处于安全状态。当故障排除后，重新启动电机，钢球 6 复位到法兰盘的孔中，行程开关复位。此时，重新启动主机就可以进行正常生产了。

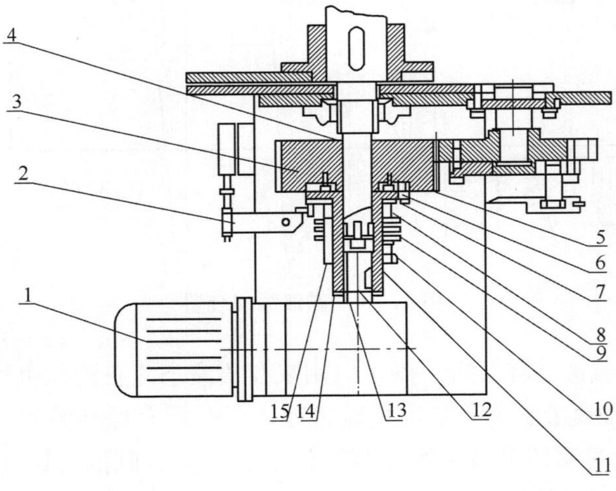

图 4－41　进出瓶安全离合器示意图

1—减速机　2—行程开关　3—齿轮　4—密封圈　5—离合垫　6—钢球　7—垫圈　8—轴承　9—弹簧　10—螺母　11—法兰盘　12—轴　13—顶垫　14—轴承　15—轴承

(13) 链盒装置　链盒装置是由两条节距为 155mm 的链条和 334 排瓶盒组成，每排瓶盒 20 个，瓶盒梁材料为 16Mn，瓶盒质量好、质量轻，整个瓶盒梁刚性好、不易变形（图 4－42）。

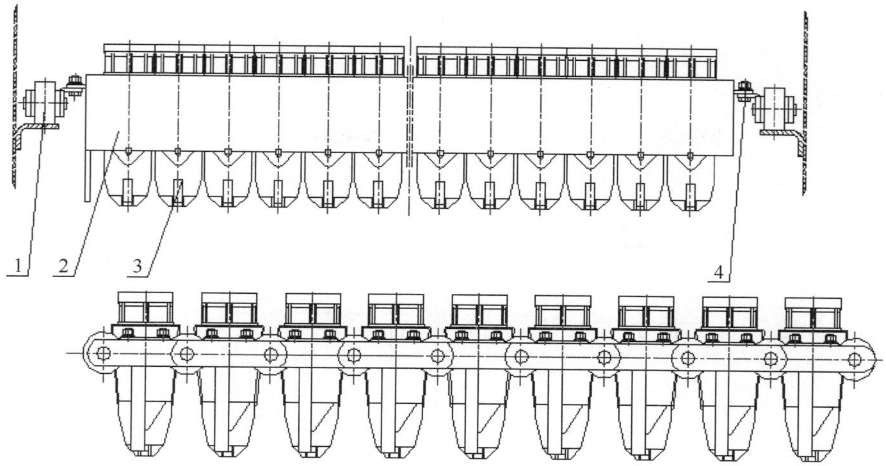

图 4－42　链盒装置示意图

1—轴座　2—盒梁　3—瓶盒　4—调节螺母

2. 每小时 10000 瓶酒灌装机——GDP36A

重庆轻工机械有限公司生产的 GDP36A 定液位灌装机主要用于玻璃瓶灌装黄酒、白酒及不含气的饮料。它的灌装头数为 36 个，生产能力达到 10000 瓶/h，重量约 4t。它的整机结构如图 4－43、图 4－44 所示。

本机安装方便，只需放置在能承受机器重量的水泥地面上。调节机器底部的九根调节螺杆，使机器水平即可。

整机的工作原理：清洗干净的瓶子经输瓶链道输送。首先进入进瓶螺旋 2，由进瓶螺旋将瓶子一个一个间隔开并输送进入进出瓶拨轮 3，再由进瓶星轮将瓶子拨入 9 托瓶部件 9 中的托瓶座；托瓶座通过工作台 1 上的凸轮进行上升下降，并由此带动瓶子上升下降，在瓶子上升过程中，瓶子逐渐打开灌装阀 4，液缸 5 中的液体经由灌装阀流入瓶子，当瓶内的液体达到灌装阀的回气管口的时候，则自动停止灌装；然后瓶子逐渐下降，脱离灌装阀，灌装阀自动关闭；最后由进出瓶拨轮 3 将瓶子拨出，进入输瓶链道，将瓶子送入下一台设备。

进瓶螺旋与进出瓶星轮都有故障保护装置，遇到卡瓶时，接近开关发出信号使整机停止运转。转换中心 6 是用来调节进液管路的，转换中心下部（在液缸内部）是液位调节浮桶，液位偏离要求时能自动调节液位。转换中心顶部是进液管及清洗管。当正常工作时打开进液管，关闭清洗管；工作完毕后可打开清洗管，对液缸进行清洗。防护罩 7 将工作台周围都围上，起到安全保护作用。调高支承 8 是用来调整液缸高度的。旋转支撑 10 主要是支撑调高支承、液缸、灌装阀、托瓶部件、转换中心并带动它们旋转。

灌装阀为定液面灌装阀（图 4－45）。当瓶子上升经过对中罩 15 将瓶子对中后，与封瓶橡胶 14 顶紧，并将对中架 12 向上推动，至对中套 13 与密封圈 11 顶紧，然后继续上升，直至下酒管 8 顶住套筒 4，完全打开灌装阀，液体产品流入

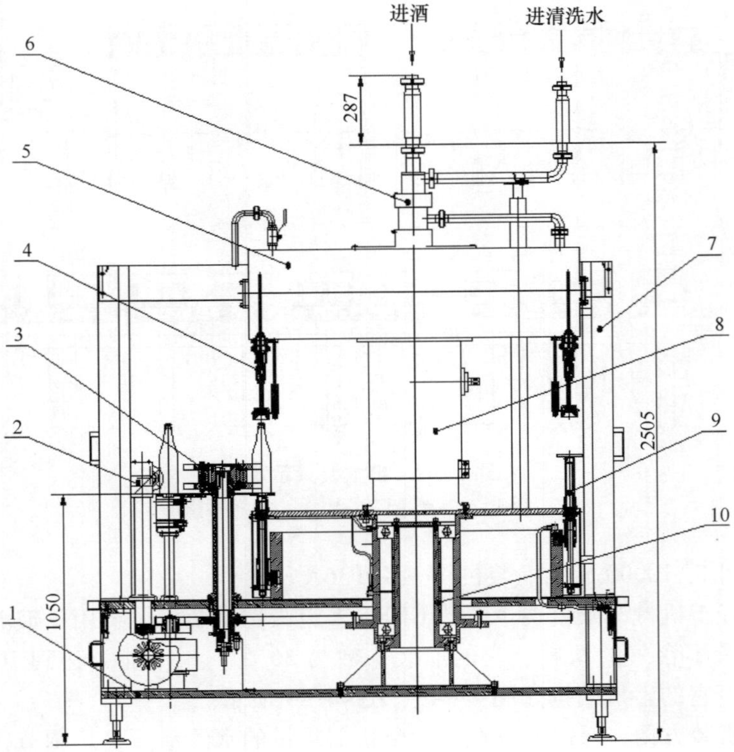

图 4-43 GDP36A 外形结构图

1—工作台 2—进瓶螺旋 3—进出瓶拨轮 4—灌装阀 5—液缸 6—转换中心
7—防护罩 8—调高支承 9—托瓶部件 10—旋转支撑

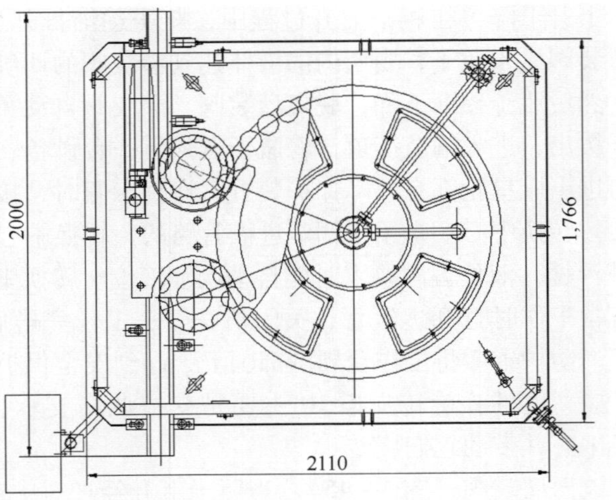

图 4-44 GDP36A 平面结构图

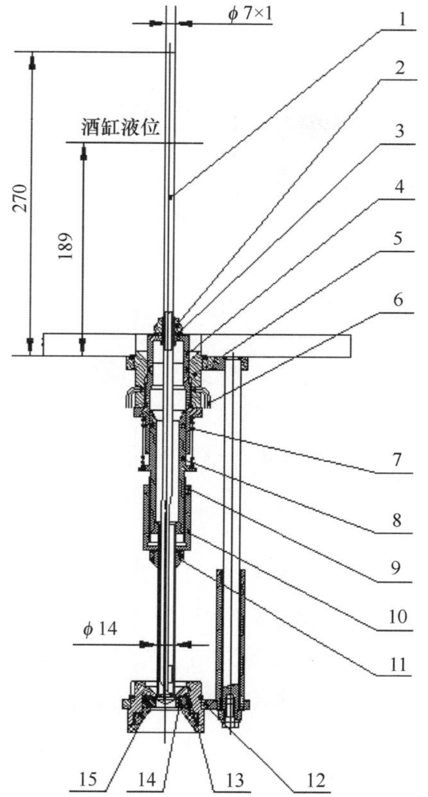

图 4－45　灌装阀结构图

1—回气管　2—螺母　3—定位环　4—套筒
5—酒阀座　6—扣环　7—压簧　8—下酒管
9—锁紧螺母　10—调节螺母　11—密封圈
12—对中架　13—对中套　14—封瓶橡胶　15—对中罩

瓶内进行灌装。灌装过程中，瓶内的气体经由回气管 1 排放到液缸中，当瓶内的液体到达回气管口的时候，瓶颈部分的气体压力等于液缸内液体压力时，灌装结束。部件锁紧螺母 9、调节螺母 10 是起到调节回气管伸入瓶内长度的作用；部件压簧 7 是起将下酒管 8 复位的作用；部件扣环 6 是清洗的时候排放液缸内清洗液时使用；部件酒阀座 5 连接在液缸上；部件螺母 2 定位环 3 起到固定回气管的作用。

3. 异形玻璃瓶黄酒包装线设计

最近几年，由于受到洋酒包装的影响，一些黄酒企业越来越追求产品的包装。为了增加产品的附加值，提高企业利润，他们对高档酒的包装瓶采用异形瓶，且瓶形十分精美，其目的就是要与洋酒媲美，吸引更多消费者购买。异形玻璃瓶黄酒包装线的设计与啤酒包装线的设计有较大区别：①瓶形不同（图3－46），啤酒的玻璃瓶均为圆形容易输送，异形玻璃瓶输送较困难；②黄酒和啤酒的酒体不同，啤酒含有气体容易翻泡而黄酒则不含气体。下面针对异形玻璃瓶黄酒包装线的设计进行一些探讨。

（1）异形玻璃瓶黄酒包装线的组成

该生产线（图 4－47）由洗瓶机、输瓶系统、灌装机、旋盖机、杀菌机和贴标机等设备组成。

生产线的工艺流程：新瓶（回收瓶）→洗瓶机→人工验瓶→灌装→旋

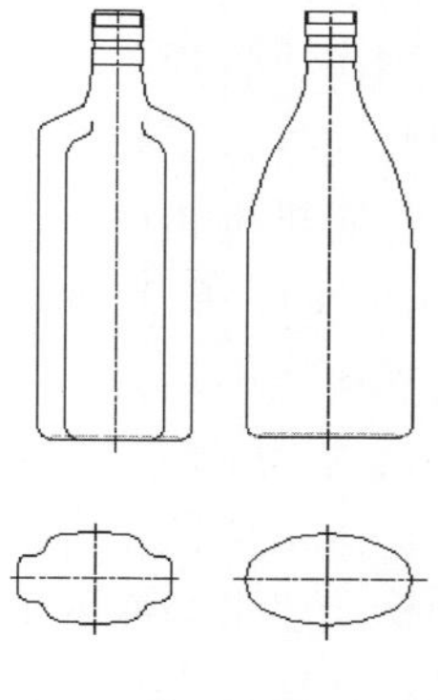

图 4－46　异形玻璃瓶

盖→杀菌→贴标→人工装箱→成品入库。

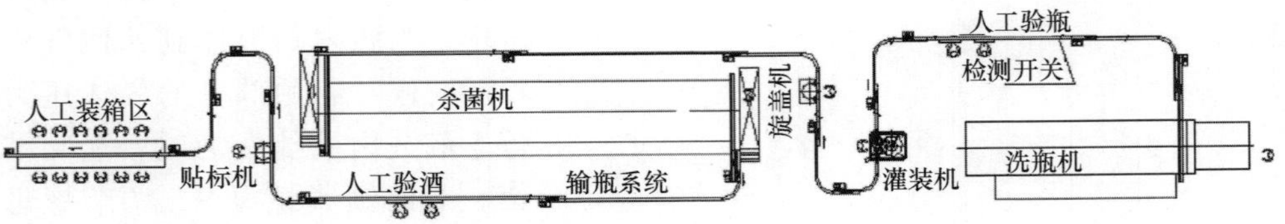

图4－47 异形玻璃瓶黄酒包装线布置图

（2）洗瓶机　洗瓶机大致可以分成三种类型：刷洗式、冲洗式和浸泡式洗瓶机。由于国内瓶子需要回收，因此大量使用的是浸泡式洗瓶机。浸泡式洗瓶机是通过对瓶子的浸泡和喷冲来达到清洗和消毒的目的。这种洗瓶机清洗效果好，新、旧瓶都能使用，自动化程度和生产效率高，适合大生产使用，因此发展十分迅速。

异形玻璃瓶洗瓶机的洗瓶工艺流程与啤酒瓶洗瓶机的洗瓶工艺流程相同，都要经过进瓶、预浸泡、第一次碱液浸泡、第一次碱液喷淋、第二次碱液浸泡、第二次碱液喷淋、热水喷淋、温水喷淋、清水喷淋、出瓶等工序。因此异形玻璃瓶洗瓶机在传动、喷淋、管路、加热、除标装置以及箱体等系统的设计与啤酒瓶洗瓶机的设计基本相同，不再赘述。下面详细探讨异形玻璃瓶洗瓶机设计要求注意的问题：

①进瓶：由于异形玻璃瓶的断面为不规则形状，如果采用普通的圆瓶的输送方法（图4－48），将会出现卡瓶导致无法输送。因此，异形瓶进瓶输送应设计专用的输送装置（图4－49），这套装置安装在进瓶机构的前端，空瓶可以通过两种方式卸在该输送装置上。当公称生产量在10000瓶/h以下时，可以由人工从周转箱里卸在输送装置上；当公称生产量在10000瓶/h以上时，在输送装置的前面安装一台卸箱机，首先需要人工在瓶场把瓶放在专用的周转箱里（瓶在周转箱里的方向必须限制），然后通过输箱系统把周转箱输送到卸箱机，由卸箱机把瓶直接卸到输送装置上。由于生产高档酒的量不会太大，并且我国的劳动力资源丰富，因此通过人工卸瓶的方式比较实用。

在设计进瓶机构轨道和进瓶输送装置隔板时，应考虑与瓶有适当的间隙（图4－50，图4－51），间隙的大小与瓶的断面形状有关，当瓶的断面形状为椭圆时，间隙要求比较小，为6～8mm；当瓶的断面形状近似为矩形时，间隙可以适当大一些，大约10mm。当间隙太大时，瓶运行过程中相互挤压导致瓶偏转角度，出现卡瓶、进瓶定位性差等故障（图4－52）。设计进瓶机构轨道时，轨道与瓶接触部分的形状要求与瓶的形状大致相同，这样进瓶机构推瓶过程定位准确，运行才会平稳；在瓶进入轨道后，进瓶机构轨道的高度要求略比瓶高出一点，避免瓶歪向一侧超出轨道时，出现瓶难以进入瓶盒套中引起进瓶故障。

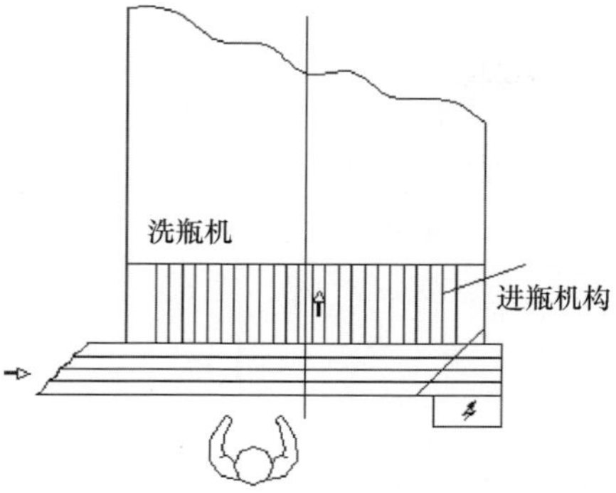

图 4－48　普通圆瓶进瓶输送

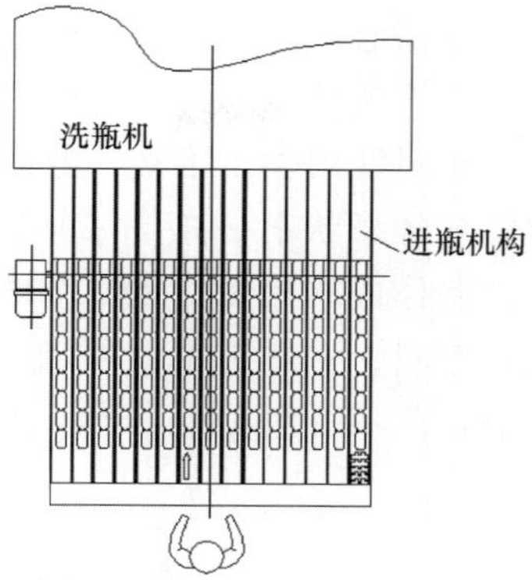

图 4－49　异形瓶进瓶输送

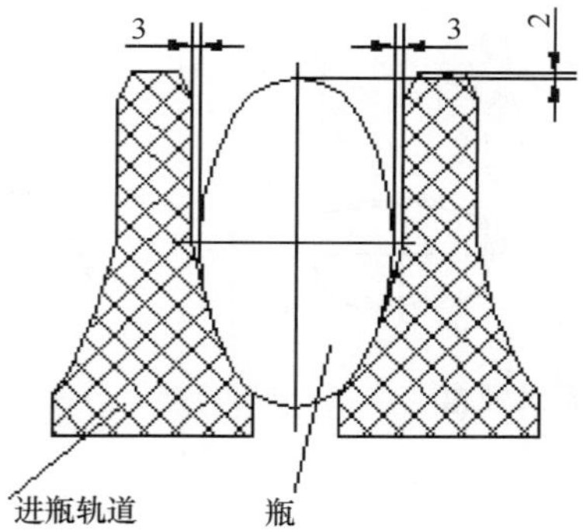

图 4－50　进瓶机构轨道与瓶间隙

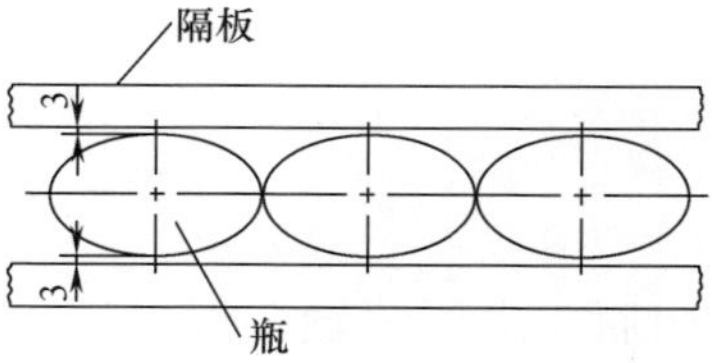

图 4－51　进瓶输送装置隔板与瓶间隙

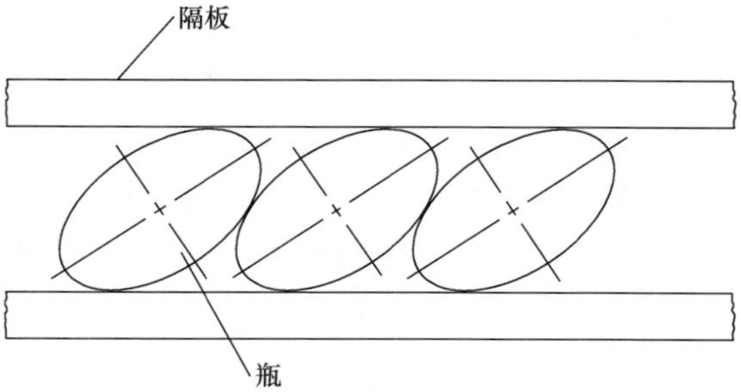

图 4－52　隔板与瓶间隙大引起瓶偏转

②链盒装置（图 4－53）：链盒装置由带耳的套筒滚子链及瓶盒组成。它们的任务是将瓶子从进瓶端输送至出瓶端，在喷冲洗区使瓶子与喷嘴对中，使水流能畅通无阻地清洗到瓶子的内、外表面，使浸泡下来的标签容易除去。瓶盒的材

料通常选用塑料、金属板加工而成。异形瓶瓶盒的形状及尺寸应根据瓶进行特殊设计，瓶盒必须限制瓶在运行过程中任意的转动，否则在喷冲洗区瓶子与喷嘴对中不好而影响洗净率，同时由于瓶在瓶盒里方向不确定导致出瓶卡瓶引起出瓶故障，严重时瓶根本出不来导致机器无法使用。由于瓶盒的形状比较特殊，不同的客户需要的形状不一样且每种形状需要的量不会太大，如果采用钢制瓶盒，那么模具的制作成本昂贵并且制作难度相当大，制作的周期也相当长。因此瓶盒的材料选用塑料，一般选用聚丙烯，该材料质量轻、耐温、耐碱、无毒、价格便宜、模具制作简单并且美观。

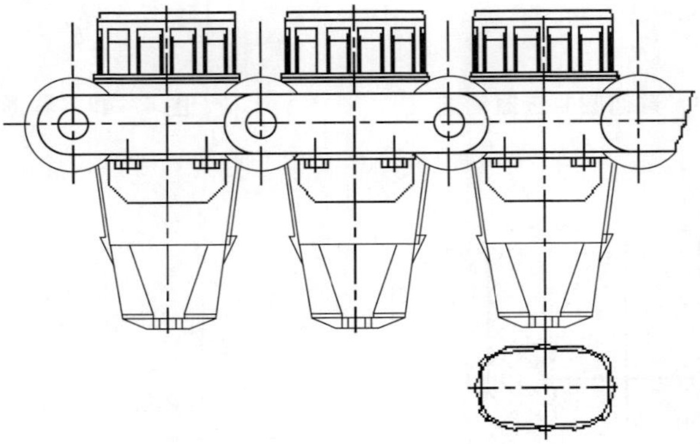

图 4－53 链盒装置及瓶盒

③出瓶：出瓶装置一般采用缓冲滑落式系统，输出时要求平滑过渡、噪声小、瓶子不能倾倒。该装置与普通圆瓶基本相同，只是在出瓶轨道和出瓶装置推瓶点有特殊要求。由于特殊设计的瓶盒使瓶始终保持一定的方向运行，因此出瓶轨道的设计与进瓶机构轨道相同，需要严格控制轨道与瓶的间隙以及轨道的高度，出瓶时瓶被出瓶凸轮推上出瓶链道（图 4－54，图 4－55），如果出瓶隔板与瓶的间隙较大，瓶容易被推歪斜导致倒瓶。由于异形瓶难输送，为了保证推瓶的稳定性，除了需要控制隔板与瓶的间隙外，还要控制出瓶凸轮推瓶时与瓶的接触点，该点应该始终位于瓶重心点以下约 20mm 处。出瓶凸轮的曲线最好采用渐开线，每一个出瓶周期从接瓶、逐渐展开、推瓶结束，动作比较平滑，没有明显的冲击稳定性不好的现象。

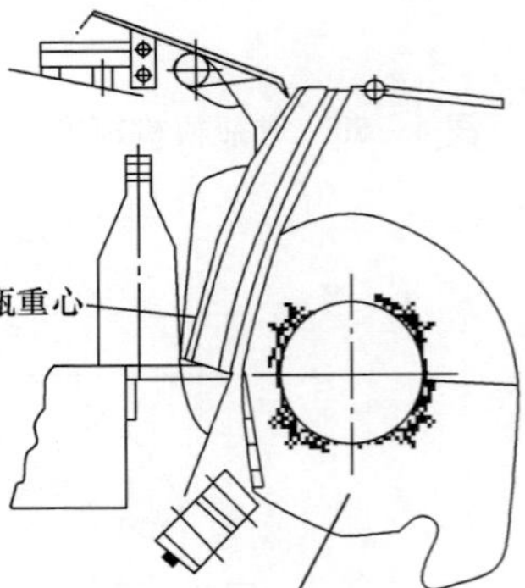

图 4－54 出瓶装置

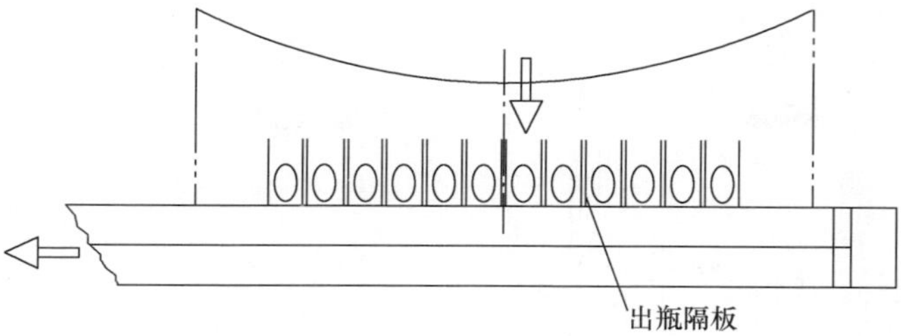

图 4－55 出瓶隔板

（3）灌装机 黄酒与啤酒的显著区别在于不含有气体，因此如果用啤酒灌装机来生产黄酒，那么设备的投入将会较大，并且很多功能得不到运用，例如抽真空。同时有些功能还会造成物料的损失，比如回气管排沫。在高档黄酒的生产中，由于产品的价格比较高，因此要求其灌装的容量准确、物料的损耗小，如果采用啤酒灌装机来生产则很难达到要求。啤酒灌装机的容量控制均通过定液面来实现，由于影响液面的因素较多，比如玻璃瓶的形状、壁厚不均匀、回气的快慢等。因此高档黄酒的灌装选用容积式灌装阀（图 4－56），该阀主要由定量杯、容量调节和对中罩等部分组成。

当酒阀处于上图 1 位置时托瓶装置没有把瓶升起来，阀芯的下封酒头与定量杯关闭而上封酒头打开，酒缸中的酒靠自重进入定量杯，此时杯中的空气通过上部的气管回到酒缸；当酒阀处于上图 2 位置时托瓶装置把瓶升起并进入对中罩，然后继续上升推动阀芯向上运动，上封酒头与定量杯关闭完成定量过程，下封酒头在弹簧力的作用下与定量杯继续关闭；当酒阀处于上图 3 位置时托瓶装置把瓶继续上推，阀芯上的凸台与下封酒头接触一起向上推动，下封酒头与定量杯打开，酒液靠重力灌入瓶中，瓶中的空气通过回气管进入酒缸，此时上封酒头在弹簧力的作用下与定量杯仍然关闭；当酒阀处于上图 4 位置时托瓶装置把瓶降下，下封酒头在关阀弹簧力的作用下先与定量杯关闭，此时上封酒头在弹簧力的作用下与定量杯处于关闭状态，托瓶装置把瓶完全降下后，上封酒头与定量杯打开，重复上图 1 的动作。在首次使用时，需要准备量杯对每一个灌装阀的容量进行测定，可以通过容量调节装置对每一个灌装阀的容量进行精确调整。

容积式灌装阀需要经过先定量后灌装的过程。因此，在设计时需要合理地确定分配定量工人数和灌装工人数。定量工人数不足时，将会影响定量的精度；灌装工人数不足时，既影响灌装的容量，又会造成酒液的损失。因为容积式灌装阀靠重力进行灌装，黄酒的糖分比较高、黏附力比较强，灌装滴液时间相对要长一些，因此定量工人数和灌装工人数应有一定的余量。灌装阀设计时，液体流经的通道尽量简洁，以提高加工的表面粗糙度、减少液体流动时的阻力和吸附现象。

设计进瓶分瓶螺旋和进出瓶拨瓶轮的齿形时，要求齿形与瓶形相吻合。要

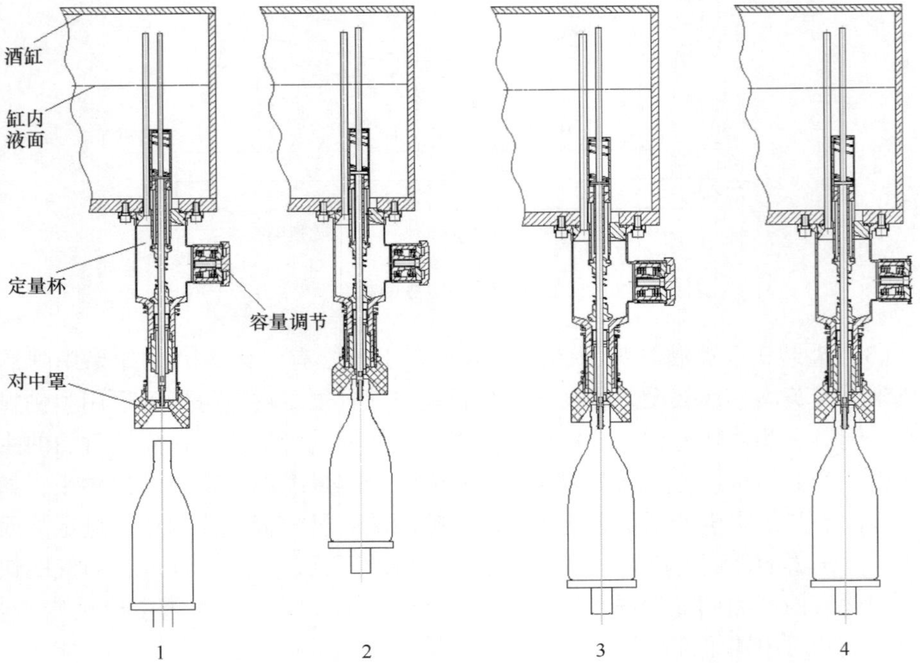

图4－56　容积式灌装阀的工作过程

注意齿形的深度，尤其是比较窄的椭圆形瓶，其齿形的深度至少应该超过短轴的中心，否则瓶在运行过程中不能被很好地定位而出现故障。进瓶分瓶螺旋处的护瓶板与瓶应严格控制间隙，防止瓶出现较大角度的偏转而导致瓶不能进入螺旋。

（4）杀菌机　黄酒杀菌的目的是为了保证黄酒的生物稳定性，有利于长期保存。由于黄酒的营养丰富，其 pH 为4～4.5，因此黄酒的杀菌强度要求比啤酒高。一般采用巴氏杀菌法，其过热区的温度要求在88～90℃；保温区杀菌温度要求在85℃，杀菌时间为20min。设计杀菌机时注意温区的分布和运行时间。

巴氏杀菌机的运行方式可以分成两种，分别为栅条步移式和链网式。栅条步移式是栅床做升降运动和水平运动，属液压传动间歇式工作，结构较复杂；链网式属机械传动连续运行方式，结构相对简单。对于特殊的异形瓶，如果选用栅条步移式杀菌机，由于活动和固定栅条之间有较大的间隙，栅床做升降和水平运动的过程中容易造成倒瓶；如果选用链网式杀菌机，由于其为连续运行方式，运行的速度很慢，链网平整间隙较小。因此异形瓶运行平稳，几乎不会有倒瓶的现象发生。

（5）输瓶系统　由于异形瓶输送的特殊性，因此设计生产线布置图时，10000瓶/时以下的输瓶系统完全采用单排输送，尽可能采取“一”线式排布，由于异形瓶输送时对挡瓶护栏的间隙要求比较严格，因此要求所有挡瓶护栏都能方便地进行间隙调整；异形瓶主要用来生产高档酒，对瓶的外观要求高，不允许有擦伤，因此输瓶系统上应有瓶流量检测开关，通过测定瓶流量用PLC程控器和变频器控制电机的速度，防止瓶堆积相互碰撞，影响瓶子外观。

（6）装箱　当酒瓶在贴标完成后，一般要人工用印有厂家标识的包装纸包裹起来，防止在运输、贮存的过程中对商标和瓶盖造成损伤。异形瓶的强度要比标准的圆瓶低得多，因此，最好用包装纸或内盒包装加外箱完毕后再入库。

用异形瓶包装高档黄酒是黄酒业发展的潮流，同时也是企业利润的增长点，是黄酒企业树立品牌的一种手段。只要解决了包装线中洗瓶、灌装、杀菌等环节，异形瓶进、出设备的输送问题，同时针对黄酒特点采用合适的灌装阀和合理杀菌强度，异形瓶黄酒包装线同样可以达到高效、稳定高的要求。

4. 贴标机

此款贴标机是根据目前国内应用较为普遍的全自动贴标机原理与结构进行整理编写的，主要参数与图片均由广州嘉裕包装设备实业有限公司提供（图4－57）。

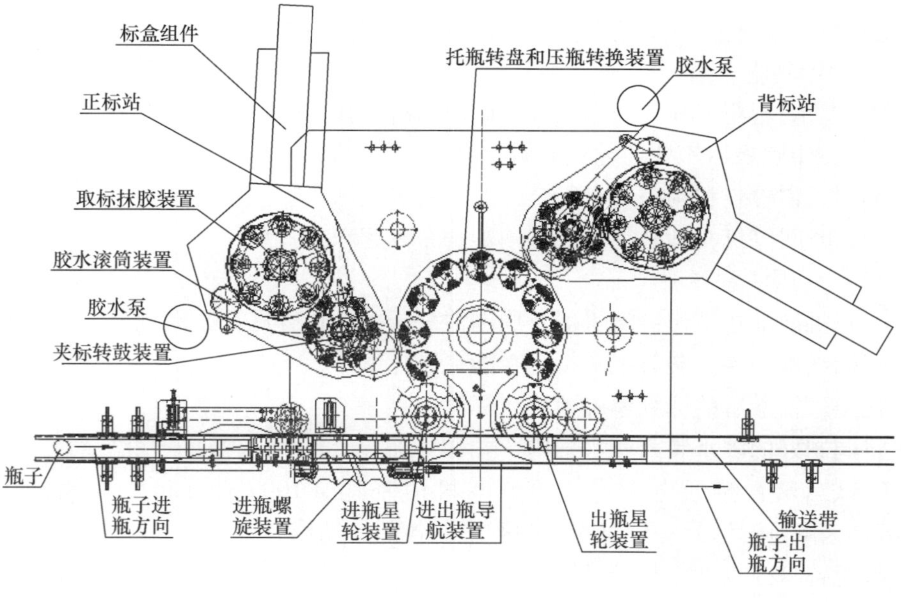

图4－57　贴标机结构平面图

（1）主要结构及工作原理

①整机构造：本机由瓶子输送带、进出瓶星轮装置、标签台（包括胶水滚筒装置、抹胶及取标装置、夹标转鼓、标纸盒装置）、压瓶转盘装置、毛刷装置、托瓶转台、胶水泵、压缩空气系统以及气管接头、机座、主传动、电气控制及操作装置等组成。

②工作原理：本机输瓶带为分离传动结构，输瓶带穿越机置于输瓶带旁板上，将瓶子送入机内。该输瓶带的动力由主机主电机的调频器供给，以达到输瓶带与主机同步，瓶子随链板输送带送入进瓶螺旋，再由进瓶螺旋定距送入进瓶星轮，由进瓶星轮将瓶子均匀地送入至托瓶转台上的托盘上；此时瓶子将随着托瓶转台的转动被压瓶转盘上的压瓶头压住瓶盖并做公转，同时瓶子又将随着托盘的自转而转动，完成贴标、刷标等动作；当瓶子随托瓶转台转到出瓶星轮处时，压瓶转盘上的压瓶头受凸轮机构的控制脱离瓶盖，这时瓶子将由出瓶星轮处输出；最后，输出进行装箱。

其中在瓶子贴标之前，还有一套相关联的胶泵送胶、滚胶、送标、取标、夹标、放标等过程。以上动作均是在主传动带动下的联动及电气自控制原理相互配合下完成的。

（2）维护说明

①清洗：生产停止后必须及时清理机器内积存的胶水，可将取标板及轴以及胶滚筒一起卸下放入温水桶清洗，擦干后再重新装上。

毛刷等零件也需要经常清洗，保持干净。

②润滑：本机所有转动部分均需经常加注润滑油或润滑脂，干油路润滑系统加注 3#钙钠基脂。

主传动蜗轮箱、标签台齿轮箱及循环润滑的托瓶转台，其润滑每半年更换一次，采用 N100 板压工业齿轮油润滑。

必须经常检查和调整所有安全开关，要求灵敏可靠。

如长时间停机，则必须将机器用塑料布罩起来。

（3）使用注意事项

①开机前准备工作：将机器及周围清理干净，检查有无松动现象。

用标纸检查夹标转鼓上夹指是否能夹紧标纸。

把经过松散后的标纸整齐地放入标盒内。

将调制好的胶水装入胶水桶内，并在外面装上热水以保证胶水温度。

②试运转：接通电源、气源使本机由基速（1000 瓶/min）变速到中速（3000 瓶/min），运行一段时间，检查设备各部件动作是否同步。

检查各自控点动作是否灵敏。

启动胶水泵，调整胶水厚度及流量。

从进瓶输送带上放入一只瓶子，让其进入机内，检查通过是否顺利，贴标是否整齐。

机器试运转操作应由点动按钮来完成（即按一下点动按钮时电机运转，放开点动按钮时则断电，经过制动后停机）。

③运转：开机时以点动方式运行一段时间，确定无故障以后以基速运转一段时间后，然后以正常速度运转。

调节机器运转速度，使与输送来的瓶子速度相适应。调速是由机前操作箱上的速度调整旋钮来完成（其速度由瓶数表 b/h 来表示，当旋钮调节到所需生产速度后，每次开机都由最初速度自动升至预选的生产速度）。

生产过程中应经常补充标纸及调节胶水厚度。

生产过程中应经常排除 G3/4″水滤器积存的水分。

如遇到故障需停机时，应将速度调节按钮旋至“0”位置，并按下急停开关切断电源，以保证安全操作，待检修完毕后旋转急停开关使其复位，方可重新起动。

操作人员应注意输送带上瓶子的多少，如瓶子太少时，最好是停机等候，待瓶子多时再开机。

④停机：当生产将告一段落时，需快速贴完机内所有瓶子；停止胶水泵；停止压缩空气，切断电源。

第三节　贴标机

贴标机是黄酒灌装机械中最容易出现问题与故障的设备，因此要详细了贴标机的结构与操作要领，以利于正常操作控制。

贴标机有回转式与直线式两种，生产能力需要大的一般采用回转式，生产量小或容器较大的一般采用直线式。直线式比较简单，回转式比较复杂一些。这里选用回转式贴标机作为学习内容，又以湿胶贴标机为详解。因为回转式不干胶贴标机其他构造与湿胶贴标机相同，只是采标部分有所不同。

一、湿胶贴标机

回转式湿胶贴标机（图 4－58）有许多不同的品牌，但其构造原理基本相同。这里介绍的贴标机以广州嘉裕包装设备实业有限公司产品为例进行具体说明。

（一）主要结构及工作原理

1. 整机构造

此机由瓶子输送带、进出瓶星轮装置、标签台（包括胶水滚筒装置、抹胶及取标装置、标纸夹紧转鼓、标纸盒装置）、压瓶转盘装置、毛刷装置、托瓶转台、胶水泵、标纸释放开关、压缩空气系统、快速气动接头及气管接头、机座、主传动、背标站离合传动装置、电气控制及操作装置组成。

2. 工作原理

此机输送带为分离传动结构，输送带穿越贴标机，置于输送带旁板上，将瓶子送入机内，该输送带的动力由主机主电机的调频器供给，以达到输送带与主机同步。瓶子随链板输送带送入进瓶螺旋，再由进瓶螺旋定距送入进瓶星轮，由进瓶星轮将瓶子均匀地送入至托瓶转台上的托盘上，此时瓶子将随着托瓶转台的转

图 4－58　湿胶贴标机外形图

动被压瓶转盘上的压瓶头压住瓶盖并做公转，同时瓶子又将随着托盘的自转而转动，完成贴标、刷标等动作，当瓶子随托瓶转台转到出瓶星轮处时，压瓶转盘上的压瓶头受凸轮机构的控制脱离瓶盖，这时瓶子将由出瓶星轮带出至输送带上。

其中在瓶子贴标之前，还有一套相关联的胶泵送胶、滚胶、送标、取标、夹标、放标等过程。以上动作均是在主传动带动下的联动及电气自控制原理相互配合下完成的。

（二）主要结构装置介绍

1. 进瓶与出瓶装置

进瓶与出瓶装置（图 4－59）由输瓶带及传动装置、进瓶螺旋及传动装置、进出瓶星轮及传动装置、进出瓶导板装置、从动链板轮装置等。

由分离驱动的链板输送带将瓶子送入进瓶螺旋，为保证进瓶平稳，在进瓶螺旋前部有一可调节的止瓶星轮，进瓶螺旋是由尼龙棒制成的一条不等距螺旋，使瓶子能平稳地进入进瓶星轮。再由进瓶星轮带动瓶子均匀地进入托瓶转台。完成贴标后的瓶子由出瓶星轮送入链板输送带，并随输送带进入下一包装工序。

2. 进出瓶检测

装于进瓶螺旋上方的光电检测器，以及装于进瓶星轮传动装置下部的脉冲检测装置，组成了标纸释放开关，当瓶经过输送带进入贴标机时，瓶位检测传感器感应金属瓶盖使感应器获得信号，由脉冲检测装置进行移位、寄存，通过程序控制器，控制压缩空气的开关，带动标纸盒的运动。从而实现无瓶不送标纸，有瓶才送标纸的自动控制。

3. 托瓶转台

瓶子从进瓶螺旋、进瓶星轮进入托瓶转台，托瓶转台由转盘及托盘组成，托

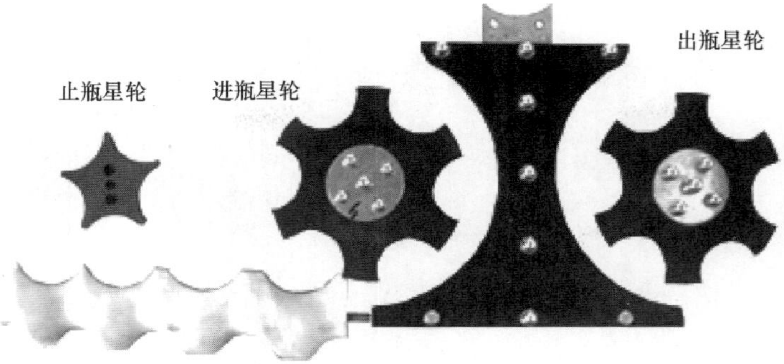

图 4－59　进出瓶更换件

瓶转台由大齿轮带动，在转台下面有凸轮，在转盘运转时，上面的托盘通过凸轮的曲线槽使扇形齿轮摆动，带动托盘有规律地自转，以实现正、背标黏贴、刷标及压标全部过程，如图 4－60 所示。

图 4－60　托瓶转台

4. 压瓶转盘

和托瓶转台相配合的是机身上的压瓶转盘，压瓶转盘的主要作用是利用压瓶头将瓶子压紧，使瓶子在托瓶转台上相对固定，在相对固定的前提下，完成贴标动作，同时通过压瓶转盘上的凸轮，使压瓶头下降和上升——实现瓶子压紧和放松，完成进瓶和出瓶的动作。

压瓶转盘和托瓶转台装在同一条轴上，由大齿轮同步带动来完成它们的动作，如图 4－61 所示。

图 4-61 压瓶转盘

5. 标站

标站由身标盒、颈标盒、背标盒等组成，分别装于底座滑架上，底座固定于抹胶取标装置的箱体上。标纸盒内分别放上身标、颈标标纸推向前方，同时通过装在底架装置下部的气缸，由压缩空气作动力，使标纸能前后运动，以达到无瓶不取标的功能，标纸架前后运动，由标纸释放开关通过程序控制器控制。在操作过程中有时为了应急，设备上装有“紧急停机”按钮，但是除非出现险情或检修，操作者不要频繁使用“紧急停机”按钮（图 4-62）。

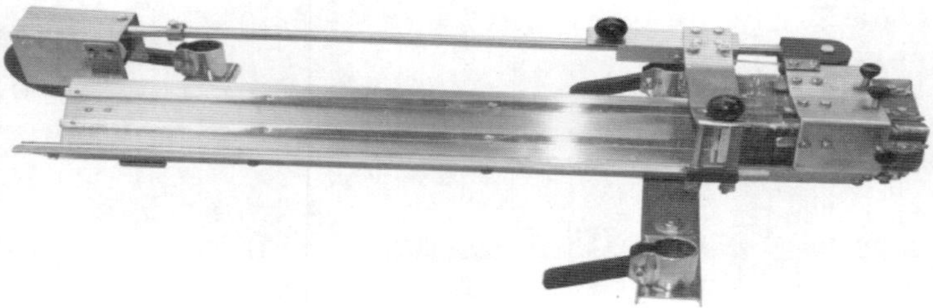

图 4-62 标纸盒

6. 胶水滚筒及刮刀

胶水滚筒由胶滚筒和胶水刮刀所组成，由胶水泵打上来的胶水在胶滚筒的上面向下流，胶滚筒由抹胶及取标装置中的齿轮带动不停地回转，使胶水能均匀地布于胶滚筒身上，胶水的厚薄可由刮刀来调节。

抹胶及取标装置在运转时，当经过胶滚筒时，通过取标板轴的自转，使胶水均匀地抹于取标板上，如图 4-63 所示。

图 4－63　抹胶滚筒与刮刀

7. 取标及贴标

黄酒瓶贴有瓶身单一瓶贴的，也有瓶身正标与背标双标的，也有下标、背标再加瓶颈上的颈标的，有的甚至还有瓶口顶部的顶标共四标，但以一、二、三标为主。

正标站抹胶及取标装置由主传动蜗轮箱通过万向节传动将动力输入标签台齿轮箱中，带动中心转台和盖板转动，而背标站及取标装置是由大齿轮通过背标站离合器和其上的万向节将动力送到标签台齿轮箱中，带动中心转台和盖板转动，盖板上分别装有 8 个取标轴，轴上装有身、颈、头三标取标板（或背标取标板），这 8 组取标装置不但在中心转台带动下旋转，还通过装在下面的凸轮底盖上的曲线槽使扇形齿轮摆动，带动取标轴有规律地进行三次自转，使取标板在经过胶滚装置时均匀抹到胶，在经过标纸盒装置时均匀地取到标并经过顶标夹紧转鼓、身标夹紧转鼓、颈标夹紧转鼓（或背标夹紧转鼓）时能均匀送标，如图 4－64 所示。

（三）操作要求

1. 开机前准备工作

（1）将机器及周围清理干净，检查装置有无松动现象。

（2）检查油位，清除水凝结物。接上压缩空气管路，调整压力至运行要求

图 4-64 贴标机系统图

压力。

（3）检查所有的部件和调整装置都安放在贴标机相应的尺寸和位置上。

（4）接通电源。

（5）在开始贴标前有必要根据瓶（容器）的高度调整压瓶头的高度。注意：如果由于调整错误，压瓶头太低，一旦机器起动，会严重地损坏标鼓支柱和进入的瓶子。因此，每次开机前，一定要做到检查压瓶头的高度。

2. 点动、试运转

机器试运转操作应由点动按钮来完成。即按一下点动按钮时，电机运转，放开点动按钮时则断电，制动停机。

只要按钮按下不松开，机器继续运行，当按钮松开机器运行立即停止。这种方式能方便地逐步准确检查机器。这项操作也可使用随机附带的手提控制面板，方便检查。点动方式运行一段时间，确定无故障以后以基速运转一段时间后，然后以正常速度运转。

3. 运转

（1）接通电源、气源，按下控制面板上的“主机运行”按钮启动机器。使标机由基速变速到中速，运行一段时间，检查设备各部件动作是否同步。

（2）检查各自控点动作是否灵敏；从进瓶输送带上放入一只瓶子，让其进入机内，检查通过是否顺利，贴标是否整齐。

（3）调节机器运转速度，使与输送来的瓶子速度相适应，调速是由机前控制面板上的速度调整旋钮来完成（其速度由瓶数表 b/h 来表示，当旋钮调节到所需生产速度后，每次开机都由最初速度自动升至预选的生产速度）。

（4）生产过程中应根据标盒中瓶贴的使用情况，及时补充标纸。

（5）生产过程中应经常排除气动装置前的压缩空气水滤器中积存的水分。

（6）如遇到故障需停机时，应将速度调节按钮旋至“0”位置，并按下急停开关切断电源，以保证操作安全，待检修完毕后，旋转急停开关，使其复位，才可重新起动。

（7）在设备运行时，操作人员应注意输送带上瓶子的多少，如瓶子太少时，最好是停机等候，待瓶多时再开机。

4. 停机

（1）待机台上所有的瓶子都走出设备后，按下控制面板上的“主机停止”按钮，停止设备运行。

（2）为应急处理突发事故，在控制面板上按下红色的“紧急停机”按钮便会停止压缩空气，切断电源。

（四）部件配换与保养

贴标机可以根据需要，适应不同形状和尺寸的瓶子。为了从一种瓶形转换到另一种瓶子，需要更换一定的零件。

通常的更换件有：进瓶星轮、出瓶星轮、中间导板、进瓶螺旋、止瓶星轮、压瓶头。

注意：在贴新尺寸的瓶子（容器）前，机器必须实施清洁和润滑。

1. 更换进出瓶星轮

如图4－65所示，向上拉出星轮即可。然后，将更换的星轮沿轴放下安装，注意要对准连接键槽。

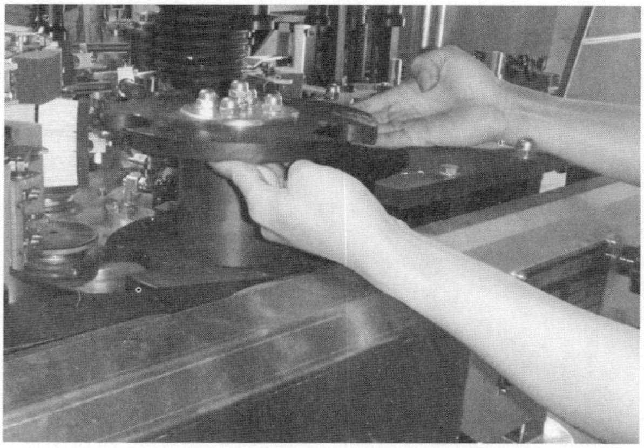

图4－65 拉出星轮操作示意图

2. 更换中间导板

为了保证更换顺利，必须先取出星轮，再将外盖板的螺母松下，取下外盖板。然后松开中间导板后部的连接螺钉，再按箭头所示方向取出中间导板，如图4－66、图4－67所示。然后按相反的步骤把要使用的中间导板安装上。

图 4－66　取下外盖板示意图

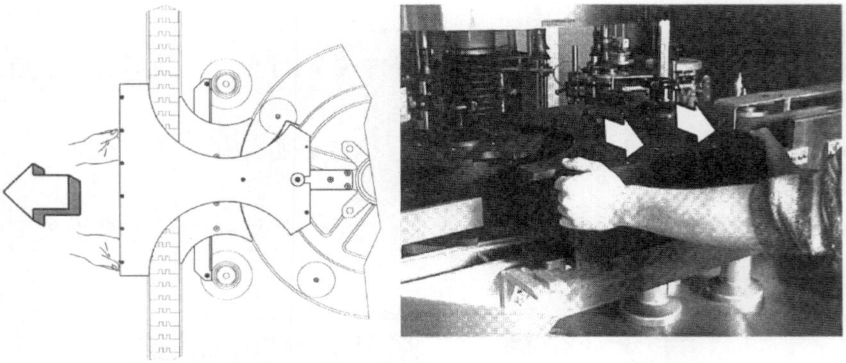

图 4－67　取出中间导板示意图

3. 更换进瓶螺旋

拆下进瓶螺旋外罩的不锈钢板，然后将进瓶螺旋向右侧拔出。然后将更换的螺旋向左侧插入，如图 4－68 所示。

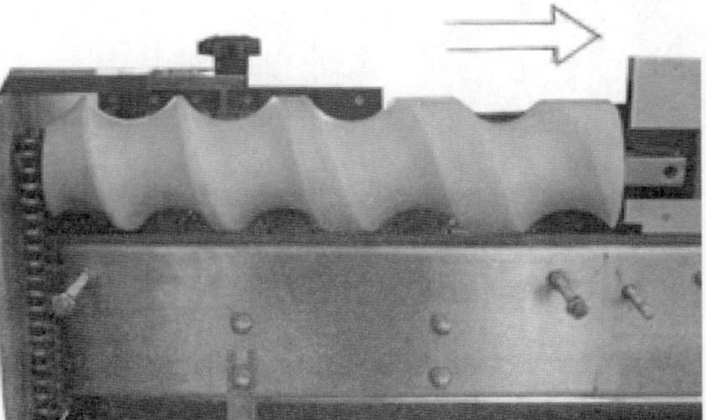

图 4－68　取出进瓶螺旋示意图

如果螺旋的卡瓶位与进瓶星轮卡瓶位对不正，请将工作台底下的双排链轮夹紧螺栓松开，即可转动进瓶螺旋的方位。

4. 更换压瓶头

取下压瓶头轴上的螺钉，然后将压瓶头向下拔出。安装时将更换的压瓶头沿中轴向上插入，然后将螺钉锁紧，如图 4-69 所示。

请注意：压瓶头并非一定是需要更换的零件，也可以通过升降压瓶转盘来适应瓶子的高低。

图 4-69　更换压瓶头示意图

5. 调整输送带护栏

（1）由于黄酒生产时所灌装的瓶子直径的大小及形状的不同，经常会涉及输送带宽度的调整，调整输送带宽度时首先是旋开护栏把手，如图 4-70 所示。

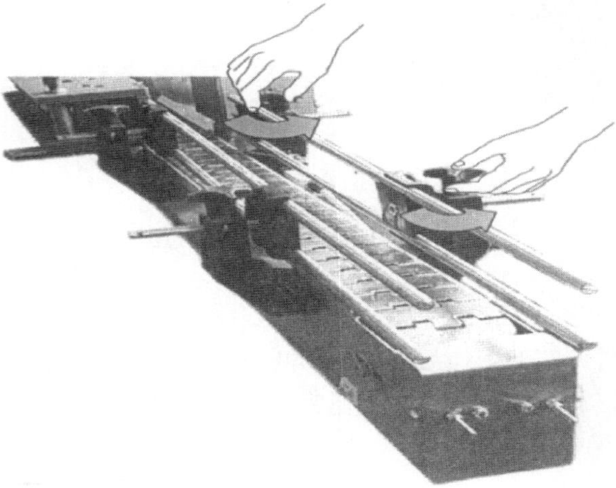

图 4-70　调整输送带护栏示意图

（2）输送带护栏调整时，其中一条护栏导杆必须和进瓶螺旋保持成一条直线。这样调整时只能调整输送带上的其中一条导杆，另一条导杆保持固定，即使尺寸改变也必须保持固定，如图4－71所示。

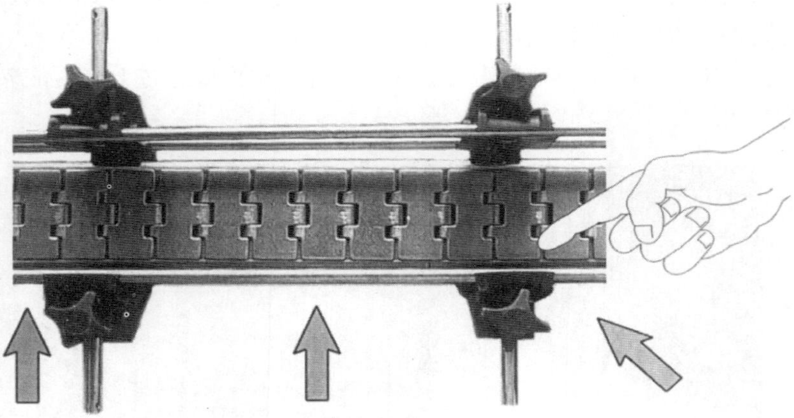

图4－71 保持一边护栏固定示意图

（3）为了调整准确，放置一个待贴瓶在输送带上作参照，如图4－72所示。把待贴瓶放在另一边，调整导杆。导杆与待贴瓶之间的空隙大约为2mm。

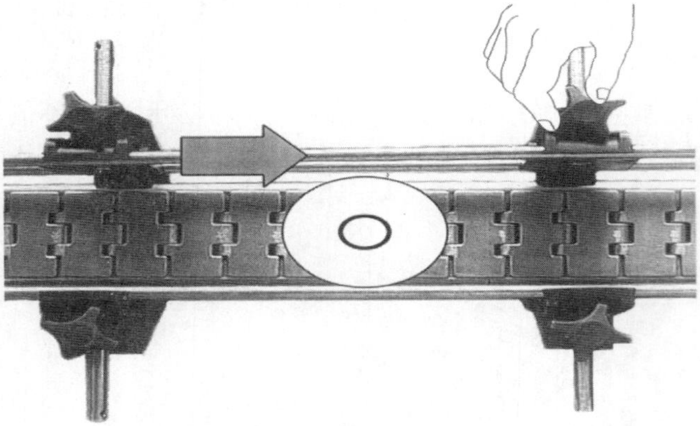

图4－72 瓶子参照调整示意图

（4）以上的调整同进瓶带上的导杆相关。调整必须保证导杆传送待贴瓶到进瓶螺旋准确。可调整的导杆与待贴瓶的间隙可以大于2mm，但必须保证进瓶的稳定性，如图4－73所示。最后必须把所有的护栏把手拧紧。

6. 日常维护保养

（1）操作准备

①关闭止瓶器防止瓶子再进入机器。

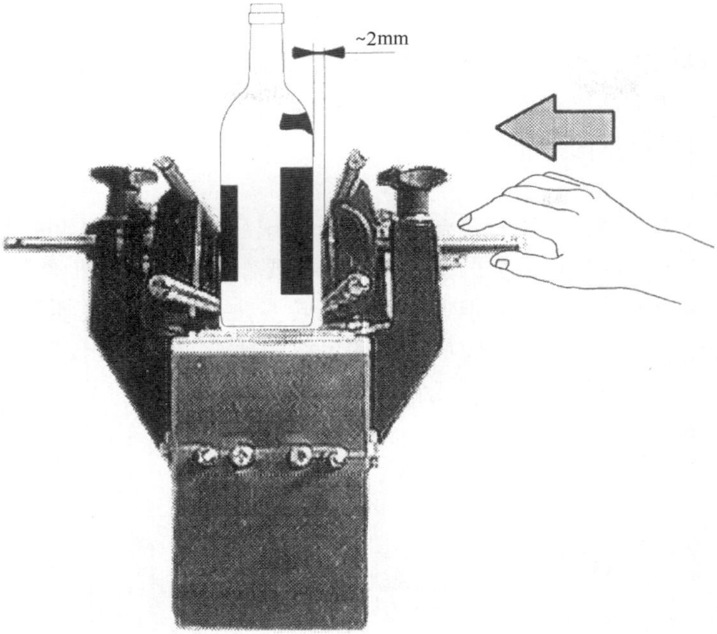

图 4-73　调整输送带导杆示意图

②选择手提控制面板模式。

③让仍停留在机器中的瓶子运行出去。

（2）去除容器碎片　如果出现破瓶，不影响机器的正常运行，立即按红色的急停按钮；用自来水冲洗落在工作台上的碎片，不要用高压水和沸水冲洗机器。

（3）清洗胶水滚筒及刮刀　工作结束时，清洗上胶系统。把胶水刮刀组件放在水桶边并用温水及抹布擦洗。

（4）清洗压瓶头　用干净的布和温水清洗压瓶头上残留的胶水。

（5）润滑　本机所有转动部分均需经常加注润滑油或润滑脂。油路润滑系统，通过油嘴加注3#钙钠基脂（黄油），每一个月加一次油；主传动蜗轮箱、标签台齿轮箱、托瓶转台及压瓶盘导轨，其润滑油每半年更换一次，采用45#工业齿轮油（机油）润滑。

注意：润滑操作必须在关机后进行。

在各个转动位置，须经常滴机油以帮助各个位置运转畅顺。

（6）必须经常检查和调整所有安全开关，必须灵敏可靠。

（7）如长时间停机，则必须将机器用塑料布罩起来，避免灰尘进入精密部件。

二、不干胶贴标机

不干胶贴标机，其大多数的机械构造与工作原理与湿胶贴标机相同，只是在取标与贴标这两个环节有改变。这里不再详细介绍机械与装置结构原理，以下重点介绍取标与贴标这两个环节。

1. 固定瓶子

贴标要靠托瓶转台和压瓶转台，把瓶身固定后才能完成，如图 4 – 74 所示，和托瓶转台相配合的是机身上的压瓶转盘，主要作用是压瓶头压紧瓶子使瓶子在托瓶转台上完成贴标动作，同时通过压瓶转盘上的凸轮，使压瓶头下降和上升——实现瓶子压紧和放松，完成进瓶和出瓶的动作。压瓶转盘和托瓶转台装在同一条轴上，由大齿轮带动来完成它们的动作。

2. 取标台装置

装置如图 4 – 74 所示。

图 4 – 74 不干胶贴标机标台装置

3. 贴标

当瓶子在托瓶转台上运转时，不干胶标站将标签纸贴于瓶上，标贴一般为筒装，便于连续粘贴。瓶标经过刮标装置时，由于托瓶转台上的托盘做不同方向的自转，使瓶子也做自转运动，使标纸能平稳地贴于瓶子上。

背标的粘贴动作同身标一样。

4. 运转检查

接通电源、气源使标机由基速变速到中速，运行一段时间，检查设备各部件动作是否同步；检查各自控点动作是否灵敏。

从进瓶输送带上放入一只瓶子，让其进入机内，检查通过是否顺利，贴标是否整齐；其他操作步骤与湿胶贴标机相同。

第四节　包装物

包装在商品流通和销售过程中的重要意义已受到人们的公认，在科学蓬勃发展的今天，人们更加不断寻求新型的包装材料，以满足不同档次的黄酒在不同流通过程中不同的消费要求。

对瓶装黄酒的包装材料有如下要求。

（1）对人体无毒害。包装材料中不得含有危害人体健康的成分；

（2）具有一定的化学稳定性，不能与黄酒发生作用而影响质量；

（3）加工性能良好，资源丰富、成本低，能满足工业化的需求；

（4）有优良的综合防护性能，能较好地保持黄酒的色、香、味的特色；

（5）耐压、强度高、质量轻、不易变形破损，而且便于携带和装卸。

一、玻璃瓶

黄酒包装广泛采用的形式是玻璃瓶，瓶装黄酒用的玻璃瓶除了相应的技术规定外，还需满足下列基本要求。

1. 玻璃质量

玻璃应当熔化良好均匀，尽可能避免结石、条纹、气泡等缺陷；无色玻璃瓶透明度要高，带颜色玻璃其颜色要稳定，并能吸收一定波长的光线。

2. 玻璃的物理化学性能

应具有一定的化学稳定性，不能与黄酒发生作用而影响其质量。

应具有一定的热稳定性，以降低杀菌以及其他加热、冷却过程中的破损率。

应具有一定的机械强度，以承受内部压力和在搬运与使用过程中所遇到的震动、冲击力和压力等。

3. 成型质量

应按一定的容量、质量和形状成型，不应有扭歪变形、表面不光滑平整和裂纹等缺陷。玻璃分布要均匀，不允许有局部过薄或过厚，特别是口部要圆滑平整，尺寸标准，以保证密封的质量和便于开启。

4. 容量

容量分公称容量（即灌装容量）和满口容量。满口容量一般为灌装容量的106%～108%，这是为瓶装黄酒因加热杀菌引起酒液膨胀而设定的。

二、陶瓷瓶

我国是使用陶瓷制品历史最悠久的国家。陶瓷制品用作食品包装容器主要有瓶、罐、缸、坛等，它主要用于酒类等传统食品的包装。

陶瓷包装容器耐火、耐热与隔热性能比玻璃包装容器好，且耐酸性能优良、透气性极低，历经多年不变形、不变质。原材料资源丰富，废弃物不污染环境，与塑料、复合材料制作的包装容器相比，陶瓷更能保持黄酒的风味。用陶瓷容器包装的食品常给消费者以纯净、天然、传统的感觉。陶瓷包装容器可利用其特有的色彩和造型艺术来塑造商品形象，体现悠久的黄酒文化和传统的民族特色。但陶瓷与玻璃一样，用作包装容器其比重大，且易破碎。此外陶瓷容器不透明，生产率低且一般不再重复使用，故成本较高，使其使用范围受到了一定的限制。

1. 陶瓷瓶的制造工艺

原料配比→泥坯成形→干燥→上釉→焙烧

2. 陶瓷瓶的设计

陶瓷瓶的设计必须满足以下要求。

（1）陶瓷瓶应与被包装黄酒档次相适应。作为包装容器，首先应满足其包装功能，然后考虑其包装的艺术性。一般的包装采用陶土、河土等为主要原料制成的陶器，高档的则采用以高岭土、长石和石英为原料制成的瓷器并加以装饰。

（2）造型应具有陈列价值且便于集装运输。因此，要避免造型上的重复，还要节省空间，并具有良好的强度和刚度。

（3）厚薄适宜，瓶口标准，封口后密封可靠且便于加工和包装。满口容量能满足灌装容量及膨胀需要。

（4）商标与装饰应与陶瓷容器风格一致。

（5）便于批量生产与运输，包装成本低。

3. 陶瓷瓶的卫生安全性

陶瓷瓶的卫生安全性主要指上釉陶瓷表面釉层中重金属元素铅或镉的溶出。一般认为陶瓷瓶与玻璃瓶一样，无毒、卫生、安全，不会与食品发生任何不良反应，但长期的研究观察表明，釉料，特别是各种色釉中所含的有害重金属如铅和镉等，会溶入包装的酒液中去，造成对人体健康的危害。因而应选用无色的釉料，特别是瓶体内部表面的釉料。

我国对陶瓷包装容器铅、镉溶出量允许有明确的限度，见表4－8。

表4－8　陶瓷包装容器重金属溶出量限度表

溶出物	指标/（mg/L）
铅（Pb）	≤1.0
镉（Cd）	≤0.10

三、瓶盖

1. 皇冠盖

皇冠盖又称王冠盖、齿轮式瓶盖。盖紧后形如锯齿，盖在瓶上有如王冠。盖内有衬垫，与瓶口接触紧密，形成密封。皇冠盖材料为普通马口铁板，经印刷、冲压成形后黏接或胶注衬垫。衬垫应平整无缺陷，与瓶盖黏接牢固，同时具有一定的弹性和韧性，既要保证密封，又不能成为污染源，一般要求无毒、无异味、异臭，其浸泡液不应有着色、不快臭味及荧光等现象，瓶盖应具有良好的耐腐蚀性，漆膜有良好的耐磨性。

2. 螺旋盖

螺旋盖用于螺旋口的瓶子，与瓶口螺旋相配合，盖内有垫衬，瓶口上沿必须平整才能保证密封。螺旋盖一般用铝或塑料等材料制成，根据瓶型和用途决定。垫衬分有嵌入垫衬、滴型垫衬和模塑垫衬三种。螺旋盖分为普通螺旋盖、扭断螺旋盖和止旋螺旋盖。黄酒包装上一般采用扭断螺旋盖。

在扭断螺旋盖的下部有间断刻线，将盖分为两个部分。扭断刻线可开启，并留下开启痕迹，不能复原，因此这种盖又称防盗盖。被扭断的残盖又成为普通螺旋盖，仍可进行再密封，因此这种盖具有防盗性和再密封性。扭断螺旋盖一般适用于瓶口直径 18 ~ 38mm 的瓶子。

3. 软木塞

软木塞有两种，一种是以栎树的树皮为软木制成的木塞，也称天然软木塞；另一种是以软木碎渣粘合加工制成的软木塞，也称合成软木塞。

软木密度低，可压缩、不透水，与液体接触也能长期不腐，且表面可以抛光，因此很适宜作瓶塞。尤其是天然软木塞更以它优越的密封性和微氧化透气性的完美结合，而被众多酒厂使用。但天然软木塞产量较低、价格较高，而合成软木塞其弹性及封闭性能均能达到要求，况且具有操作不掉渣、价格低的优点，而被越来越多的酒厂使用。

软木塞的质量要求及检验方法尚未有一个统一的标准，一般掌握如下几个原则：

（1）规格　长度为 30 ~ 45mm，误差为 ±0.5mm；可以根据酒厂要求定制，直径一般为瓶口内径的 125% ~ 128%，误差为 ±0.2mm，有时根据软木塞密度的不同而有微小变化。

（2）密度　260 ~ 320kg/m^3，一般不超过 340kg/m^3。

（3）水分　含水 8% ~ 12%，其机械性能最好，干燥的软木塞容易发脆。

第五节　瓶装酒库存的装备与要求

瓶装酒不是生产结束后全部送往市场销售，它还有一个库房周转的过程，有的小批量特殊品种，可能会放置较长一段时间，为此对瓶装酒成品的管理是一个值得所有酿酒师与企业有关管理人员都需要共同关注的事。否则，保管得不好，不仅会对产品的销售造成影响，更严重的会造成企业生产的严重浪费。对于瓶装酒的入库存放，我们要从以下几个方面加以严格管理。

一、垫仓板

瓶装酒仓库要求是室内的，不能在室外靠篷布等遮盖了事。因为瓶装酒的外包装绝大多数是纸箱包装，极易受潮而降低纸箱的强度，给发货造成困难。根据食品卫生要求与纸箱本身的要求，瓶装酒的仓库应该铺设垫仓板，离地 10～20cm。垫仓板有木质的，也有塑料的，两者均可。目前，垫仓板都已做成标准的大小，供铲车可以直接机械操作、短途移动。图 4－75 是某些垫仓板的具体形状与大小。

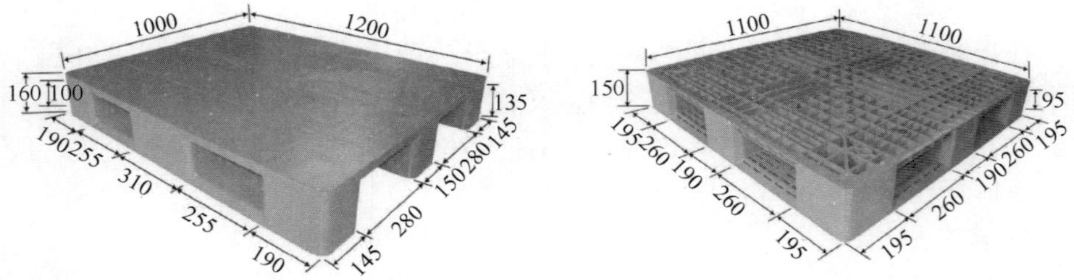

图 4－75 塑料单面、双面垫仓板及其尺寸（单位：mm）

图 4－76、图 4－77 是垫仓板的几种形状，形状与大小各有不同，但要注意的是垫仓板的具体参数。垫仓板的参数主要有两个，即动荷载与静荷载。动荷载就是叉车叉着移动时的承载能力，其受力是叉车的两个叉子的面积。静荷载是仓板静置在地面上所具有的承载能力。根据目前 1100mm × 1100mm × 150mm 的仓板，500mL × 12 瓶的包装一般会叠 6～7 层，每层 14 箱左右，总箱数在 84～98 箱。如果连包装每瓶近似地以 1kg 计，那么总的动荷载在 1200kg 左右，加上一定的安全系数，这样荷载的垫仓板其动荷载应该考虑用 2000kg 的，而静荷载就要考虑一倍以上，一般要考虑 4000～6000kg。

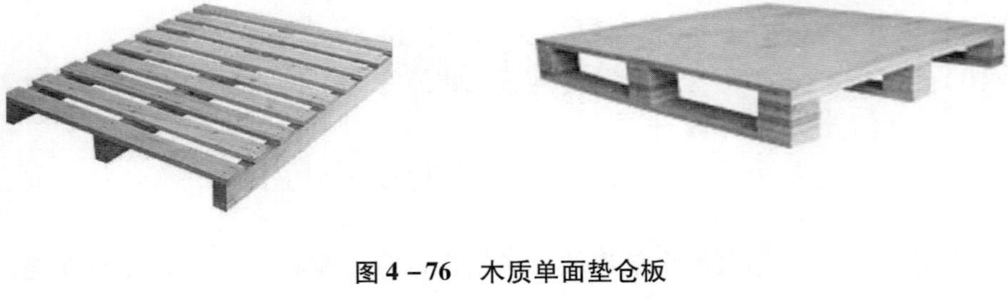

图 4－76 木质单面垫仓板

图4-77　木质双面垫仓板

如果仓库较为干燥，则采用木质，因其强度较高、维修方便且价格较低。但缺点是重量大、易破损、维修工作量大。如果为求方便与稳定使用，建议采用塑料的，但缺点是易变形、价格相对偏高。采用塑料的垫仓板要求厂家少用回料，因回料加多后，寿命会明显缩短，且易碎裂。

二、库存区

库存区是存放箱酒的区域。首先，要有明显的存放区域划定，可根据不同品种、不同数量、不同发货速度分别来划定各品种的存放区域。存放区域要做到通道宽敞、堆放与发货方便，并要严格地做到先进先出，保证前后有序再发货。许多企业的箱酒仓库在平时还能做到先进先出，一到销售旺季，便哪里方便就在哪里入库、哪里方便就在哪里发货，常常会造成先入库的产品发不了货，严重影响了原来先入库产品的货架期。

其次，每批经检验合格的产品，一定要有标识，标识中要有产品品种名称、规格、数量及生产日期、入库日期等标识与记录，使产品进出有据可依。要做到所有出库的产品均可追溯召回。

第三，对大宗产品要做到出入方便，防止库内移动距离过长，影响出库效率。

三、通风与防鼠害

黄酒的箱酒仓库，要做到既避光又通风。避光是为了防止纸箱外面的色彩褪色，影响产品的形象，同时也可适当避免直射强光的温差。通风则是为了保持仓库内不至于产生过高的湿度，防止易吸潮的纸箱降低强度；通风也可有效地防止纸箱的发霉。

鼠害是箱酒仓库中的一大祸害，由于老鼠喜欢啮咬，会使纸箱受损，严重时会在出库时漏出酒瓶而打碎。另外，利用箱酒仓库中的啮咬碎片，易在仓垫板的下面或垫板的中间形成老鼠窝，严重影响库存物的外在品质。因此，必须严格防止老鼠进入箱酒仓库。要在所有进出的大门门口设置挡鼠板，防止老鼠进入仓库。

复习题

一、填空

1. 瓶装酒在生产开始前，要做好各品种的＿＿＿＿＿、＿＿＿＿＿这两项至关重要的工作。

2. 澄清可以采用＿＿＿＿＿、＿＿＿＿＿和＿＿＿＿＿。

3. 灌装常采用以下几种方法：＿＿＿＿＿、＿＿＿＿＿、＿＿＿＿＿、＿＿＿＿＿等。

4. 洗瓶机大致可以分成三种类型：＿＿＿＿＿、＿＿＿＿＿和＿＿＿＿＿洗瓶机。

5. 瓶装酒要做到品质得到保证必须进行＿＿＿＿＿，＿＿＿＿＿及＿＿＿＿＿这三方面。

二、选择

1. 勾兑有两种情况，下列哪种不是勾兑的要求？（　　）

A. 以勾兑技术人员的口感为标准进行勾兑

B. 利用库存酒配制一个符合要求的酒样作为生产用的酒样

C. 在已有标准酒样的前提下，按标准酒样进行勾兑

2. 贴标机标签台主要由下列哪些部件构成？（　　）

A. 胶水滚筒装置、抹胶及取标装置、标纸夹紧转鼓、标纸盒装置

B. 输送带、托瓶台、标纸释放开关、压缩空气系统、标站

C. 气动装置、机座、传动装置、标站、胶水泵

3. 瓶装酒的入库存放，以下哪个方面必须加以严格管理？（　　）

A. 纸箱质量与印刷质量

B. 通风与防鼠害

C. 仓库的进出货与退换货

三、判断

1. 黄酒在勾兑时可分为吸入式勾兑和倒入式勾兑。（　　）

2. 澄清就是让酒液清亮透明、富有光泽，这不是黄酒质量的基本要求。（　　）

3. 常压法灌装是在大气压力下直接依靠被灌液料的自重流入包装容器内的灌装方法。（　　）

4. 等压法灌装法是利用贮液箱上部气室的压缩空气，给包装容器充气，使二者的压力接近，然后被灌液料靠自重流入该容器内的灌装方法。（　　）

5. 真空灌装法是在没有大气压力的条件下进行灌装的方法。（　　）

6. 贴标机有回转式与直线式两种，生产量小的一般采用回转式；生产能力需要大，或容器较大的一般采用直线式。（　　）

四、简答

1. 简述勾兑黄酒产品小样的主要步骤。
2. 黄酒灌装定量多用容积式定量法，大体上有三种，请简述。
3. 简述胶贴标机的操作顺序。
4. 简述对瓶装黄酒的包装材料要求。

五、问答

1. 试述黄酒灌装前必须的准备事项。
2. 请阐述瓶装黄酒的库存控制。

参考文献

1. 余以道，刘平，等. 机械概论. 北京：北京航空航天大学出版社，2012
2. 隋明阳. 机械基础. 北京：机械工业出版社，2008
3. 蒋秀珍. 机械学基础. 北京：科学出版社，2009
4. 柴立平. 泵的选用手册. 北京：机械工业出版社，2009
5. 李福天. 螺杆泵. 北京：机械工业出版社，2010
6. 田景亮. 往复式空气压缩机操作维修指南. 沈阳：辽宁科学技术出版社，2010
7. 赵志新. 中小型饮料灌装设备及其维修. 北京：中国轻工业出版社，1990
8. 袁巧霞，任奕林. 食品机械使用维护与故障诊断. 北京：机械工业出版社，2009
9. 高孔荣，发酵设备. 北京：中国轻工业出版社，1991
10. 华南工学院，等. 发酵工程与设备. 北京：中国轻工业出版社，1983
11. 黎润钟. 发酵工厂设备. 北京：中国轻工业出版社，2006
12. 魏庆葆. 食品机械与设备. 北京：化学工业出版社，2008
13. 刘光成. 啤酒过滤设备. 北京：中国轻工业出版社，2012
14. 周家骐. 黄酒生产工艺. 北京：中国轻工业出版社，1988